ESTATÍSTICA

PARA CURSOS DE ENGENHARIA, COMPUTAÇÃO E CIÊNCIA DE DADOS

O GEN | Grupo Editorial Nacional – maior plataforma editorial brasileira no segmento científico, técnico e profissional – publica conteúdos nas áreas de ciências exatas, humanas, jurídicas, da saúde e sociais aplicadas, além de prover serviços direcionados à educação continuada e à preparação para concursos.

As editoras que integram o GEN, das mais respeitadas no mercado editorial, construíram catálogos inigualáveis, com obras decisivas para a formação acadêmica e o aperfeiçoamento de várias gerações de profissionais e estudantes, tendo se tornado sinônimo de qualidade e seriedade.

A missão do GEN e dos núcleos de conteúdo que o compõem é prover a melhor informação científica e distribuí-la de maneira flexível e conveniente, a preços justos, gerando benefícios e servindo a autores, docentes, livreiros, funcionários, colaboradores e acionistas.

Nosso comportamento ético incondicional e nossa responsabilidade social e ambiental são reforçados pela natureza educacional de nossa atividade e dão sustentabilidade ao crescimento contínuo e à rentabilidade do grupo.

ESTATÍSTICA

PARA CURSOS DE ENGENHARIA, COMPUTAÇÃO E CIÊNCIA DE DADOS

PEDRO ALBERTO **BARBETTA**
MARCELO MENEZES **REIS**
ANTONIO CEZAR **BORNIA**

- Os autores deste livro e a editora empenharam seus melhores esforços para assegurar que as informações e os procedimentos apresentados no texto estejam em acordo com os padrões aceitos à época da publicação, *e todos os dados foram atualizados pelos autores até a data de fechamento do livro*. Entretanto, tendo em conta a evolução das ciências, as atualizações legislativas, as mudanças regulamentares governamentais e o constante fluxo de novas informações sobre os temas que constam do livro, recomendamos enfaticamente que os leitores consultem sempre outras fontes fidedignas, de modo a se certificarem de que as informações contidas no texto estão corretas e de que não houve alterações nas recomendações ou na legislação regulamentadora.

- Data do fechamento do livro: 28/06/2024

- Os autores e a editora se empenharam para citar adequadamente e dar o devido crédito a todos os detentores de direitos autorais de qualquer material utilizado neste livro, dispondo-se a possíveis acertos posteriores caso, inadvertida e involuntariamente, a identificação de algum deles tenha sido omitida.

- Atendimento ao cliente: (11) 5080-0751 | faleconosco@grupogen.com.br

- Direitos exclusivos para a língua portuguesa
  Copyright © 2024 by
  LTC | Livros Técnicos e Científicos Editora Ltda.
  Uma editora integrante do GEN | Grupo Editorial Nacional
  Travessa do Ouvidor, 11
  Rio de Janeiro – RJ – 20040-040
  www.grupogen.com.br

- Reservados todos os direitos. É proibida a duplicação ou reprodução deste volume, no todo ou em parte, em quaisquer formas ou por quaisquer meios (eletrônico, mecânico, gravação, fotocópia, distribuição pela Internet ou outros), sem permissão, por escrito, da LTC | Livros Técnicos e Científicos Editora Ltda.

- Capa: Leonidas Leite
- Imagem de capa: ©istockphoto/royyimzy
- Editoração eletrônica: Set-up Time Artes Gráficas
- Ficha catalográfica

CIP-BRASIL. CATALOGAÇÃO NA PUBLICAÇÃO
SINDICATO NACIONAL DOS EDITORES DE LIVROS, RJ

B189e
4. ed.

Barbetta, Pedro Alberto
Estatística para cursos de engenharia, computação e ciência de dados / Pedro Alberto Barbetta, Marcelo Menezes Reis, Antonio Cezar Bornia. – 4. ed. – Rio de Janeiro: LTC, 2024.

Apêndice
Inclui bibliografia e índice
ISBN 978-85-216-3881-0

1. Estatística matemática. 2. Engenharia matemática. 3. Computação –Matemática. 4. Probabilidade. I. Reis, Marcelo Menezes. II. Bornia, Antonio Cezar. III. Título.

24-92019
CDD: 519.5
CDU: 519.22

Meri Gleice Rodrigues de Souza – Bibliotecária – CRB-7/6439

Às nossas famílias.

PREFÁCIO

Este livro é dirigido ao ensino da Estatística para estudantes de cursos associados a Computação, Ciência de Dados e Engenharias. Os métodos são apresentados de forma simples e intuitiva, com exemplos de motivação, aplicações e exercícios voltados a problemas das áreas às quais o livro é dirigido.

Estudaremos técnicas de amostragens e de planejamento de experimentos (Capítulo 2), as quais permitem que tenhamos observações – ou *dados* – adequadas ao problema em estudo. As informações relevantes, que devem estar contidas nos dados, normalmente precisam ser realçadas para que possamos enxergá-las. Isto pode ser feito a partir da *análise exploratória de dados*, que será vista no Capítulo 3.

As observações de um experimento normalmente vêm acompanhadas de *erro experimental*, ou seja, variações aleatórias resultantes de uma infinidade de fatores não controláveis. A tarefa de verificar se alguma variação é real ou meramente resultado de flutuações aleatórias não é fácil. É por isso que estudaremos *probabilidade*, parte da Matemática preocupada em modelar fenômenos aleatórios (Capítulos 4 a 6).

Os Capítulos 7 e 8 abordam a base da *inferência estatística*, que consiste em técnicas para generalizar resultados de uma amostra para a população de onde a amostra foi extraída. Os Capítulos 9 a 11 apresentam métodos de análises estatísticas, como a comparação entre tratamentos e a análise de relacionamento entre variáveis.

Materiais complementares deste livro, incluindo orientações para realizar análise estatística com o *software* livre R, arquivo de dados dos exemplos e exercícios, problemas práticos propostos com o auxílio do computador e respostas analíticas de exercícios selecionados podem ser baixados em: www.inf.ufsc.br/~pedro.barbetta/livro_ltc.

SUMÁRIO

1. Introdução, 1
   1.1   Pesquisas, dados, variabilidade e estatística, 2
   1.2   Modelos, 4

2. Planejamento de uma pesquisa, 7
   2.1   Pesquisas observacionais, 8
   2.2   Planejamento de experimentos, 15

3. Análise exploratória de dados, 23
   3.1   Dados e variáveis, 24
   3.2   Distribuição de frequências para variáveis qualitativas, 25
   3.3   Distribuição de frequências para variáveis quantitativas, 29
       3.3.1   Variáveis discretas, 29
       3.3.2   Variáveis contínuas, 30
   3.4   Associação entre duas variáveis, 39
       3.4.1   Variáveis qualitativas, 39
       3.4.2   Variáveis quantitativas, 42
   3.5   Medidas descritivas clássicas, 44
   3.6   Medidas baseadas na ordenação dos dados, 54

4. Probabilidade, 65
   4.1   Espaço amostral e eventos, 67
   4.2   Definições de probabilidade, 70

x Sumário

4.2.1 Definição clássica de probabilidade, 71
4.2.2 Definição experimental de probabilidade, 72
4.2.3 Axiomas e propriedades, 74
4.3 Probabilidade condicional e independência, 78
4.3.1 Regra do produto, 80
4.3.2 Eventos independentes, 82
4.4 Probabilidade total e Teorema de Bayes, 85

5. Variáveis aleatórias discretas, 93
5.1 Variável aleatória, 93
5.2 Distribuição de probabilidades, 95
5.3 Função de distribuição acumulada, 97
5.4 Valor esperado e variância, 98
5.5 Distribuição binomial, 104
5.6 Distribuição hipergeométrica, 109
5.7 Distribuição de Poisson, 111

6. Variáveis aleatórias contínuas, 119
6.1 Caracterização, 119
6.1.1 Função densidade de probabilidade, 121
6.1.2 Função de distribuição acumulada, 124
6.1.3 Valor esperado e variância, 126
6.2 Distribuição uniforme, 129
6.3 Distribuição exponencial, 129
6.4 Distribuição normal, 133
6.5 Normal como limite de outras distribuições, 140
6.5.1 Aproximação normal à binomial, 140
6.5.2 Aproximação normal a Poisson, 144
6.6 Gráfico de probabilidade normal, 145

7. Distribuições amostrais e estimação de parâmetros, 151
7.1 Parâmetros e estatísticas, 151
7.2 Distribuição amostral da média, 158
7.3 Distribuição amostral da proporção, 160
7.4 Estimação de parâmetros, 163
7.5 Intervalo de confiança para proporção, 164
7.6 Intervalo de confiança para média, 169
7.7 Tamanho mínimo de uma amostra aleatória simples, 177

8. Testes de hipóteses, 185
8.1 Hipóteses, 185
8.2 Ideias básicas de um teste estatístico, 187
8.3 Abordagem clássica, 193

8.4 Testes unilaterais e bilaterais, 195
8.5 Teste de uma proporção, 197
8.6 Teste de uma média, 202
8.7 Teste de uma variância, 207
8.8 Poder de um teste e tamanho da amostra, 209

9. Comparação entre tratamentos, 219
9.1 Amostras independentes e em blocos, 219
9.2 Teste t para duas amostras, 222
    9.2.1 Amostras pareadas, 222
    9.2.2 Amostras independentes, 225
9.3 Tamanho de amostras, 232
9.4 Teste F para duas variâncias, 234
9.5 Comparação de várias médias, 236
9.6 Projetos fatoriais, 247

10. Testes não paramétricos, 263
10.1 Testes de aderência, 265
    10.1.1 Teste qui-quadrado de aderência, 265
    10.1.2 Teste de Kolmogorov-Smirnov, 267
    10.1.3 Teste de Lilliefors, 269
10.2 Análise de associação, 272
10.3 Testes para duas populações, 277
    10.3.1 Teste dos sinais, 277
    10.3.2 Teste dos sinais por postos, 281
    10.3.3 Teste de Mann-Whitney, 284

11. Correlação e regressão, 297
11.1 Correlação, 297
11.2 Coeficiente de correlação linear de Pearson, 299
11.3 Regressão linear simples, 308
    11.3.1 Método dos mínimos quadrados, 310
    11.3.2 Variável independente não quantitativa, 314
    11.3.3 Análise de variância do modelo, 315
11.4 Inferências sobre o modelo de regressão, 319
11.5 Análise de resíduos e transformações, 325
11.6 Introdução à regressão múltipla, 330

Apêndice: Tabelas estatísticas, 337

Respostas de exercícios, 353

Bibliografia, 375

Índice alfabético, 377

1

INTRODUÇÃO

No desenvolvimento científico e em nosso próprio dia a dia, estamos sempre fazendo observações de fenômenos e gerando *dados*. Os engenheiros estão frequentemente analisando dados de propriedades de materiais; os profissionais da informática estão avaliando dados de desempenho de novos aplicativos; e todos nós, ao ler jornais e revistas, estamos vendo resultados estatísticos provenientes do censo demográfico, de pesquisas eleitorais etc.

Os dados podem provir de estudos observacionais ou de experimentos planejados. Ao acompanhar o desempenho de um processo produtivo em sua forma natural, estamos fazendo um *estudo observacional*; ao alterar de maneira proposital as variáveis do processo para verificar os seus efeitos nos resultados, estamos realizando um *experimento*.

> A *Estatística* envolve técnicas para coletar, organizar, descrever, analisar e interpretar *dados*, os quais podem ser provenientes de experimentos ou de estudos observacionais.

A análise estatística de dados serve para visualizar grandes bases de dados de maneira mais informativa, construir regras objetivas para a tomada de decisões, obter estimativas de parâmetros de interesse ou encontrar relações importantes.

Inferências estatísticas, ou seja, generalizações de amostras para populações de onde elas foram extraídas, são fundamentais na resolução de problemas de Engenharia e nos processos de tomada de decisões. É por meio de inferências estatísticas que podemos chegar à conclusão de que um material é mais resistente que outro, que um sistema

2 Capítulo 1

computacional gera resultados mais precisos que outro ou, ainda, que um candidato tem intenção de voto no intervalo 30 % ± 2 %, com nível de confiança de 95 %.

> A essência de uma análise estatística é tirar conclusões sobre uma população, ou universo, com base em uma amostra de observações.

1.1 PESQUISAS, DADOS, VARIABILIDADE E ESTATÍSTICA

As pessoas normalmente associam o termo *estatística* a números, tabelas e gráficos, mas a importância da estatística é mais bem representada por dois ingredientes comuns em nosso dia a dia: *dados* e *variabilidade*.

Para o engenheiro conhecer as propriedades físicas de um novo material, ele pode medir algumas de suas características, tais como a dureza, a flexibilidade, a densidade, a porosidade etc. Mas se medir a dureza em vários corpos de prova do mesmo material, ele provavelmente encontrará valores diferentes. Subestimar a presença da variabilidade pode *pôr a casa a pique*!

Da mesma forma, observações do tempo demandado para transmitir dados pela rede mundial de computadores, ou do número de *bytes* que passam por um servidor, variam uma enormidade ao longo do tempo. O conhecimento desses dados e de sua variabilidade torna-se imprescindível para projetar um sistema de transmissão de dados, ou mesmo para usar o sistema existente com eficiência.

Em geral, a busca por melhorias na qualidade de um processo produtivo implica a redução da variabilidade. O que você como consumidor pensa quando vê refrigerantes de certa marca com grandes variações de conteúdo nas garrafas? E quando você resolve medir o peso de pacotes de café de 500 g e verifica que alguns têm mais de 520 g e outros menos que 480 g? A variabilidade pode ser reduzida com investimentos em pessoal, máquinas e tecnologia, mas muitas vezes ela pode ser acomodada com o conhecimento de relações entre os fatores do processo e características funcionais do produto, o que envolve conhecimentos de Engenharia, pesquisas, dados e análises estatísticas.

Com a alta competitividade de hoje, para que uma empresa sobreviva ela tem o desafio de adequar o produto ao cliente. Por exemplo, a demanda exige que certo material tenha um valor específico de dureza. Mas como obter este valor de dureza, com a menor variabilidade possível, alterando fatores do processo, como: temperatura do forno, temperatura de têmpera, meio de têmpera, alterações nos componentes do material etc.? A resposta pode ser um *estudo experimental*, no qual os fatores do processo são manipulados dentro de uma região operacional de forma planejada. Fazendo uma análise estatística apropriada com os dados gerados pelo experimento, podemos chegar à combinação ideal dos fatores do processo.

Por outro lado, adequar o produto ao cliente envolve saber o que o consumidor deseja. Mas os consumidores têm preferências diferentes, o que exige a realização de *pesquisas observacionais* (ou *de levantamento*) junto aos consumidores. Essas pesquisas compreendem planejamento, técnicas de amostragem, coleta de dados, organização dos dados, análises estatísticas e interpretação prática dos resultados.

ESTATÍSTICA NA ENGENHARIA

Logo após a Revolução Industrial, métodos estatísticos foram incorporados nos processos industriais para garantir a qualidade dos produtos. Amostras de itens produzidos eram avaliadas sistematicamente a fim de inferir se o processo estava sob controle. Mais recentemente, a avaliação da qualidade passou a ser feita ao longo de todo o processo produtivo como forma de corrigir eventuais falhas no sistema assim que elas aparecessem. Isso levou a um aumento da qualidade do produto final e redução de custos, pois se reduziram drasticamente as perdas por defeitos.

Além do acompanhamento estatístico da qualidade, as indústrias costumam fazer experimentos estatisticamente planejados para encontrar a combinação dos níveis dos fatores do processo que levem a melhor qualidade possível. Na outra ponta, as empresas levantam dados de amostras de consumidores para realizar pesquisas de marketing direcionadas ou para adequar os produtos aos clientes. O planejamento dessas amostras e a análise dos dados necessitam de técnicas estatísticas.

Muitas vezes, a relação entre Estatística e Engenharia é ainda mais estreita. Os próprios métodos de Engenharia costumam incorporar intrinsecamente procedimentos probabilísticos ou estatísticos. Assim, para que um estudante possa entender certos métodos de Engenharia, é necessário que ele tenha conhecimentos de Probabilidade e Estatística.

ESTATÍSTICA NA INFORMÁTICA

Enquanto a Informática é a ciência que trata da informação por meios eletrônicos, a Estatística procura obter informações relevantes a partir de massas de dados e, nos dias de hoje, isso costuma ser feito com auxílio do computador.

A variabilidade está onipresente nos sistemas computacionais atuais. Você pode observar diferentes tempos de resposta ao carregar um aplicativo em um sistema compartilhado, ao transmitir uma mensagem no correio eletrônico etc. Uma boa análise do desempenho desses sistemas computacionais exige tratamento estatístico.

É comum se construir sistemas para simular certas situações reais. Mas como no mundo real os acontecimentos nem sempre são previsíveis, torna-se necessário incluir no modelo de simulação alguma aleatoriedade com base em modelos de probabilidade. Por exemplo, pode ser razoável supor que em uma fila cheguem, em média, cinco indivíduos por minuto, mas o número exato de indivíduos que vão chegar no próximo minuto não é totalmente previsível.

Outra relação importante é o uso conjunto de banco de dados, estatística e inteligência artificial para extrair informações relevantes e não triviais de grandes arquivos de dados, armazenados sob diferentes formatos e em locais distintos. As empresas telefônicas

4 Capítulo 1

têm dados das ligações telefônicas de seus milhares ou até milhões de clientes. Mas é um grande desafio encontrar, a partir destes dados, possíveis fraudes, tais como as clonagens de telefones celulares. Este é um caso típico da necessidade de se usar de forma conjunta técnicas de Estatística e de Informática.

1.2 MODELOS

Os modelos podem ser considerados uma representação da realidade em estudo, destacando aspectos relevantes e desprezando detalhes insignificantes. Em geral, eles servem para simplificar, descrever e facilitar a interpretação daquilo que se está estudando.

Na Engenharia, o estudante costuma defrontar-se com os chamados *modelos determinísticos*, isto é, conhecidas as entradas $x_1, x_2, ..., x_k$, o modelo permite chegar ao resultado y, usando uma função $y = f(x_1, x_2, ..., x_k)$.

Se você faz uma viagem de 300 km, demora 5 horas e quer saber a velocidade média, você pode calcular facilmente pelo modelo determinístico:

$$v_m = \frac{\Delta d}{\Delta t}$$

sendo Δd o deslocamento (300 km) e Δt o tempo gasto (5 horas). Mas se vai fazer uma viagem de 300 km e pretende dirigir respeitando a velocidade permitida, você não consegue calcular exatamente o tempo que vai demorar. Você pode usar um aplicativo para ter uma *estimativa* do tempo, mas não vai saber o tempo exato, porque há uma infinidade de *eventos aleatórios* durante esse percurso. Para se ter uma faixa de tempo provável dessa viagem, você vai precisar de um *modelo probabilístico*.

O exemplo mais simples de modelo probabilístico é o caso da observação da face voltada para cima no lançamento imparcial de uma moeda perfeitamente equilibrada. Antes da realização do experimento não há como dizer o resultado, mas é razoável atribuir probabilidade 0,5 para *cara* e 0,5 para *coroa*. Note que, mesmo dadas as condições iniciais, você não consegue dizer qual resultado vai ocorrer, mas somente o conjunto de resultados possíveis e suas probabilidades.

Neste livro, vamos usar modelos de probabilidades para construir *modelos empíricos*, elaborados com base em observações sobre o problema em estudo. Por exemplo, podemos ter interesse em conhecer a relação entre o tempo de hidratação e a resistência à compressão de concreto. Para isso, podemos realizar um experimento com corpos de prova feitos com diferentes tempos de hidratação e medir sua resistência. Os resultados, porém, não devem obedecer a uma função matemática que permita determinar o resultado para novas observações, porque estará presente uma infinidade de fatores aleatórios afetando a medida de resistência. Por outro lado, podemos construir um modelo que dê informação sobre o comportamento geral entre essas variáveis: um *modelo empírico*. A Tabela 1.1 mostra dados hipotéticos desse experimento e a Figura 1.1 representa esses dados como pontos em um par de eixo cartesiano, incluindo um modelo empírico especificado por uma equação de primeiro grau.

TABELA 1.1 Medidas de resistência (MPa) de 11 corpos de prova, com tempos de hidratação entre 10 e 20 dias

Corpo de prova	Tempo de hidratação	Resistência
1	10	11,3
2	11	12,1
3	12	16,4
4	13	16,3
5	14	20,2
6	15	20,5
7	16	25,0
8	17	26,4
9	18	26,2
10	19	28,4
11	20	30,2

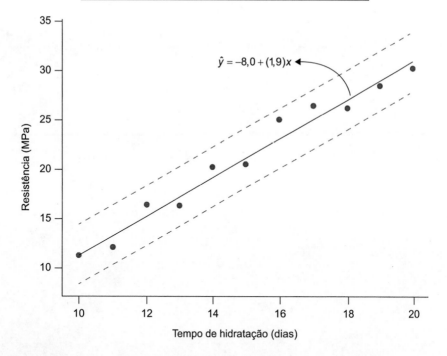

FIGURA 1.1 Representação gráfica dos dados e um modelo empírico.

A equação mostrada na Figura 1.1 pode ser obtida por métodos estatísticos com base nos dados observados das duas variáveis. A faixa com linhas tracejadas representa uma região provável em que podem ocorrer novas medidas de resistência, considerando concretos feitos nas mesmas condições com um dado tempo de hidratação entre 10 e 20 dias. Esta região também é obtida por métodos estatísticos que serão apresentados neste livro.

2
PLANEJAMENTO DE UMA PESQUISA

Para que os resultados de uma análise estatística de dados produzam informações úteis, os dados precisam ser coletados de forma planejada. A Figura 2.1 ilustra de maneira bastante resumida as etapas de uma pesquisa, enfatizando que os métodos estatísticos precisam ser pensados ainda na fase do planejamento da pesquisa.

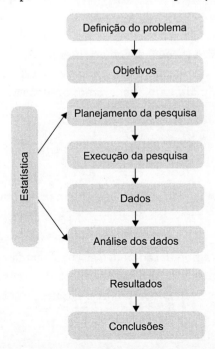

FIGURA 2.1 Principais etapas de uma pesquisa empírica.

8 Capítulo 2

Observamos que já na fase de planejamento da pesquisa é necessário também planejar a forma de análise dos dados, pois dependendo da análise estatística que se precise fazer, o projeto de pesquisa deve ter suas peculiaridades. Em função do problema e dos objetivos da pesquisa, devemos decidir entre uma pesquisa observacional ou uma pesquisa experimental.

> Em uma *pesquisa observacional*, as características (variáveis) de uma população ou de uma amostra são levantadas (observadas ou medidas), mas sem manipulação. Nas *pesquisas experimentais*, grupos de indivíduos (ou objetos) são manipulados para se avaliar o efeito de diferentes tratamentos.

Exemplos típicos de pesquisas observacionais são as pesquisas do IBGE,[1] como o Censo Demográfico, Pesquisa Nacional por Amostragem de Domicílios etc. Também são pesquisas observacionais as pesquisas eleitorais, pesquisas na rede mundial de computadores, coletas de dados por meio de cadastros em aplicativos etc. Normalmente, em uma pesquisa observacional se quer ter um retrato da população ou de um processo como eles são naturalmente.

Quando o objetivo é comparar diferentes tratamentos ou condições, procura-se desenvolver estudos experimentais, em que se tenta controlar ao máximo os fatores intervenientes. Como exemplos, temos o problema de verificar o rendimento de um processo químico para diferentes tempos e temperaturas de reação; ou verificar o desempenho de um sistema computacional sob diferentes arquiteturas.

2.1 PESQUISAS OBSERVACIONAIS

Em uma pesquisa observacional, precisamos ter claro *o quê* vamos pesquisar, ou seja, as *variáveis* necessárias para a pesquisa; *em quem* (ou *em quê*) devemos observar ou medir as variáveis, o que remete a definição da *população* ou do *universo do estudo*; e *quem* (ou *o quê*) são as *unidades* ou *elementos* dessa população. Finalmente, *como* vamos obter as observações das variáveis nos elementos da população.

POPULAÇÃO

> Chamamos de *população* o conjunto de elementos que queremos abranger em nosso estudo. Esses elementos devem ser passíveis de serem observados, com respeito às variáveis em estudo.

Em um processo de inspeção da qualidade, a população pode ser considerada o conjunto de todos os itens que saem da linha de produção; em uma pesquisa de preferência do consumidor, a população é o conjunto de possíveis consumidores; e assim por diante.

---

[1] IBGE é a sigla de Instituto Brasileiro de Geografia e Estatística.

Ao desenvolver a pesquisa, planejamos fazer com que as conclusões sejam válidas para toda a população, mesmo em uma pesquisa por amostragem. Contudo, em uma pesquisa para estudar a dureza de um tipo de aço em que dispomos de apenas um lote, as conclusões só vão valer para esse lote; a população é esse lote.

VARIÁVEIS

As variáveis são as características que podem ser observadas (ou medidas) nos elementos da população, sob as mesmas condições.

No exemplo anterior, a *dureza* é a variável básica do estudo. Em cada corpo de prova do aço que passa pelo instrumento de medida, temos uma observação (ou um valor) dessa variável.

INSTRUMENTO DE COLETA DE DADOS

Como vamos *medir* ou *observar* as variáveis de interesse nos elementos da população? Precisamos ter um instrumento próprio para tanto. No caso da dureza do aço, devemos ter um equipamento adequado para medir a dureza; em uma pesquisa de preferência do consumidor, precisamos de um questionário com perguntas associadas às variáveis da pesquisa; em um serviço de *streaming*, o instrumento pode ser *cookies* que capturam as escolhas e avaliações efetuadas para sugerir novos títulos.

AMOSTRAGEM

Em grandes populações é comum se trabalhar com uma parte (ou amostra) de seus elementos, mas cuidadosamente selecionados para que os resultados possam valer, de forma aproximada, para toda a população.

Chamamos de *amostra* uma parte (um subconjunto) da população. O processo de seleção da amostra é dito *amostragem*.

Para que seja possível inferir com segurança os resultados de uma amostra para a população de onde ela foi extraída, é necessário que a amostragem seja feita de forma *aleatória*. Com amostragem aleatória é possível ter uma avaliação do erro que se pode estar cometendo por analisar uma amostra e não toda a população, como será discutido no Capítulo 7. Na sequência, são apresentados alguns tipos usuais de amostragens aleatórias.

AMOSTRAGEM ALEATÓRIA SIMPLES

A seleção de uma amostra aleatória simples é feita mediante *sorteios*, sem nenhuma restrição. Para isto, é necessário se ter uma lista completa dos elementos da população.

A amostragem pode ser feita *com reposição*, isto é, o elemento sorteado participa em igual condição nos sorteios seguintes. Contudo, na prática, essa amostragem costuma ser feita *sem reposição*, já que na maioria dos casos não faz sentido a possibilidade de repetir os dados de um elemento sorteado mais de uma vez.

Seja N o número de elementos da população e $n < N$ o tamanho desejado da amostra.

> Na *amostragem aleatória simples*, qualquer subconjunto de $m < N$ elementos da população tem a mesma probabilidade de fazer parte da amostra. Em particular, cada elemento da população tem a probabilidade n/N de pertencer à amostra.

O processo tradicional para selecionar uma amostra aleatória simples usa uma tabela de números aleatórios, em que os números vêm de sorteios sucessivos. Primeiramente, os elementos da população são identificados com números de 1 a N. Na seleção mostrada na Figura 2.2, o número 10 aparece duas vezes na sequência de números aleatórios, por isto na segunda ocorrência ele foi descartado.

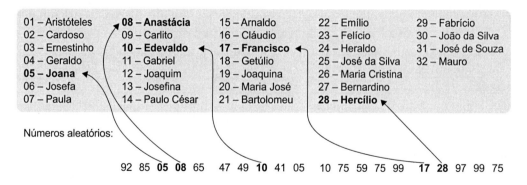

FIGURA 2.2 Esquema tradicional para seleção de uma amostra aleatória simples.

Hoje, temos algoritmos computacionais que simulam os sorteios, gerando os chamados números *pseudoaleatórios*. No Excel ou Calc, podemos usar a função *ALEATORIOENTRE()* para gerar n números pseudoaleatórios entre 1 e N. Os elementos associados a esses números vão fazer parte da amostra. Na amostragem sem reposição, os números repetidos são substituídos.

Outra forma bastante usada é mediante o uso da função *ALEATORIO()*, que gera um número pseudoaleatório no intervalo [0, 1]. A Tabela 2.1 ilustra esse processo com a população dos N = 5.565 municípios brasileiros.[2] Considere que se queira extrair uma amostra de tamanho n = 100 municípios. A coluna da esquerda da Tabela 2.1 foi inserida com o uso da função *ALEATORIO()*. É conveniente copiar os números aleatórios e colá-los como

---

[2] Municípios existentes em 2010, segundo o Censo Demográfico desse ano.

valores para evitar mudanças. Depois, ordenamos a tabela pela coluna *Aleatório* e selecionamos os 100 primeiros municípios.[3] Esse processo é equivalente ao sorteio de 100 municípios dentre os 5.565.

TABELA 2.1 Parte da lista dos municípios brasileiros

Aleatório	Código IBGE	Município	UF	Nome UF
0,4874105	1100015	ALTA FLORESTA D'OESTE	11	Rondônia
0,4938385	1100023	ARIQUEMES	11	Rondônia
0,7309687	1100031	CABIXI	11	Rondônia
0,4592458	1100049	CACOAL	11	Rondônia
0,9104165	1100056	CEREJEIRAS	11	Rondônia
...	...	...	...	...
0,5814418	5222302	VILA PROPÍCIO	52	Goiás
0,1961161	5300108	BRASÍLIA	53	Distrito Federal

No Capítulo 7, vamos aprender a fazer de forma técnica a generalização de resultados da amostra para a população, supondo que a amostra seja aleatória simples. Essa amostragem também é importante, porque fornece as bases para outros planos amostrais aleatórios, como discutido na sequência.

AMOSTRAGEM SISTEMÁTICA

Muitas vezes, é preferível substituir a amostragem aleatória simples, que exige n sorteios, por um processo mais simples, sorteando apenas o primeiro elemento e extraindo os demais de forma sistemática. Mais especificamente:

› calcula-se o intervalo de seleção, dado por $I = N/n$, desprezando as decimais;
› sorteia-se o primeiro elemento do conjunto $\{1, 2, ..., I\}$; e
› completa-se a amostra extraindo um elemento a cada I elementos.

No exemplo precedente, o intervalo de seleção é: $I = 5.565/100 \cong 55$. Então, sorteia-se um número entre 1 e 55. Digamos que esse número seja o *dez*. Assim, a amostra abrange os municípios das posições:

1) 10
2) 10 + 55 = 65
3) 10 + 2 × 55 = 120

...

100) 10 + 99 × 55 = 5.455

---

[3] Para ordenar com o Excel ou Calc, deixar o cursor no cabeçalho, onde tem o nome da variável (primeira linha); no Menu *Página Inicial*, ir em *Classificar de A a Z*.

Esse processo garante que cada elemento da população tenha a mesma probabilidade de pertencer à amostra. Além disso, se há interesse em garantir uma amostra bem *esparramada* com relação a alguma variável, basta ordenar.

AMOSTRAGEM ESTRATIFICADA

A técnica da amostragem estratificada consiste em dividir a população em subgrupos, que denominaremos *estratos*. Esses estratos devem ser internamente mais homogêneos do que a população toda, com respeito às variáveis em estudo.

No exemplo anterior, podemos usar as Unidades da Federação como estratos de municípios, já que os municípios de uma mesma unidade da federação devem ser mais homogêneos do que os municípios de todo o país, pelo menos em termos socioeconômicos. O Tamanho do Município (pequeno, médio ou grande) também costuma ser usado para formar os estratos.

Para estudar a dureza de certo aço, se tivermos unidades do material de fornecedores diferentes, então os fornecedores podem ser tratados como estratos, porque unidades de um mesmo fornecedor devem ser mais homogêneas do que aquelas de fornecedores diferentes.

Nos estratos da população, são realizadas seleções aleatórias independentes. A amostra completa é formada com a agregação das amostras dos estratos, como ilustra a Figura 2.3.

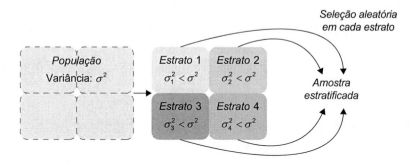

FIGURA 2.3 Esquema de uma amostragem estratificada.

Quanto à quantidade de elementos que se deve extrair de cada estrato, é comum a chamada *amostragem estratificada proporcional*, ou seja, a proporcionalidade do tamanho dos estratos é mantida na amostra. Por exemplo, se um estrato abrange 20 % da população, ele deve ter 20 % dos elementos da amostra.

Na *amostragem estratificada proporcional*, cada elemento da população tem a mesma probabilidade de pertencer à amostra. Tecnicamente, porém, a proporcionalidade nem sempre é a melhor escolha. Se houver maneira de avaliar a variância em cada estrato antes da seleção da amostra, a teoria mostra que é melhor extrair subamostras maiores nos estratos com maior variabilidade. Outras vezes, há interesse em estudar os estratos separadamente.

Neste caso, é importante todo estrato ter uma quantidade mínima de elementos que garanta certa precisão. É importante, porém, que se a amostragem não for proporcional, os cálculos de estatísticas descritivas, como a média, sejam feitos separadamente em cada estrato e, depois, agregados com pesos proporcionais aos tamanhos dos estratos.

Em geral, a amostragem estratificada gera resultados mais precisos que uma amostra aleatória simples de mesmo tamanho.

AMOSTRAGEM DE CONGLOMERADOS

Ao contrário da amostragem estratificada, a amostragem de conglomerados tende a produzir uma amostra que gera resultados menos precisos, quando comparada com uma amostra aleatória simples de mesmo tamanho. Contudo, seu custo financeiro tende a ser reduzido em amostragens de grandes populações.

Chamamos de *conglomerado* um agrupamento natural de elementos da população. Por exemplo, na população de estudantes de uma universidade, as turmas são conglomerados. Na avaliação da qualidade das laranjas de um carregamento, as caixas de laranjas são conglomerados de laranjas.

Esse tipo de amostragem consiste, em um primeiro estágio, em selecionar aleatoriamente os conglomerados. Depois, ou se observam todos os elementos dos conglomerados selecionados (*amostragem de conglomerados em um estágio*), ou, como é mais comum, fazem-se novas seleções aleatórias em cada conglomerado previamente selecionado (*amostragem de conglomerados em dois estágios*), como é ilustrado na Figura 2.4.

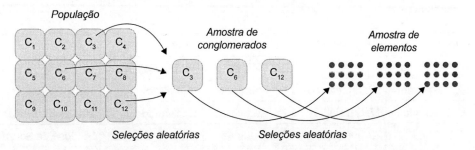

FIGURA 2.4 Esquema de uma amostragem de conglomerados em dois estágios.

OUTRAS FORMAS DE AMOSTRAGEM

Existem situações em que a seleção de uma amostra aleatória é muito difícil ou até mesmo impossível. Uma forma usual de extrair amostras em Engenharia consiste em fazer uso da *amostragem acidental* ou a *esmo*. Por exemplo, para avaliar a qualidade em lotes de pregos, podemos examinar n pregos de cada lote, extraídos a *esmo*.[4]

---

[4] A seleção deve ser feita tentando aleatorizar a extração da amostra, não se restringindo somente aos pregos posicionados na parte de cima das caixas.

14 Capítulo 2

A seleção acidental parece produzir uma amostra com propriedades similares à de uma amostragem aleatória simples. Contudo, nem sempre isso acontece. Por exemplo, se em uma pesquisa de mercado as pessoas forem entrevistadas acidentalmente nas ruas mais movimentadas da cidade, então as pessoas que costumam passar por essas ruas têm maior probabilidade de serem selecionadas e, assim, termos um viés de seleção.

Em muitas situações, lidamos com populações infinitas. Neste caso, procuramos realizar as n observações de modo independente e sob as mesmas condições. Exemplos:

a) Para avaliar o desempenho de um sistema computacional, realizam-se n ensaios independentes em uma condição preestabelecida.

b) No processo de avaliação da qualidade de itens que saem de uma linha de produção, observa-se um item em n momentos aleatórios.

As populações nos casos precedentes podem ser consideradas infinitas, porque é sempre possível realizar mais de um ensaio no sistema computacional; se são fabricados N itens, podem-se fabricar $N + 1$, $N + 2$, ... Em ambos os casos, a amostra pode ser considerada *aleatória simples* do funcionamento do processo se mantidas as mesmas condições.

EXERCÍCIOS DA SEÇÃO

1. Considerando a população de funcionários apresentada a seguir, extraia uma amostra aleatória simples de n = 6 funcionários. Use a lista de números aleatórios mostrada na sequência.

01. Aristóteles	02. Anastácia	03. Arnaldo	04. Bartolomeu	05. Bernardino
06. Cardoso	07. Carlito	08. Cláudio	09. Ermílio	10. Ercílio
11. Ernestino	12. Endevaldo	13. Francisco	14. Felício	15. Fabrício
16. Geraldo	17. Gabriel	18. Getúlio	19. Hiraldo	20. João da Silva
21. Joana	22. Joaquim	23. Joaquina	24. José da Silva	25. José de Souza
26. Josefa	27. Josefina	28. Maria José	29. Maria Cristina	30. Mauro
31. Paula	32. Paulo Cesar			

71	97	36	81	92	24	78	85	22	36	49	93	48	61	48	07
53	65	08	52	39	06	09	16	23	87	77	98	89	49	01	40
36	61	87	45	02	84	45	99	98	81	44	65	04	43	17	09
78	10	40	53	69	35	62	89	39	82	01	52	80	57	58	23

2. Considerando a população de funcionários do Exercício 1, faça uma amostragem estratificada proporcional de tamanho n = 8, usando a variável *sexo* para a formação dos estratos.

Use a primeira e a segunda linhas dos números aleatórios para a seleção no estrato dos homens; e a terceira e a quarta linhas para o estrato das mulheres.

3. Os elementos de certa população estão dispostos em uma lista, cuja numeração vai de 1.650 a 8.840. Descreva como você usaria uma tabela de números aleatórios para obter uma amostra de 100 elementos. Seria necessário efetuar nova numeração?

4. Comente sobre os seguintes planos de amostragens, apontando suas incoerências, quando for o caso.

   a) Com a finalidade de estudar o perfil dos consumidores de um supermercado, observaram-se os consumidores que compareceram ao supermercado no primeiro sábado do mês.

   b) Com a finalidade de estudar o perfil dos consumidores de um supermercado, fez-se a coleta de dados durante um mês, tomando a cada dia um consumidor da fila de cada caixa do supermercado, variando sistematicamente o horário da coleta dos dados.

   c) Para avaliar a qualidade dos itens que saem de uma linha de produção, observaram-se todos os itens das 14 às 14 horas e 30 minutos.

   d) Para avaliar a qualidade dos itens que saem de uma linha de produção, observou-se um item a cada meia hora, durante todo o dia.

   e) Para estimar a percentagem de empresas que investiram em novas tecnologias no último ano, enviou-se um questionário a todas as empresas. A amostra foi formada pelas empresas que responderam ao questionário.

2.2 PLANEJAMENTO DE EXPERIMENTOS

Na área tecnológica, são muito comuns pesquisas experimentais, nas quais se manipulam de forma planejada certas *variáveis independentes* ou *fatores* (A, B, C, ...), para verificar o efeito em uma *variável dependente* ou *resposta* Y de interesse.

Exemplos:

a) Verificar quais são os fatores que mais interferem na *resistência à compressão* (Y) do concreto. Os fatores a serem estudados são:
   › tempo de hidratação (A);
   › dosagem de cimento (B);
   › tipo de cimento (C);
   › uso de aditivos (D).

b) Encontrar a melhor condição de operação de um processo químico. A resposta Y é o *rendimento* da reação química e os fatores de interesse são:
   › tempo de reação (A);
   › temperatura da reação (B).

c) Uma empresa de informática quer verificar o tipo de equipamento adequado ao usuário. A resposta Y é o *tempo de resposta* e os fatores são:

16 Capítulo 2

> processador (A);
> quantidade de memória RAM (B);
> quantidade de memória fixa (C);
> tipo de carga de trabalho a ser executada (D).

NÍVEIS DOS FATORES

Estabelecida a resposta de interesse e os fatores a serem estudados, precisamos definir os *níveis* desses fatores que serão ensaiados. No exemplo (b), em quais *temperaturas* e em quais *tempos* serão feitos os ensaios para verificar o rendimento da reação química? Para o fator *temperatura*, os *níveis* podem ser: 70, 80 e 90 graus Celsius; para o fator *tempo*, os *níveis* podem ser: 30 e 40 minutos.

O intervalo que contém os níveis do fator é definido de acordo com o interesse e a viabilidade, enquanto a quantidade de níveis a serem ensaiados depende do custo dos ensaios, da relação que se espera entre o fator e a resposta, e da quantidade de fatores do estudo.

Alguns fatores não são quantitativos, como o *tipo de cimento* no exemplo (a) ou o *processador* no exemplo (c). Nestes casos, temos as *categorias* do fator em vez de *níveis* do fator.

TRATAMENTOS

Chamamos de *tratamento* uma combinação de níveis dos fatores do estudo experimental. No exemplo (b), a temperatura de 70 °C combinada com o tempo de 30 minutos formam um tratamento. Considerando que os ensaios serão feitos em três níveis de temperatura e em dois níveis de tempo, podemos definir $3 \times 2 = 6$ tratamentos.

UNIDADES EXPERIMENTAIS

Nos estudos observacionais, definimos como unidades de observação os elementos da população em estudo. Nos estudos experimentais, os elementos em que serão aplicados os tratamentos e observada a resposta são chamados de *unidades experimentais*. Em Engenharia, as unidades experimentais costumam ser corpos de prova; em Medicina, são os indivíduos ou pacientes voluntários; em Informática, podem ser as cargas de trabalho submetidas ao sistema; e assim por diante.

Todas as possíveis unidades experimentais que poderão ser submetidas a um tratamento formam uma *população* do estudo. Assim, as populações, em geral, podem ser consideradas infinitas.

BLOCOS

Para que pequenas diferenças entre os tratamentos sejam detectadas no estudo experimental, as unidades experimentais devem ser tão homogêneas quanto possível, mas nem sempre isto é possível, porque corpos de prova podem vir de diferentes fornecedores;

materiais cerâmicos podem originar-se de diferentes fornadas; ensaios podem ser realizados por diferentes laboratoristas; indivíduos de faixas etárias distintas costumam responder de maneiras diferentes aos fármacos etc. Para melhorar a eficiência de um estudo experimental, os lotes, as fornadas, os laboratoristas e as faixas etárias devem formar *blocos de unidades experimentais relativamente homogêneas*. Esses blocos devem ser considerados no projeto e na análise do experimento.

PROJETOS DE EXPERIMENTOS

Definidos os fatores, os níveis e a possível utilização de blocos, um *projeto de experimento* consiste em como combinar os níveis dos fatores e como distribuir as unidades experimentais nos diferentes tratamentos.

FATORES INTERVENIENTES

Além dos fatores de interesse no estudo experimental, outros fatores podem influenciar de maneira sistemática a resposta. Alguns deles podem ser identificados e controlados, seja fixando-os ou incluindo-os no projeto de experimento, de modo que as variações sistemáticas observadas na resposta sejam somente em razão dos diferentes tratamentos. Na análise estatística, é suposto que as variações não resultantes dos tratamentos e blocos sejam puramente aleatórias (não sistemáticas).

REPLICAÇÕES

Normalmente, realizamos mais de um ensaio em cada condição experimental (tratamento), o que é chamado de *replicação*. As replicações são importantes para avaliarmos o chamado *erro experimental*, isto é, o efeito provocado pela infinidade de outros fatores que estão agindo no processo de forma aleatória.

ALEATORIZAÇÃO

Para garantir a validade de um estudo experimental, a alocação das unidades experimentais nos diferentes tratamentos deve ser *aleatorizada*, ou seja, devem ser alocadas por sorteio. A aleatorização faz com que eventuais fatores intervenientes que não estejam sendo controlados se distribuam de forma aleatória entre os tratamentos.

EXEMPLO 2.1

Queremos estudar a produção (*Y*) de certa cultura, considerando três níveis de dosagens (*a, b* e *c*) de um fertilizante. Dispomos de seis canteiros (unidades experimentais) para o experimento, de onde podemos fazer duas replicações. Para realizar a aleatorização, podemos fazer uso de números aleatórios. A seguir, são apresentados números aleatórios de 1 a 6: {2, 4, 5, 4, 5, 5, 3, 2, 4, 1, 6}.

Alguns números são repetidos e foram registrados em cinza para facilitar o entendimento do processo. Distribuindo os canteiros de forma aleatória nos tratamentos, tem-se o projeto de experimentos completamente aleatorizado:

Tratamento:	a	a	b	b	c	c
Canteiro:	2	4	5	3	1	6

Considere, agora, que os canteiros 1, 2 e 3 são relativamente homogêneos, assim como os canteiros 4, 5 e 6. Então, temos:
- Bloco 1: canteiros 1, 2 e 3;
- Bloco 2: canteiros 4, 5 e 6.

Neste caso, podemos gerar números aleatórios de 1 a 3 para alocar os canteiros (unidades experimentais) nos três tratamentos do bloco 1; e números aleatórios de 4 a 6 para o bloco 2.[5] Temos, então, um projeto de experimentos com blocos aleatorizados:

Bloco:	1	1	1	2	2	2
Tratamento:	a	b	c	a	b	c
Canteiro:	2	1	3	4	6	5

PROJETOS FATORIAIS

Na Engenharia, era muito comum realizar experimentos variando um fator de cada vez. Por exemplo, em um processo químico em que se quer verificar o efeito do tempo e da temperatura no rendimento do processo, era comum fixar a temperatura e ir aumentando o tempo para verificar a resposta; depois, fixava o tempo e ia aumentando a temperatura. Esse é um processo ineficiente por exigir grande quantidade de ensaios, além de não garantir bons resultados, porque os fatores podem agir de forma não aditiva e esse processo não permite avaliar isso.

> Uma maneira eficiente é o *projeto fatorial*, que consiste em combinar os níveis dos diversos fatores *cruzando-os*, de modo que cada nível de um fator seja combinado com níveis de outros fatores.

EXEMPLO 2.2

Considere um processo químico em que se quer pesquisar a influência de dois fatores no rendimento da reação:

---

[5] Em uma planilha eletrônica, podemos colocar uma coluna com os blocos e outra com os tratamentos. Ao lado, podemos gerar números aleatórios (no Excel ou no Calc, usar a função *ALEATÓRIO*). Depois, ordenamos a tabela pelos números aleatórios, o que garante ordem aleatória.

> tipo de catalisador (A): a_1 e a_2; e
> tempo de reação (B), com 4 níveis: b_1, b_2, b_3, b_4.

Um projeto fatorial completo consiste em fazer 2 × 4 = 8 tratamentos, cruzando todos os níveis de um fator com o outro, conforme mostra a Figura 2.5. Nessa figura, a simbologia a_ib_j representa o uso do catalisador a_i na temperatura no nível b_j, sendo $i = 1, 2; j = 1, 2, 3, 4$.

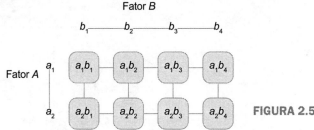

FIGURA 2.5 Esquema de um projeto fatorial 2 × 4.

Como veremos no Capítulo 9, ao realizar o experimento segundo esse projeto, podemos avaliar na resposta:
> efeito da mudança do catalisador a_1 para a_2;
> efeito do aumento da temperatura da reação; e
> efeito da diferença entre catalisadores a_1 e a_2 ao aumentar a temperatura.

O último efeito dessa lista é dito *interação* entre os níveis dos dois fatores, um efeito não aditivo que não poderia ser avaliado se fizéssemos o experimento variando um fator de cada vez.

Dizemos que existe *interação* entre dois fatores quando a diferença na resposta entre os níveis de um fator não é a mesma para todos os níveis do outro fator.

PROJETOS COM MUITOS FATORES

Em muitos problemas, o número de fatores que possivelmente alteram a resposta é grande. Por exemplo, para verificar quais são os fatores que mais interferem na resistência à compressão de um concreto (Y), podemos citar:

> tempo de hidratação (A);
> dosagem de cimento (B);
> tipo do cimento (C); e
> uso de aditivos (D).

Se forem usados três níveis em cada fator, o projeto fatorial completo terá $3^4 = 81$ ensaios; se adotar duas replicações para melhor estimar o erro experimental, resulta em $2 \times 3^4 = 162$ ensaios, o que pode encarecer demasiadamente o experimento. Por outro lado, se iniciarmos com um projeto fatorial com todos os fatores ensaiados com dois níveis, teremos $2^4 = 16$ ensaios; com duas replicações: $2 \times 2^4 = 32$ ensaios.

PROJETOS FATORIAIS 2^k

Consiste em ensaiar cada um dos k fatores em apenas dois níveis. Além de evitar um grande número de ensaios, esse tipo de projeto é relativamente fácil nos aspectos computacionais e interpretativos. A Figura 2.6 mostra geometricamente os 16 tratamentos, representados por pontos, a serem ensaiados em um projeto para avaliar quatro fatores.

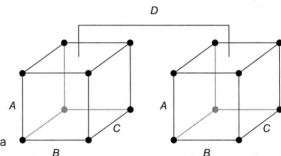

FIGURA 2.6 Representação geométrica de um projeto fatorial 2^4.

Projetos do tipo 2^k são largamente utilizados para *caracterizar processos*, ou seja, para selecionar fatores que agem significativamente sobre a resposta. Muitas vezes, quando se deseja otimizar o processo, realiza-se, inicialmente, um projeto 2^k para selecionar os fatores mais significativos e, depois, realizam-se novos experimentos.

PROJETOS FATORIAIS FRACIONADOS 2^{k-p}

Quando temos muitos fatores, mesmo que ensaiados em apenas dois níveis, a quantidade de tratamentos pode ficar muito grande e o projeto se tornar inviável financeiramente. A ideia dos projetos fatoriais fracionados é ensaiar apenas parte das possíveis combinações de níveis dos fatores, mas planejando de modo que garanta a possibilidade de avaliar os principais efeitos de interesse.

Os projetos fracionados são particularmente importantes quando se pretende fazer uma triagem de fatores para serem usados em estudos posteriores.

Para entendermos o processo usado para fracionamento, em cada fator vamos codificar por +1 o seu nível superior; por –1 o seu nível inferior.[6] A Tabela 2.2 mostra todas as combinações possíveis de um projeto fatorial 2^4, sendo a última coluna a multiplicação elemento por elemento dos vetores A, B, C e D.

Para fazer um fracionamento nesse projeto, tomam-se as combinações em que $ABCD$ tem sinal positivo (uso da relação $I = ABCD$) ou as combinações em que $ABCD$ tem sinal negativo (uso da relação $I = -ABCD$). A Tabela 2.3 mostra as combinações que devem ser ensaiadas em um projeto fatorial 2^{4-1}, construído com a relação $I = ABCD$.

---

[6] Se o fator for qualitativo, é opcional a categoria que será codificada por +1.

TABELA 2.2 Todas as combinações possíveis no projeto 2^4 e indicação de como fazer um fracionamento

A	B	C	D	ABCD
-1	-1	-1	-1	+1
-1	-1	-1	+1	-1
-1	-1	+1	-1	-1
-1	-1	+1	+1	+1
-1	+1	-1	-1	-1
-1	+1	-1	+1	+1
-1	+1	+1	-1	+1
-1	+1	+1	+1	-1
+1	-1	-1	-1	-1
+1	-1	-1	+1	+1
+1	-1	+1	-1	+1
+1	-1	+1	+1	-1
+1	+1	-1	-1	+1
+1	+1	-1	+1	-1
+1	+1	+1	-1	-1
+1	+1	+1	+1	+1

TABELA 2.3 Projeto 2^{4-1} fracionado com a relação $I = ABCD$

Ensaio	A	B	C	D
2	-1	-1	-1	-1
1	-1	-1	+1	+1
5	-1	+1	-1	+1
8	-1	+1	+1	-1
3	+1	-1	-1	+1
7	+1	-1	+1	-1
6	+1	+1	-1	-1
4	+1	+1	+1	+1

Observe na Tabela 2.3 que as combinações de níveis inferiores (–1) e superiores (+1) dos quatro fatores obedecem à ordem da Tabela 2.2, em que *ABCD* tem sinal positivo, mas a coluna que colocamos do lado esquerdo (*Ensaio*) não mostra a sequência de 1 a 8. Isso para lembrar que a ordem de realização dos ensaios deve ser aleatorizada.

22   Capítulo 2

Ilustramos o processo de fracionamento com um projeto 2^{4-1}, mas o processo é geral, podendo ser usado para projetos que tenham vários fatores ensaiados a dois níveis.

Em experimentos com cinco ou mais fatores, pode-se fazer um fracionamento pelo processo aqui indicado sem maiores prejuízos na análise, como veremos no Capítulo 9.

EXERCÍCIOS DA SEÇÃO

5. Os indivíduos Paulo Cezar, José de Souza, Cláudio, Carlito, Ercílio, Mauro, Joaquina e Maria José satisfazem critérios predefinidos e são voluntários para um experimento em que se quer comparar dois tratamentos. Faça a divisão aleatória em dois grupos de quatro indivíduos, usando parte dos números aleatórios:

71	97	36	81	92	24	78	85	22	36	49	93	48	61	48	07

6. Apresente as 32 combinações de sinais em que os fatores A, B, C, D e E devem ser ensaiados em um projeto fatorial 2^5 completo. Anote os ensaios que devem ser realizados em um projeto 2^{5-1}, considerando a relação $I = ABCDE$. Repare que você pode construir o mesmo projeto fazendo, inicialmente, um projeto 2^4 completo e, depois, inserindo a coluna E com a relação $E = ABCD$.

3

ANÁLISE EXPLORATÓRIA DE DADOS

Com o advento da informática, o mundo passou a produzir muitos dados. As empresas têm dados de suas atividades, de seus funcionários, de seus clientes etc. Mas para que esses dados sejam informativos, necessitamos organizá-los, resumi-los e apresentá-los de forma adequada. Este é o papel da análise exploratória de dados e da estatística descritiva.

Como ilustração, considere o processo de pasteurização de leite em um laticínio, no qual os engenheiros estão preocupados com a variação da temperatura do pasteurizador. Foram observadas 1.389 leituras de temperatura, em vários dias, horários e localização do termômetro.[1] A Figura 3.1 mostra parte do conjunto das observações e um gráfico apresentando a distribuição de frequências de todas as leituras. Note que, pelo gráfico, você tem uma visão geral da variabilidade do processo, o que não ocorre ao olhar valor por valor das 1.389 leituras.

Na análise exploratória de dados, além de descrever os dados, buscamos conhecer algumas características do processo com base nos dados. Com o uso adequado de tabelas, gráficos e medidas podemos descobrir certas estruturas que não são evidentes nos dados brutos.

---

[1] Dados usados na dissertação de mestrado de Luciana S. C. V. da Silva (Programa de Pós-graduação em Engenharia de Produção, UFSC, 1999). Disponível em: https://repositorio.ufsc.br/xmlui/bitstream/handle/123456789/80467/151811.pdf?sequence=1&isAllowed=y. Acesso em: 10 nov. 2023.

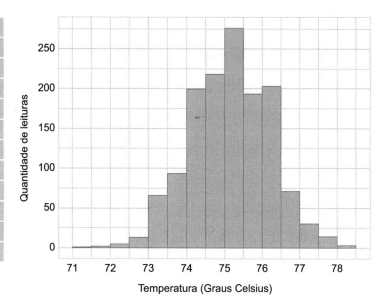

Leitura	Temp.
1	74,8
2	73,8
3	75,3
4	76,4
5	76,3
6	76,8
7	72,9
8	74,9
9	76,2
10	74,0
...	...

FIGURA 3.1 Parte dos dados brutos e gráfico da distribuição de frequências das leituras de temperatura de um pasteurizador.

3.1 DADOS E VARIÁVEIS

No exemplo anterior, os dados são observações da temperatura do pasteurizador. Em cada leitura (unidade de observação), tem-se um valor da variável temperatura.

> Em geral, os dados são reunidos em arquivos, sob a forma matricial. As linhas correspondem ao que se observou em cada elemento pesquisado, enquanto as colunas correspondem às *variáveis* levantadas ou medidas.

 EXEMPLO 3.1

Um aplicativo gratuito exige o cadastro de seus usuários. Isto porque o proprietário quer vender cotas de inserção de propagandas que serão exibidas de forma direcionada no aplicativo. Este cadastro solicita os seguintes dados: *sexo, idade, nível de instrução* e o *provedor de internet que usa*. Os dados ficarão armazenados em forma matricial, como mostra a Figura 3.2, em que cada linha tem o perfil de um usuário e cada coluna mostra as observações de uma variável.

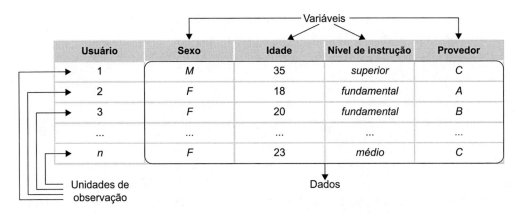

FIGURA 3.2 Exemplo de um conjunto de dados.

Os dados podem ser observações de variáveis qualitativas ou quantitativas.

Quando os possíveis resultados de uma variável são números em certa escala, dizemos que a variável é *quantitativa*. Quando os possíveis resultados são atributos ou qualidades, a variável é dita *qualitativa* ou *categórica*.

No exemplo de usuários do aplicativo, o *sexo*, o *nível de instrução* e o *provedor* são variáveis qualitativas, enquanto a *idade* é quantitativa.

3.2 DISTRIBUIÇÃO DE FREQUÊNCIAS PARA VARIÁVEIS QUALITATIVAS

Depois dos dados coletados e organizados em forma matricial, um dos primeiros passos da análise exploratória de um conjunto de dados é a construção de distribuições de frequências das variáveis de interesse. A distribuição de frequências consiste na organização dos dados de acordo com as ocorrências dos diferentes resultados observados.

A distribuição de frequências de uma variável qualitativa compreende as categorias da variável associadas à contagem ou à porcentagem de ocorrências. Pode ser apresentada em forma de tabela ou de gráfico.

TABELA 3.1 Distribuição de frequências do provedor usado pelo usuário do aplicativo

Provedor	Frequência	Porcentagem
A	10	25,0
B	17	42,5
C	7	17,5
D	6	15,0
Total	40	100,0

Considere que o cadastro citado no Exemplo 3.1 tenha apenas 40 registros. Vamos fazer a distribuição de frequências do provedor usado pelo usuário do aplicativo. A seguir, são apresentadas as 40 observações dessa variável e a tabela de frequências obtida pela contagem de ocorrências de cada provedor.

C	A	B	B	C	B	D	B	B	A	C	A	B	D	A	B	B	C	D	B
B	A	A	B	A	A	B	D	D	C	A	A	B	C	B	D	B	B	B	C

Normalmente, frequências absolutas são a melhor opção quando o número de observações é pequeno. Por outro lado, quando queremos fazer comparações, como estudar o provedor preferido conforme o nível de instrução do usuário, as frequências relativas são mais informativas. Essas frequências relativas são obtidas pela divisão da frequência de ocorrências da categoria pelo total. Por exemplo, para o Provedor A, a frequência relativa é 10/40 = 0,25. Opcionalmente, podemos multiplicar por 100 e apresentar o resultado em porcentagem: 100 × 0,25 = 25, ou seja, 25 %.

REPRESENTAÇÕES GRÁFICAS

As representações gráficas fornecem, em geral, uma visualização mais sugestiva do que as tabelas. São formas alternativas de se apresentar uma distribuição de frequências.

A Figura 3.3 mostra a distribuição de frequências da Tabela 3.1 a partir de um *gráfico de colunas*, sendo cada categoria representada por uma coluna, e a frequência (absoluta ou relativa) posicionada no eixo vertical.[2]

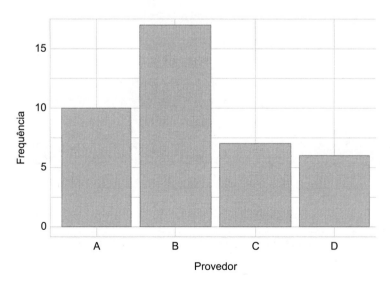

FIGURA 3.3 Gráfico de colunas representando a distribuição de frequências do provedor usado pelo usuário.

---

[2] Da mesma forma que as tabelas, os gráficos devem conter um título, incluindo as informações pertinentes. Em trabalhos acadêmicos, os gráficos são referenciados como figuras.

Alternativamente, o eixo horizontal poderia representar a escala das frequências e o eixo vertical, as categorias. Estaríamos construindo o chamado *gráfico de barras*.

Um gráfico muito comum para representar distribuições de frequências de variáveis qualitativas é o chamado *gráfico de setores*, particularmente útil quando o número de categorias não é grande e as categorias não são ordinais. Ver Figura 3.4.

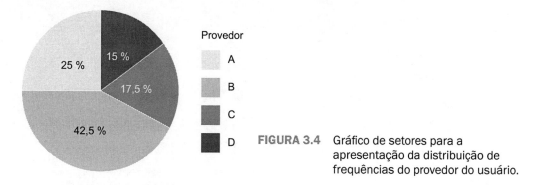

FIGURA 3.4 Gráfico de setores para a apresentação da distribuição de frequências do provedor do usuário.

No gráfico de setores ou de *pizza*, o tamanho do setor é medido em graus e deve ser proporcional à frequência da categoria. Por exemplo, para o Provedor A, o tamanho do setor é calculado por:

$$\frac{x}{10} = \frac{360}{40} \rightarrow x = 90°$$

DIAGRAMA DE PARETO

Uma das ferramentas dos programas de qualidade é o chamado *diagrama de Pareto*. A sua construção em si é bastante simples, pois corresponde ao gráfico de barras ou de colunas, mas com as categorias ordenadas de maneira decrescente pelas frequências observadas.

Esse diagrama é usado em postos de avaliação da qualidade para apresentar de forma clara os problemas decorrentes da falta da qualidade em ordem hierárquica de importância ou de frequência. A Figura 3.5 exemplifica esse diagrama na implantação de um controle integrado de processos. Neste exemplo, a priorização dos problemas foi feita pela frequência de ocorrências.

Observando a Figura 3.5, verificamos que as principais características que levam à falta de qualidade no posto de avaliação são a espessura, as rebarbas e as falhas no desenho. Um programa de melhoria da qualidade deve enfrentar prioritariamente essas características.

No diagrama de Pareto, é mais comum priorizar os problemas de qualidade em termos financeiros. A Figura 3.6 ilustra esta situação, incluindo também uma curva que indica as perdas acumuladas pela falta de qualidade.

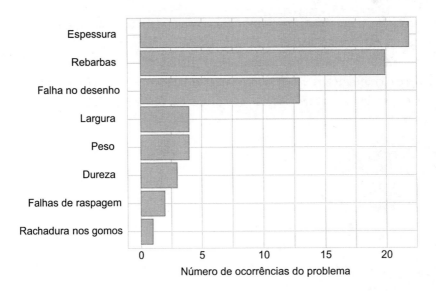

FIGURA 3.5 Ilustração de um diagrama de Pareto – priorização em termos das frequências dos problemas encontrados. Fonte: adaptada de Caten, Ribeiro e Fogliatto. Revista Produto & Produção, v. 4, n. 1 (2000).

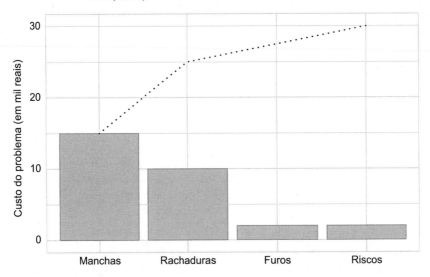

FIGURA 3.6 Ilustração de um diagrama de Pareto – priorização em termos de perdas financeiras.

EXERCÍCIOS DA SEÇÃO

1. Considere o objetivo de verificar a demanda da qualidade no desenvolvimento de um *software*. Em uma pesquisa de mercado, indagaram-se aos clientes potenciais qual dos seguintes itens era considerado mais importante: (a) interface de fácil acesso, (b) desempenho

do sistema, (c) métodos de análise avançados, (d) método de custeio, (e) manutenção e suporte, (f) personalização, (g) atualização em tempo real, (h) confiabilidade das informações, (i) segurança dos dados e (j) uso de novas tecnologias de informática.[3] As frequências de resposta foram (a) 8, (b) 7, (c) 7, (d) 12, (e) 2, (f) 4, (g) 3, (h) 21, (i) 6 e (j) 0, respectivamente.

a) A variável *demanda da qualidade no desenvolvimento de um software*, operacionalizada de acordo com a pergunta feita aos clientes, é qualitativa ou quantitativa?

b) Construa um diagrama que mostre a distribuição de frequências das respostas, priorizando os itens segundo a frequência de respostas. Qual o nome que se dá a este diagrama?

2. O *software* Excel da Microsoft e a opção gratuita Calc do LibreOffice têm a opção de tabelas dinâmicas, que permite fazer tabelas de distribuição de frequências. Reproduza a Tabela 3.1 e a Figura 3.3 usando um desses *softwares*. Na internet, você encontra vários artigos que orientam o uso de tabelas dinâmicas.

3.3 DISTRIBUIÇÃO DE FREQUÊNCIAS PARA VARIÁVEIS QUANTITATIVAS

As variáveis quantitativas podem estar associadas a uma *contagem*, como o número de defeitos em itens que saem de uma linha de produção. Neste caso, os possíveis resultados podem ser listados (0, 1, 2, ...), formando um conjunto enumerável. Outras vezes, a variável está associada a uma *mensuração*, como no estudo da resistência mecânica de um novo material, em que se mede a resistência em corpos de prova do material. Neste caso, o resultado de cada ensaio pode ser qualquer valor em um intervalo de números reais, como em $[0, \infty[$.

Uma variável quantitativa é dita *discreta* se seus possíveis valores formam um conjunto finito ou infinito enumerável. É dita *contínua* se, teoricamente, pode ter como resultado qualquer valor em um intervalo de números reais.

3.3.1 Variáveis discretas

Desde que a quantidade de valores observados não seja muito grande, a distribuição de frequências de variáveis discretas pode ser feita de maneira análoga à de variáveis qualitativas. Porém, como os valores da variável formam uma escala numérica, graficamente temos um par de eixos cartesianos. Por convenção, o eixo horizontal representa a variável e o eixo vertical, as frequências. O gráfico apropriado para esse tipo de variável é formado por hastes com altura igual à frequência (absoluta ou relativa) de ocorrência do valor (ver Figura 3.7).

Observando o gráfico, notamos que as ocorrências predominam na faixa de zero a três defeitos. Também é possível observar que houve um caso com número de defeitos igual a oito, que é discrepante com relação aos outros casos. Além disso, vemos maior concentração de ocorrências na parte inferior da escala, mostrando uma distribuição assimétrica.

---

[3] Os itens foram extraídos de um artigo de Sonda, Ribeiro e Echeveste, Revista Produção, v. 10, n. 1 (2000).

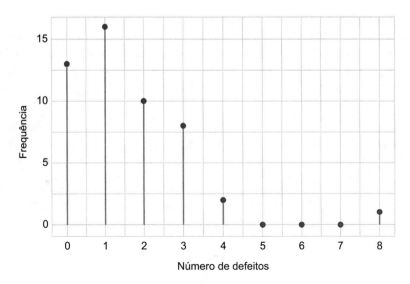

FIGURA 3.7 Distribuição de frequências do número de defeitos de uma amostra de 50 unidades do produto.

Outra forma de apresentação é usando o formato do que chamamos de *histograma*. Construímos retângulos justapostos de alturas iguais às frequências, sendo que cada valor observado é situado no centro da base desses retângulos, como na Figura 3.8.

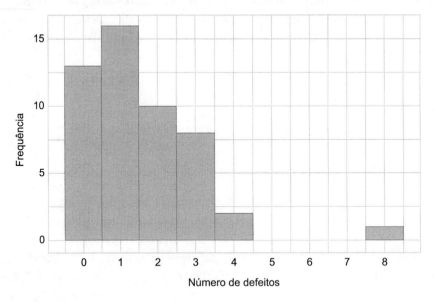

FIGURA 3.8 Distribuição de frequências em forma de histograma.

3.3.2 Variáveis contínuas

Nesta seção, apresentaremos algumas formas de se fazer uma distribuição de frequências de dados contínuos.

TABELA DE FREQUÊNCIAS

Para construir uma *tabela de frequências*, dividimos a amplitude total dos dados (diferença entre o maior e o menor valor) em vários intervalos, denominados *classes*. As classes devem ser mutuamente exclusivas, exaustivas e, de preferência, de mesmo tamanho.

EXEMPLO 3.2

Os dados que se seguem são observações do tempo (em segundos) da carga de um aplicativo, em um sistema compartilhado (50 observações):

5,2	6,4	5,7	8,3	7,0	5,4	4,8	9,1	5,5	6,2	4,9	5,7	6,3
5,1	8,4	6,2	8,9	7,3	5,4	4,8	5,6	6,8	5,0	6,7	8,2	7,1
4,9	5,0	8,2	9,9	5,4	5,6	5,7	6,2	4,9	5,1	6,0	4,7	14,1
5,3	4,9	5,0	5,7	6,3	6,0	6,8	7,3	6,9	6,5	5,9		

O valor mínimo desse conjunto de observações é igual a 4,7 e o máximo é igual a 14,1. Então, vamos dividir esse intervalo em várias classes. Por simplicidade, consideremos classes de amplitude igual a 1 e iniciando por 4,0, conforme ilustra a Figura 3.9. Posteriormente, voltaremos à discussão sobre o número de classes e suas amplitudes.

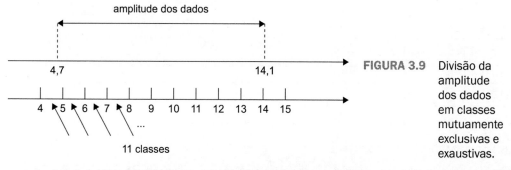

FIGURA 3.9 Divisão da amplitude dos dados em classes mutuamente exclusivas e exaustivas.

O passo seguinte é contar quantos valores estão em cada classe previamente estabelecida. Como os dados são arredondados para um número finito de decimais, podem ocorrer valores exatamente no limite entre duas classes. Por convenção, consideraremos o intervalo fechado no limite inferior e aberto no limite superior. A primeira classe, por exemplo, é formada pelo intervalo [4,0; 5,0), ou 4 ⊢ 5, conforme a simbologia comumente usada em Estatística.[4]

A tabela de frequências é construída mediante a contagem da frequência de observações em cada classe. A primeira coluna da Tabela 3.2 mostra a lista das classes; a segunda coluna contém o ponto médio de cada classe (média aritmética dos limites da classe); a terceira coluna apresenta a quantidade de ocorrências em cada classe, obtida pela contagem; a quarta coluna contém as

---

[4] A função *FREQUÊNCIA()* do Excel ou da planilha Calc permite fazer distribuições de frequências em classes preestabelecidas. Observa-se, contudo, que a definição dos limites das classes é diferente, sendo que nos *softwares* os limites das classes são abertos no limite inferior e fechados no limite superior.

32 Capítulo 3

frequências relativas; e a última coluna, as frequências acumuladas. Sendo c o número de classes e n o número de observações, os cálculos para obtenção dos valores das duas últimas colunas são, respectivamente:

$$f_j = \frac{n_j}{n}$$

$$F_j = \sum_{i=1}^{j} f_j$$

TABELA 3.2 Distribuição de frequências do tempo (em segundos) para a carga de um aplicativo, em um sistema compartilhado

Classes de tempo	Ponto médio	Número de observações (n_j)	Porcentagem de observações ($100 \times f_j$)	Porcentagem acumulada ($100 \times F_j$)
4 ⊢ 5	4,5	7	14	14
5 ⊢ 6	5,5	18	36	50
6 ⊢ 7	6,5	13	26	76
7 ⊢ 8	7,5	4	8	84
8 ⊢ 9	8,5	5	10	94
9 ⊢ 10	9,5	2	4	98
10 ⊢ 11	10,5	0	0	98
11 ⊢ 12	11,5	0	0	98
12 ⊢ 13	12,5	0	0	98
13 ⊢ 14	13,5	0	0	98
14 ⊢ 15	14,5	1	2	100

HISTOGRAMA

O histograma é a forma usual de apresentação de distribuição de frequências de variável contínua. A Figura 3.10 mostra um histograma, construído a partir da Tabela 3.2. São retângulos justapostos sobre as classes da variável em estudo. A altura de cada retângulo deve ser igual (ou proporcional) à frequência observada na classe. Formalmente, a escala do eixo vertical deve ser ajustada para que a soma das áreas dos retângulos seja igual a um. Isso ocorre quando usamos no eixo vertical a frequência relativa dividida pela amplitude da classe, que resulta na chamada *densidade de frequência* (ver Figura 3.10).[5] Na maioria das vezes, contudo, o histograma é apresentado com frequências absolutas no eixo vertical.

O histograma mostra que, na maioria das vezes, o tempo para a carga do aplicativo é inferior a 7 segundos. Destaca-se um ponto discrepante, indicando um caso diferenciado com tempo de carga superior a 14 segundos, que pode ser examinado separadamente dos

---

[5] O uso da *densidade de frequência* permite trabalhar com classes de amplitudes diferentes. Além disso, facilita a comparação com os modelos de probabilidades, que serão discutidos nos Capítulos 5 e 6.

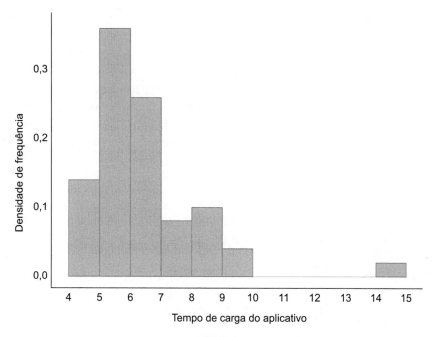

FIGURA 3.10 Distribuição de frequências de 50 observações do tempo de carga de um aplicativo.

demais, já que pode ter ocorrido alguma situação de anormalidade. O histograma também mostra que a distribuição do tempo de carga é assimétrica, com cauda mais longa do lado direito. Essa assimetria indica que intervalos de tempo baixo têm maior intensidade de ocorrências do que intervalos, de mesmo tamanho, de tempo alto.

SOBRE O NÚMERO DE CLASSES

O número de classes é uma escolha arbitrária. Quanto maior o conjunto de dados, mais classes podem ser usadas. Uma tabela ou gráfico com poucas classes apresenta a distribuição de forma bastante resumida, podendo deixar de evidenciar características relevantes. Por outro lado, se usarmos muitas classes, a tabela ou o gráfico pode não realçar aspectos importantes da distribuição de frequências.

Uma referência sobre o número de classes adotado por vários *softwares* é creditada a Sturges, que sugere:

$$\text{Número de classes} = 1 + 3{,}322 \times \log_{10}(n)$$

Aplicando no nosso exemplo em que $n = 50$, a expressão resulta em, aproximadamente, sete classes, com amplitude igual a $(14{,}1 - 4{,}7)/7 = 1{,}4$.[6] Se iniciarmos no valor mínimo, o intervalo formado pelas classes atinge o valor: $4{,}7 + 7 \times 1{,}4 = 14{,}5$; ou seja, 0,4 ponto superior ao valor máximo do conjunto de dados, que é 14,1. Sugere-se, então, iniciar as classes

---

[6] O número de classes e o intervalo das classes foram arredondados *para cima*, a fim de garantir que o conjunto de classes englobe todo o intervalo onde estão os dados.

em 4,7 − 0,4/2 = 4,5; de modo a equilibrar a sobra nos dois extremos. Assim, têm-se as classes: 4,5 ├── 5,9; 5,9 ├── 7,3; e assim por diante, até a sétima classe: 12,9 ├── 14,3.

A fórmula de Sturges fornece bom número de classes se a distribuição de frequências for razoavelmente simétrica e não houver valor(es) discrepante(s). Em nosso exemplo, como há valor discrepante, maior quantidade de classes é recomendada.

Para variáveis discretas, com grande quantidade de valores distintos, também podemos agrupá-los em classes. Neste caso, contudo, devemos fazer a divisão das classes de modo a garantir que elas englobem a mesma quantidade de possíveis resultados da variável.

GRÁFICO DE FREQUÊNCIAS ACUMULADAS

Muitas vezes, o maior interesse está nas frequências de observações menores que um dado valor. A Figura 3.11 mostra o gráfico das frequências relativas acumuladas, sendo no eixo horizontal os valores da variável em estudo, conforme as classes indicadas na primeira coluna da Tabela 3.2; no eixo vertical, são as porcentagens acumuladas que estão na última coluna dessa tabela.

A linha tracejada no gráfico da Figura 3.11 indica, como ilustração, a porcentagem de observações com tempo de carga inferior a 7 segundos.

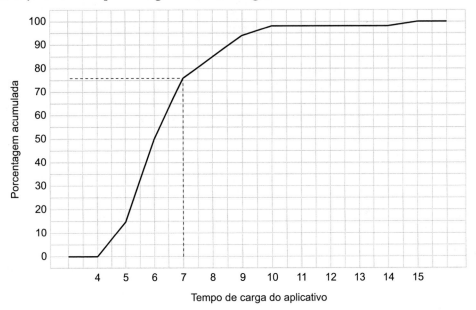

FIGURA 3.11 Distribuição acumulada de frequências, em porcentagem, feita com os dados agrupados.

As frequências acumuladas podem ser definidas de maneira mais rigorosa com os dados não grupados em classes, mas somente ordenados, como mostra a Figura 3.12.[7] Chamando

---

[7] Observe que nesta definição mais formal estamos considerando a frequência relativa *menor ou igual* a *x*. Anteriormente, dissemos apenas *menor* por coerência com a convenção histórica dos intervalos de classe, que são fechados do lado esquerdo.

de $n(x)$ o número de observações *menores* ou *iguais* a x, a frequência de observações até o valor x é dada por:

$$F(x) = \frac{n(x)}{n}$$

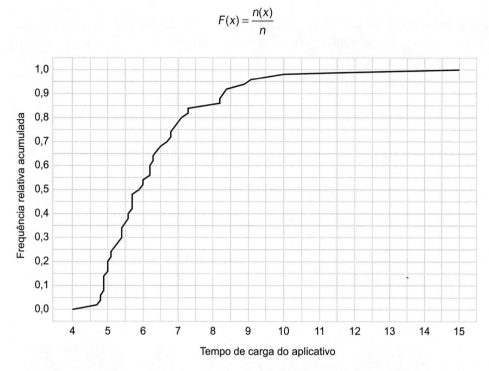

FIGURA 3.12 Distribuição acumulada de frequências, a partir de dados individuais.

DIAGRAMA DE PONTOS

No histograma, agrupamos as observações em classes, mas podemos fazer o gráfico sem esse agrupamento, particularmente quando se está trabalhando com pequena quantidade de observações. No diagrama de pontos, representamos cada valor como um ponto na reta de números reais, como ilustra a Figura 3.13, considerando os dados do Exemplo 3.2.

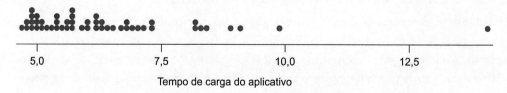

FIGURA 3.13 Diagrama de pontos do tempo de carga de um aplicativo.

O diagrama de pontos pode ser usado para comparar os resultados de uma variável contínua observada em diferentes condições. Considere um estudo experimental sobre um processo químico, do qual queremos avaliar o rendimento em dois níveis de temperatura da reação: 60 e 80 °C. Os dados de rendimento (%) foram:

60 °C:	31,0	33,6	32,8	32,2	31,9	36,2	34,3	34,0
80 °C:	37,0	34,4	39,8	38,5	33,9	43,2	35,5	39,0

A Figura 3.14 apresenta o diagrama de pontos do rendimento (%), em cada temperatura do experimento. Neste exemplo, optamos por localizar a variável *rendimento* no eixo vertical.[8]

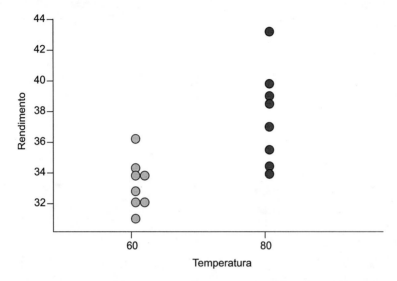

FIGURA 3.14 Diagrama de pontos de um processo químico para cada nível de temperatura adotado.

Podemos observar, na Figura 3.14, que a temperatura de 80 °C produziu, em geral, rendimentos maiores. Mas os pontos apresentaram-se mais dispersos, o que nos leva a suspeitar que temperaturas mais altas podem provocar maior rendimento, mas também maior variabilidade no processo químico.

CARACTERÍSTICAS DE UMA DISTRIBUIÇÃO DE FREQUÊNCIAS

Na análise exploratória de dados quantitativos, uma das informações usualmente procuradas é a posição central e a forma da distribuição de frequências. Por exemplo, a Figura 3.15 apresenta um histograma construído com 2.000 observações do tempo de carga de um aplicativo e uma curva contínua, representando a forma aproximada do que se observou.

Ao confrontarmos a distribuição de frequências com modelos teóricos existentes, temos uma ideia de qual modelo seria o mais adequado para explicar o comportamento da variável estudada. Na investigação sobre a forma da distribuição, quatro características são comumente observadas, como:

---

[8] Para facilitar a visualização, os dados foram agrupados em classes de 0,5 unidade.

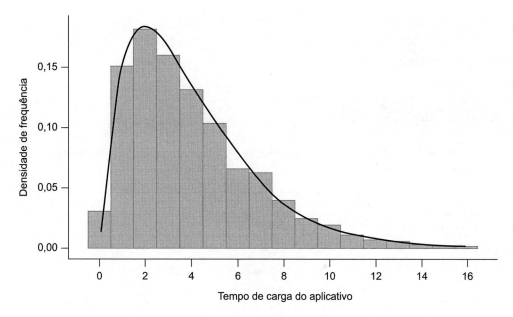

FIGURA 3.15 Histograma de 2.000 observações do tempo de carga de um aplicativo e uma curva simbolizando a forma da distribuição.

> *posição central*, a qual informa onde se localiza o centro da distribuição;
> *dispersão*, que se refere à variabilidade dos dados;
> *assimetria*, que indica se os valores se concentram mais do lado direito ou esquerdo; e
> *curtose*, que é o grau de achatamento da distribuição.

A Figura 3.16 ilustra diferentes formas de distribuições de frequências, considerando essas quatro características.

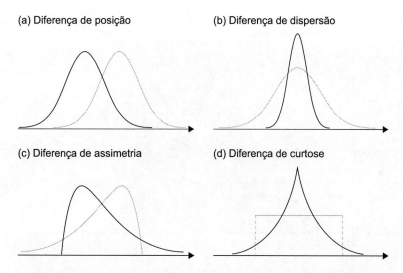

FIGURA 3.16 Diferentes formas de distribuições de frequências.

Nas Seções 3.5 e 3.6, discutiremos algumas medidas que servem para quantificar a posição central e a dispersão, as duas principais características que se deve observar em uma distribuição de frequências.

EXERCÍCIOS DA SEÇÃO

3. Os dados a seguir representam 50 leituras de temperatura (°C) de um pasteurizador de leite.

74,8	74,0	74,7	74,4	75,9	76,8	74,3	74,9	77,0	75,1
73,8	74,4	74,8	76,8	73,6	72,9	72,9	74,6	75,0	75,1
75,3	73,4	74,7	73,4	74,2	74,9	74,5	77,1	74,6	74,8
76,4	73,2	76,5	75,6	73,5	76,2	74,7	76,0	75,8	77,3
76,3	74,1	75,0	76,0	74,7	75,2	77,5	74,7	73,3	74,3

a) Faça uma tabela de frequências com classes de amplitude um e iniciando em 72,5.
b) Apresente a distribuição em um histograma.
c) Faça um gráfico da distribuição acumulada. Indique no gráfico a porcentagem aproximada de observações abaixo de 75 °C.

4. Os histogramas que se seguem são de notas de candidatos que fizeram a prova de Linguagens e Códigos e de Matemática no Enem 2019.

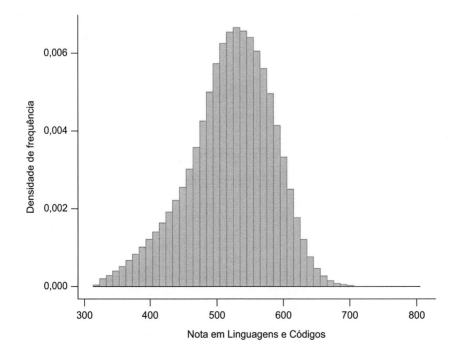

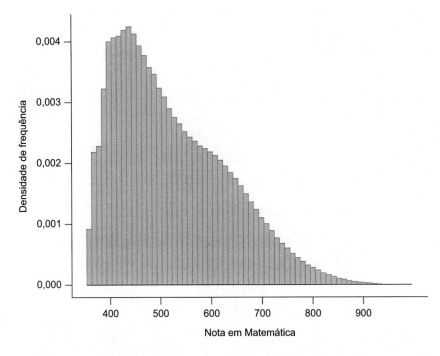

O que se destaca de diferença com relação à forma desses histogramas (posição central, dispersão, simetria ou curtose)? Explique.

3.4 ASSOCIAÇÃO ENTRE DUAS VARIÁVEIS

Nas seções anteriores, vimos como entender o comportamento de uma variável a partir da distribuição de frequências. Um passo avante é verificar se os resultados de duas variáveis mostram alguma forma de associação.

3.4.1 Variáveis qualitativas

Toda informação sobre a associação de duas variáveis qualitativas pode ser extraída da chamada *tabela de contingência*, isto é, uma tabela de dupla entrada em que são apresentadas as frequências das categorias cruzadas das duas variáveis. A contagem é feita simultaneamente nas duas variáveis, conforme ilustra a Figura 3.17, com os dados do Exemplo 3.1. A Tabela 3.3 mostra o resultado dessa contagem.

Em geral, ao olhar diretamente para as frequências absolutas, não se vê de forma clara alguma associação descrita pelos dados, porque os totais das categorias são diferentes. Calculando porcentagens com relação aos totais das colunas ou das linhas, facilita a visualização de possível associação.[9] A Tabela 3.4 mostra as porcentagens calculadas com

---

[9] Um cuidado que se deve tomar é que porcentagem calculada com base em uma quantidade pequena de observações pode levar a interpretações inadequadas, especialmente se os dados representam uma amostra da população de interesse.

40 Capítulo 3

relação aos totais das colunas, evidenciando a distribuição de frequências do provedor para cada nível de instrução do usuário.

Arquivo de dados

Usuário	Sexo	Idade	Nível de instrução	Provedor
1	M	35	superior	C
2	F	18	fundamental	A
3	F	20	fundamental	B
...	...	...	...	...

Contagem para tabela de contingência

Provedor	Nível de instrução		
	Fundamental	Médio	Superior
A			
B			
C			
D			

FIGURA 3.17 Esquema de contagem para uma tabela de contingência.

TABELA 3.3 Tabela de contingência resultante da contagem do esquema da Figura 3.17

Provedor	Nível de instrução			Total
	Fundamental	Médio	Superior	
A	5	4	1	10
B	9	6	2	17
C	1	2	4	7
D	1	1	4	6
Total	**16**	**13**	**11**	**40**

TABELA 3.4 Distribuição de frequências do provedor, por nível de instrução, em porcentagens

Provedor	Nível de instrução			Total
	Fundamental	Médio	Superior	
A	31	31	9	25
B	56	46	18	43
C	6	15	36	18
D	6	8	36	15
Total	**100**	**100**	**100**	**100**

Observa-se que, dentre esses 40 usuários analisados, o percentual de usuários dos provedores A e B é maior quando se avaliam indivíduos de níveis de instrução fundamental e médio; porém, no nível de instrução superior, predominam usuários dos provedores C e D.

A Tabela 3.5 mostra as porcentagens calculadas com relação aos totais das linhas, de onde se observa que os provedores A e B têm maior porcentagem de clientes de níveis fundamental e médio, enquanto nos provedores C e D predominam clientes de nível superior.

TABELA 3.5 Distribuição de frequências do nível de instrução dos usuários de cada provedor, em porcentagens

Provedor	Fundamental	Médio	Superior	Total
A	50	40	10	100
B	53	35	12	100
C	14	29	57	100
D	17	17	67	100
Total	**40**	**33**	**28**	**100**

Tanto a Tabela 3.4 quanto a 3.5 mostram associação moderada entre Provedor e Nível de instrução nos 40 indivíduos pesquisados, mas as interpretações dos conteúdos dessas tabelas são diferentes. Então, a escolha do cálculo de porcentagens com relação aos totais das linhas ou das colunas deve levar em conta o objetivo do problema em estudo.

A Figura 3.18 mostra o conteúdo da Tabela 3.5 por meio de um gráfico de colunas múltiplas.

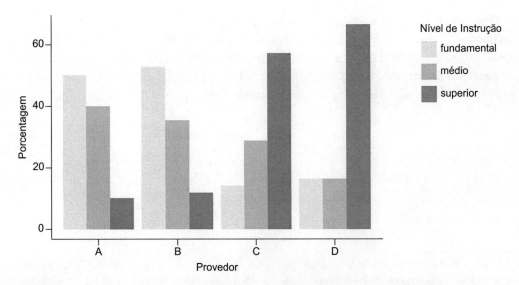

FIGURA 3.18 Distribuição de frequências do nível de instrução dos usuários de cada provedor.

3.4.2 Variáveis quantitativas

Para variáveis quantitativas é mais informativo analisar seus resultados como pontos em um par de eixos cartesianos, como mostra a Figura 3.19. O gráfico resultante desse processo é chamado *diagrama de dispersão*.

A Figura 3.20 apresenta dois diagramas de dispersão feitos com uma amostra aleatória de cem candidatos que fizeram o Enem 2019.[10] O primeiro diagrama relaciona a nota em Linguagens e Códigos (LC) com a nota em Ciências Humanas (CH); o segundo é entre LC e a nota em Matemática (MT).

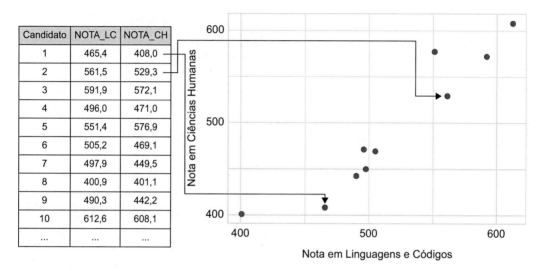

FIGURA 3.19 Esquema ilustrativo para a construção de um diagrama de dispersão.

Observa-se em ambos os diagramas de dispersão que há uma tendência moderada de os pontos estarem mais próximos de uma linha ascendente do que de uma linha descendente, o que caracteriza *correlação positiva*. Essa correlação parece *mais forte* quando se analisam as notas de LC e CH do que entre LC e MT. No Capítulo 11, detalharemos o estudo de relacionamento entre variáveis quantitativas.

---

[10] *Amostra aleatória* significa elementos extraídos por sorteio de uma população. Os microdados do Exame Nacional do Ensino Médio (Enem) são disponibilizados no *site* do Inep (https://www.gov.br/inep/pt-br), sem identificação do candidato.

Análise exploratória de dados 43

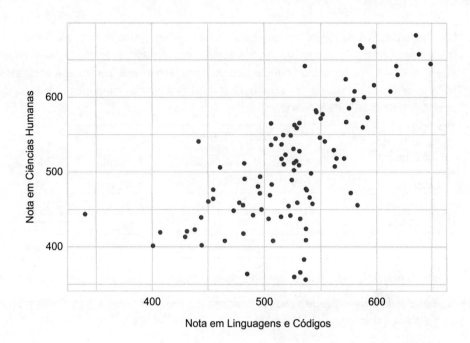

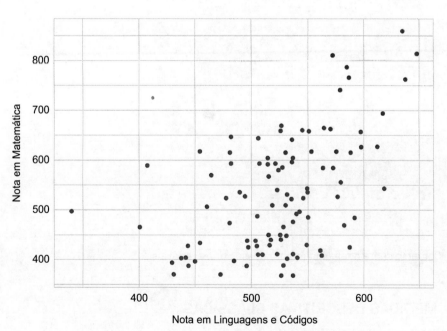

FIGURA 3.20 Exemplos de diagramas de dispersão.

EXERCÍCIOS DA SEÇÃO

5. Uma metalúrgica produz grandes quantidades de parafusos, trabalhando em três turnos. O setor da Qualidade avalia as proporções de peças aprovadas, direcionadas a retrabalho ou rejeitadas. Como parte do Controle Estatístico de Processos, amostras aleatórias de parafusos são coletadas de cada turno. Uma dessas amostras, com a classificação das peças, é apresentada na tabela a seguir:

Classificação das peças	Matutino	Vespertino	Noturno	Total
Aprovadas	432	456	424	1.312
Retrabalho	185	190	180	555
Rejeitadas	45	48	40	133
Total	662	694	644	2.000

Calcule as porcentagens que mostrem a distribuição da classificação das peças em cada turno.

6. O diagrama de dispersão que se segue relaciona o *número de faltas* e a *nota final* em uma disciplina de 60 estudantes.

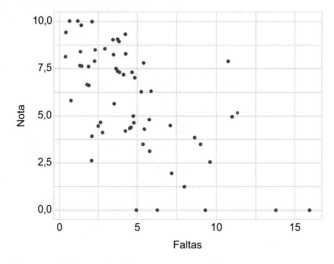

Comente sobre o relacionamento dessas duas variáveis.

3.5 MEDIDAS DESCRITIVAS CLÁSSICAS

A análise exploratória de uma variável qualitativa costuma se restringir à distribuição de frequências e cálculos de porcentagens. No entanto, ao explorarmos variáveis quantitativas, temos condições de empregar algumas medidas descritivas, as quais sintetizam as principais características da distribuição de frequências dos valores, como mostra o exemplo seguinte.

EXEMPLO 3.3

O rendimento de um processo químico é influenciado pelo tempo e temperatura de reação. Para encontrar boas condições de operação, analisou-se um experimento em que ensaios foram feitos em diferentes níveis do tempo (20, 25 e 30 minutos) e da temperatura de reação (60, 70 e 80 °C). Como os ensaios são também afetados por fatores não controláveis, as observações ficam contaminadas por variações aleatórias, também chamadas de *erro experimental*, de modo que, ao tentar realizar ensaios sob as mesmas condições, os resultados costumam ser diferentes. Foram realizados seis ensaios em cada combinação de níveis do tempo e da temperatura. Os resultados do experimento (rendimentos em %) são apresentados a seguir:

Temperatura (°C)	Tempo (minutos)		
	20	25	30
60	29,7 28,7 30,2	31,0 30,6 32,8	32,9 32,7 34,8
	31,3 31,2 31,7	31,9 31,2 31,2	34,9 33,8 34,9
70	36,6 35,7 35,3	35,7 40,4 41,7	34,8 36,8 37,4
	35,1 30,2 37,2	36,9 34,5 40,0	38,9 38,7 42,5
80	40,2 33,6 33,4	37,0 34,4 29,8	36,0 31,3 36,6
	35,2 38,1 33,0	33,9 43,2 35,5	32,5 39,2 35,9

Observando os dados brutos, é difícil avaliar qual é a relação do tempo e da temperatura no rendimento da reação química. Porém, calculando a média aritmética em cada subgrupo, as relações aparecem de maneira mais nítida, conforme mostra a Figura 3.21.

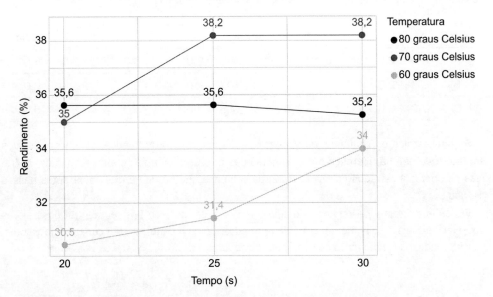

FIGURA 3.21 Médias aritméticas do rendimento, para diferentes níveis de temperatura e tempo de reação, em um processo químico.

A Figura 3.21 sugere que, se usarmos a temperatura no nível intermediário (70 °C) e tempo de reação na faixa de 25 a 30 minutos, obteremos, em média, melhor rendimento. Ou seja, ao adotar a medida descritiva *média aritmética*, conseguimos rapidamente observar o que parece ser mais relevante nos dados do experimento. Contudo, como discutiremos na sequência, o resumo por uma única medida descritiva pode levar a interpretações incompletas e, por vezes, errôneas.

MÉDIA ARITMÉTICA

O conceito de *média aritmética*, ou simplesmente *média*, é bastante familiar. Seja $(x_1, x_2, ..., x_n)$ uma amostra de n observações de uma variável quantitativa X. A média aritmética dessas observações é definida por:[11]

$$\bar{x} = \frac{x_1 + x_2 + \ldots + x_n}{n} = \frac{1}{n}\sum_{i=1}^{n} x_i$$

No Exemplo 3.3, mostramos como a média aritmética resume os dados de maneira a torná-los mais informativos. Já o Exemplo 3.4 ilustra alguns problemas ao tentarmos resumir a distribuição de valores somente pela média aritmética.

EXEMPLO 3.4

Considere as notas finais, relativas aos estudantes de três turmas:

Turma	Notas											Média
A	4,0	6,0	5,0	6,0	6,0	7,0	6,0	8,0	6,0	6,0	5,0	7,0	6,0
B	10,0	2,0	4,0	6,0	6,0	9,0	10,0	1,0	4,0	8,0			6,0
C	7,0	6,0	7,0	7,0	0,0	7,5	7,5	6,0	7,0	5,0			6,0

Se analisarmos os conjuntos de valores apenas pela média aritmética, seremos induzidos em dizer que não há diferença entre as notas das três turmas, mas se analisarmos os diagramas de pontos mostrados na Figura 3.22, percebemos que há diferenças importantes nessas distribuições.

Em cada diagrama de pontos, a média aritmética dá ideia da *posição central* dos valores observados. Mais precisamente, a média aritmética indica o centro de um conjunto de valores, considerando o conceito físico de *centro de gravidade*.

---

[11] No Excel ou Calc, a função *MÉDIA()* calcula a média de um conjunto de valores.

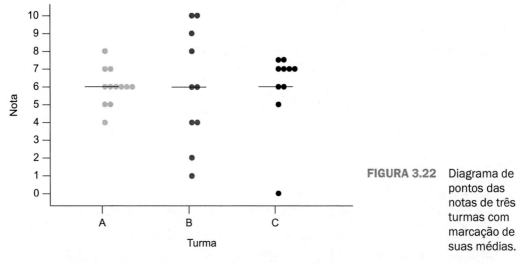

FIGURA 3.22 Diagrama de pontos das notas de três turmas com marcação de suas médias.

Em que pese os três conjuntos de valores terem a mesma média, observamos pelos diagramas de pontos que as distribuições de notas dessas turmas apresentam formas diferentes. Na turma A, a distribuição das notas é perfeitamente simétrica em torno da média e apresenta *dispersão menor* que as notas das turmas B e C; a turma A é a mais *homogênea* em termos de notas. A turma B tem distribuição aproximadamente simétrica, mas os pontos estão bem mais esparramados; é uma distribuição *bem mais dispersa*; a turma é mais *heterogênea*. Na turma C, observamos um *ponto discrepante* dos demais: uma nota extremamente baixa, fazendo com que a média fique abaixo da maioria das notas da turma.[12]

VARIÂNCIA E DESVIO-PADRÃO

Para melhorar o resumo dos dados, podemos apresentar, ao lado da média aritmética, uma *medida de dispersão*. Uma primeira ideia em medir a dispersão é por meio da *amplitude total*, isto é, a diferença entre o maior e o menor valor. Matematicamente:

$$a = \text{máx}(x_1, x_2 ..., x_n) - \text{mín}(x_1, x_2 ..., x_n)$$

Como a amplitude é calculada usando apenas os dois extremos, ela pode levar a conclusões errôneas quando existirem valores discrepantes. Medidas mais apropriadas são baseadas em *desvios* com relação a uma medida de posição central, em particular, para $i = 1, 2, ..., n$:

$$\boxed{d_i = x_i - \bar{x}}$$

---

[12] Podemos observar no diagrama de pontos referente à turma C que a presença de um valor discrepante *arrasta* a média para o seu lado. Assim, a média deixa de representar propriamente um *valor típico* do conjunto de dados. Um tratamento mais adequado para dados que contenham valores discrepantes será visto posteriormente.

48 Capítulo 3

Quanto mais dispersos os valores, espera-se que, no geral, os desvios tenham magnitudes maiores. Uma medida de dispersão, então, pode ser definida como uma espécie de média desses desvios, mas não devemos usar diretamente a média aritmética aplicada aos desvios, porque ela sempre será nula. De fato:

$$\bar{d} = \frac{1}{n}\sum_{i=1}^{n} d_i = \frac{1}{n}\sum_{i=1}^{n}(x_i - \bar{x}) = \frac{1}{n}\left\{\sum_{i=1}^{n} x_i - \sum_{i=1}^{n}\bar{x}\right\} =$$
$$= \frac{1}{n}\left\{\sum_{i=1}^{n} x_i - n\bar{x}\right\} = \frac{1}{n}\{n\bar{x} - n\bar{x}\} = 0$$

A média aritmética dos desvios é igual a zero, independentemente dos valores considerados.

O mais natural seria usar a média dos valores absolutos dos desvios, mas por questões históricas e pelo desenvolvimento da teoria do cálculo e do modelo de distribuição normal, que será visto no Capítulo 6, adotamos como *variância* a *média dos desvios quadráticos*. Antes, porém, vamos ao conceito de *graus de liberdade*.

Ao planejar n observações de uma variável, temos n *graus de liberdade*, porque qualquer uma das observações pode ter um valor livre dentro dos resultados possíveis da variável. Mas ao conhecer $n - 1$ desvios, o n-ésimo desvio fica determinado, porque a soma dos desvios é nula, ou seja, o conjunto de n desvios tem $n - 1$ graus de liberdade. Ao calcular a média dos desvios quadráticos, é conveniente dividir pelos graus de liberdade $n - 1$ em vez de dividir por n, especialmente se os dados forem de uma amostra.[13]

Considerando que os dados observados compreendem uma *amostra de n observações* de uma variável quantitativa, então a *variância* dessa amostra é definida por:

$$s^2 = \frac{1}{n-1}\sum_{i=1}^{n}(x_i - \bar{x})^2$$

Para se ter uma medida de dispersão na mesma unidade da variável em estudo, definimos o *desvio-padrão* como a raiz quadrada positiva da variância:

$$s = \sqrt{\frac{1}{n-1}\sum_{i=1}^{n}(x_i - \bar{x})^2}$$

---

[13] Quando os dados correspondem a uma população de N elementos, então o cálculo da variância é feito dividindo por N e não por $N - 1$.

Análise exploratória de dados **49**

Tanto a variância quanto o desvio-padrão são medidas que fornecem informações complementares à informação dada pela média aritmética. Estas medidas são sempre não negativas e avaliam a *dispersão* do conjunto de valores em análise.

No Excel ou Calc, as funções *VAR.A()* e *DESVPAD.A()* calculam a variância e o desvio-padrão de uma amostra de observações, respectivamente.

Para ilustrar o cálculo da variância e desvio-padrão, vamos considerar as notas da turma B (Exemplo 3.4):[14]

Notação	Valores e cálculos intermediários										Soma
x_i:	10	2	4	6	6	9	10	1	4	8	60
$\bar{x}$:					6						-
$x_i - \bar{x}$:	4	-4	-2	0	0	3	4	-5	-2	2	0
$(x_i - \bar{x})^2$:	16	16	4	0	0	9	16	25	4	4	94

Variância da amostra:

$$s^2 = \frac{1}{n-1}\sum_{i=1}^{n}(x_i - \bar{x})^2 = \frac{94}{10-1} = 10{,}444$$

Desvio-padrão da amostra:

$$s = \sqrt{10{,}444} = 3{,}24$$

É natural as pessoas perguntarem: E aí? Com esse desvio-padrão posso dizer que os dados têm alta ou baixa dispersão? Na verdade, essas perguntas não têm respostas. O que temos é que quanto mais alto o valor do desvio-padrão, maior é a dispersão. A Tabela 3.6 apresenta a média e o desvio-padrão das notas das três turmas citadas no Exemplo 3.4.

TABELA 3.6 Medidas descritivas clássicas das notas finais dos estudantes de três turmas

Turma	Média	Desvio-padrão
A	6,0	1,0
B	6,0	3,2
C	6,0	2,2

Compatível com o que analisamos nos diagramas de pontos (Figura 3.22), podemos dizer, com base na Tabela 3.6, que a turma A é a mais homogênea e a B a mais heterogênea, em termos das notas finais.

---

[14] Embora aqui possa se considerar que temos todos os N valores da população, vamos considerar que esses dados sejam uma amostra da variável de interesse.

50   Capítulo 3

Retomando o Exemplo 3.3, a Tabela 3.7 mostra as médias e os desvios-padrão do rendimento (%) de uma reação química para cada cruzamento dos níveis de tempo e temperatura ensaiados.

TABELA 3.7   Médias e desvios-padrão (entre parênteses) do rendimento da reação química, em cada condição experimental ensaiada

Temperatura (°C)	Tempo (minutos)		
	20	25	30
60	30,5	31,4	34,0
	(1,1)	(0,8)	(1,0)
70	35,0	38,2	38,2
	(2,5)	(2,9)	(2,6)
80	35,6	35,6	35,3
	(2,9)	(4,4)	(2,9)

Analisando as médias, já observamos que se usarmos a temperatura no nível intermediário (70 °C) e o tempo de reação na faixa de 25 a 30 minutos, teremos, em média, maior rendimento. Porém, analisando os desvios-padrão, é possível verificar que, para temperaturas maiores, temos um aumento na variabilidade. Uma das preocupações da Engenharia é reduzir a variabilidade de processos. Assim, devemos evitar temperaturas superiores a 70 °C, pois além de reduzirem o rendimento médio, aumentam a variabilidade.

CÁLCULO DA VARIÂNCIA

Se a média resultar em valor fracionário, ao calcularmos a variância com a fórmula dada, os desvios d_i acumularão erros de arredondamento. Como eles serão elevados ao quadrado e depois somados, pode haver variação no resultado final em função dos arredondamentos. Para evitar esse inconveniente, podemos calcular o somatório dos desvios quadráticos de modo diferente, com base na seguinte manipulação algébrica:

$$\sum_{i=1}^{n}(x_i - \bar{x})^2 = \sum_{i=1}^{n}\left(x_i^2 - 2x_i\bar{x} + \bar{x}^2\right) = \sum_{i=1}^{n}x_i^2 - 2\bar{x}\sum_{i=1}^{n}x_i + \sum_{i=1}^{n}\bar{x}^2 =$$

$$= \sum_{i=1}^{n}x_i^2 - 2\bar{x}(n\bar{x}) + n\bar{x}^2 = \sum_{i=1}^{n}x_i^2 - 2n\bar{x}^2 + n\bar{x}^2 = \sum_{i=1}^{n}x_i^2 - n\bar{x}^2 =$$

$$= \sum_{i=1}^{n}x_i^2 - \frac{\left(\sum_{i=1}^{n}x_i\right)^2}{n}$$

Assim, a variância pode ser calculada por:

Análise exploratória de dados **51**

$$s^2 = \frac{1}{n-1}\left\{\sum_{i=1}^{n}x_i^2 - \frac{\left(\sum_{i=1}^{n}x_i\right)^2}{n}\right\}$$

Exemplificando, novamente, com as notas da turma B:

Notação	Valores e cálculos intermediários										Soma
x_i:	10	2	4	6	6	9	10	1	4	8	60
x_i^2	100	4	16	36	36	81	100	1	16	64	454

$$s^2 = \frac{1}{10-1}\left\{454 - (60)^2/10\right\} = 10,444$$

COEFICIENTE DE VARIAÇÃO

Embora o desvio-padrão seja a medida de dispersão mais usada, ela mede a dispersão em termos absolutos. Já o *coeficiente de variação*, definido para variáveis que só assumem valores positivos pela razão,

$$cv = \frac{s}{\bar{x}}$$

mede a variação em termos relativos. Vejam os três conjuntos de valores apresentados da Tabela 3.8 e seus desvios-padrão e coeficientes de variação.

TABELA 3.8 Média, desvio-padrão e coeficiente de variação de três conjuntos de valores

Conjunto de valores	Média	Desvio-padrão	Coeficiente de variação
1) 1 2 3	2	1	0,5
2) 11 12 13	12	1	0,08
3) 10 20 30	20	10	0,5

Os conjuntos de valores (1) e (2) têm o mesmo desvio-padrão, pois os intervalos entre os valores são iguais. Por outro lado, os intervalos entre os valores de (3) são dez vezes maiores quando comparado aos outros dois, o que leva o desvio-padrão do conjunto (3) ser dez vezes maior que os desvios-padrão de (1) e de (2). Notem que, proporcionalmente, as diferenças entre os valores de (1) e (3) são iguais, logo eles têm o mesmo coeficiente de variação.

Ao dividirmos o desvio-padrão pela média, a unidade de medida é cancelada. Logo, o coeficiente de variação é adimensional (não tem unidade de medida), tornando-se útil quando queremos comparar a variabilidade de observações com diferentes unidades de medidas.

ASSIMETRIA E CURTOSE

O chamado *coeficiente de assimetria* é calculado com base nos desvios ao cubo, $d_i^3 = (x_i - \bar{x})^3$. Esse coeficiente tem valor zero quando a distribuição de frequências é perfeitamente simétrica; tem valor positivo quando a distribuição tem cauda mais longa do lado direito; e tem valor negativo quando a distribuição tem cauda mais longa do lado esquerdo. A Figura 3.23 mostra duas distribuições de frequências em forma de histograma e o coeficiente de assimetria delas.

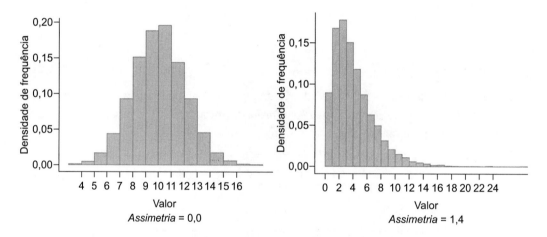

FIGURA 3.23 Formas de distribuição e o coeficiente de assimetria.

Outra característica de uma distribuição é o quanto esta é mais achatada ou mais fina com relação a uma curva em forma de sino, conhecida como curva de Gauss ou distribuição normal. O *coeficiente de curtose*, calculado com base nos desvios à quarta potência, $d_i^4 = (x_i - \bar{x})^4$, permite avaliar o quão fina é a distribuição. Esse coeficiente tem valor zero quando a distribuição tem a forma de sino; tem valor positivo quando a distribuição é mais fina que a forma de um sino; e tem valor negativo quando a distribuição é mais achatada que a forma de sino. Ver Figura 3.24.

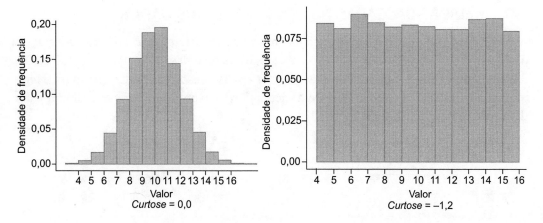

FIGURA 3.24 Formas de distribuição e o coeficiente de curtose.

EXERCÍCIOS DA SEÇÃO

7. Dado o seguinte conjunto de dados: {7, 8, 6, 10, 5, 9, 4, 12, 7, 8}, calcule:
   a) a média; e
   b) o desvio-padrão.

8. Calcule a média e o desvio-padrão da seguinte distribuição de frequências, a qual se refere ao número de defeitos encontrados em placas de circuito integrado.

Número de defeitos	Frequência
0	30
1	25
2	10
3	5
4	2

9. Usando um *software*, calculou-se a variância de um conjunto de dados e encontrou-se o valor zero como resultado. O que se pode dizer desses dados?

10. A tabela a seguir mostra algumas estatísticas descritivas dos 3.700.308 candidatos que fizeram as provas de Linguagens e Códigos (LC) e Matemática (MT) no Enem 2019.

Prova	Média	Desvio-padrão	Assimetria	Curtose
Linguagens e Códigos	522,56	62,08	-0,44	0,07
Matemática	523,29	108,82	0,71	-0,13

O que se pode dizer sobre essas distribuições de valores?

3.6 MEDIDAS BASEADAS NA ORDENAÇÃO DOS DADOS

A média e o desvio-padrão são as medidas mais usadas para avaliar a posição central e a dispersão de um conjunto de valores. Contudo, essas medidas são fortemente influenciadas por valores discrepantes. Por exemplo, na análise das notas de três turmas (Exemplo 3.4), as notas da turma C tiveram a média *puxada* para baixo por causa de um valor discrepante (ver Figura 3.25).

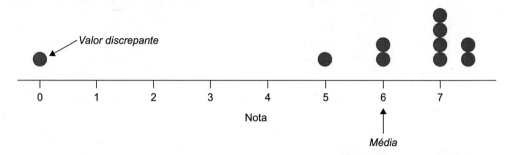

FIGURA 3.25 Influência de um valor discrepante no cálculo da média aritmética.

Nesta seção, apresentaremos medidas baseadas na ordenação e não no valor propriamente dito. Elas são menos afetadas por valores discrepantes e, assim, mais recomendadas para a análise de dados que possam conter valores discrepantes. Essas medidas também são bastante úteis como complemento da média e do desvio-padrão.

MEDIANA

A mediana avalia o centro de um conjunto de valores, sob o critério de ser o valor que divide a distribuição dos valores ao meio, deixando os 50 % menores valores de um lado; e os 50 % maiores valores de outro. Por exemplo, o conjunto de valores {2, 3, 4, 5, 8} tem como mediana o valor 4 (quatro), pois a quantidade de valores menores que 4 é igual a dois, que é a mesma quantidade de valores superiores a 4. Nem sempre é clara a obtenção do valor do meio, especialmente quando se tem repetição de valores, por isto precisamos de uma definição mais formal.

> A *mediana*, representada por m_d, é definida como o valor que ocupa a posição $(n + 1)/2$ considerando os dados ordenados crescente ou decrescentemente. Se $(n + 1)/2$ for fracionária, a mediana é definida como a média dos dois valores de posições mais próximas a $(n + 1)/2$.

Exemplos:
a) Dados {68, 69, 79, 66, 75, 51, 76}
   Ordenando: {51, 66, 68, 69, 75, 76, 79}
   Posição da mediana: $(n + 1)/2 = (7 + 1)/2 = 4$
   $\Rightarrow$ Mediana: $m_d = 69$.

b) Dados (turma C): {7,0; 6,0; 7,0; 7,0; 0,0; 7,5; 7,5; 6,0; 7,0; 5,0}
Ordenando:

Posição:	1	2	3	4	**5**	**6**	7	8	9	10
Valores ordenados:	0,0	5,0	6,0	6,0	**7,0**	**7,0**	7,0	7,0	7,5	7,5

Posição da mediana: $(n + 1)/2 = (10 + 1)/2 = 5,5$ (entre as posições 5 e 6)
$\Rightarrow$ Mediana deve ser a média do valor da posição 5 e do valor da posição 6.
$\Rightarrow m_d = (7 + 7)/2 = 7$

No Excel e no Calc, a função *MED*() calcula a mediana de um conjunto de valores.

COMPARAÇÃO ENTRE MÉDIA E MEDIANA

A Figura 3.26 mostra os valores da média e da mediana nos histogramas das notas de Linguagens e Códigos e Matemática (Enem 2019). Observe que quanto mais assimétrica a distribuição, mais distantes são essas medidas, sendo a média sempre *puxada* para o lado de cauda mais longa. Em distribuições simétricas, a média é igual à mediana.

Em geral, dado um conjunto de valores, a média é a medida de posição central mais adequada, quando se supõe que esses valores tenham uma distribuição razoavelmente simétrica; enquanto a mediana surge como uma alternativa para representar a posição central em distribuições muito assimétricas. Muitas vezes, calculamos ambas as medidas para avaliar a posição central sob dois enfoques diferentes, além de obtermos uma primeira avaliação sobre a assimetria da distribuição ao comparar os valores da média e mediana.

QUARTIS E EXTREMOS

Na maioria dos casos práticos, o pesquisador tem interesse em conhecer outros aspectos relativos ao conjunto de valores, além de um valor central ou típico. Algumas informações relevantes podem ser obtidas a partir de um conjunto de medidas: mediana, extremos e quartis, como veremos a seguir.

Chamamos de *extremo inferior* ou *mínimo* o menor valor do conjunto de valores; e de *extremo superior* ou *máximo*, o maior valor. Por exemplo, dado o conjunto de valores {5, 3, 6, 11, 7}, temos *mín* = 3 e *máx* = 11.

Chamamos de *primeiro quartil* ou *quartil inferior* (q_1) o valor que delimita os 25 % menores valores. De *terceiro quartil* ou *quartil superior* (q_3) o valor que separa os 25 % maiores valores. O *segundo quartil*, ou *quartil do meio*, é a própria mediana, que separa os 50 % menores dos 50 % maiores valores (ver Figura 3.27).

Os três quartis dividem a distribuição de valores em quatro partes, sendo que em cada parte se têm 25 % dos valores.

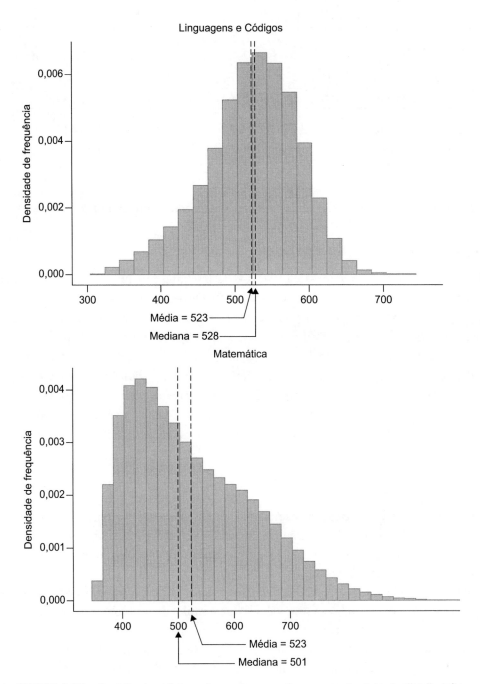

FIGURA 3.26 Posição da média e da mediana conforme a assimetria da distribuição.

A fórmula de cálculo dos quartis pode ser ligeiramente diferente dependendo da bibliografia ou do *software*, porque a divisão de um conjunto de valores em quatro partes nem sempre é exata. Adotaremos a abordagem da maioria dos livros-textos. Com os dados ordenados em ordem crescente, tem-se:

Análise exploratória de dados 57

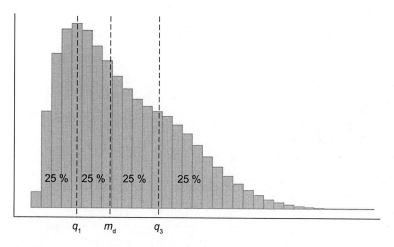

FIGURA 3.27 Quartis: divisão de uma distribuição de frequências em quatro partes iguais.

› posição de q_1: $(n + 1)/4$
› posição de q_3: $3(n + 1)/4$

Se essas operações resultarem em valores fracionados, tome os valores das posições vizinhas e faça uma interpolação linear (*regra de três*).

Exemplo: Sejam as notas da turma C (Exemplo 3.2), já ordenadas:

Posição:	1	2	3	4	5	6	7	8	9	10
Valores ordenados:	0,0	5,0	6,0	6,0	7,0	7,0	7,0	7,0	7,5	7,5

Posição de q_1: $(10 + 1)/4 = 2,75 \Rightarrow$ Posições 2 e 3 $\Rightarrow$ Entre valores 5 e 6. Fazendo interpolação linear:

$$q_1 = 5 + 0{,}75(6 - 5) = 5{,}75$$

Posição de q_3: $3 \times (10 + 1)/4 = 8,25 \Rightarrow$ Posições 8 e 9 $\Rightarrow$ Entre valores 7 e 7,5. Fazendo interpolação linear:

$$q_3 = 7 + 0{,}25(7{,}5 - 7) = 7{,}125$$

No Excel e no Calc, a função *QUARTIL.EXC()* calcula os quartis pela abordagem apresentada neste texto.

DIAGRAMA EM CAIXAS

Com mediana, quartis e extremos podemos ter informações sobre posição central, dispersão e assimetria da distribuição de frequências. O chamado diagrama em caixas facilita essa interpretação, conforme ilustra a Figura 3.28.

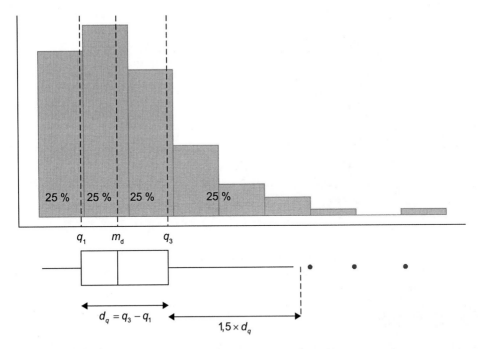

FIGURA 3.28 Quartis de uma distribuição e diagrama em caixas.

A parte central do diagrama em caixas compreende dois retângulos indicando as posições do primeiro quartil, da mediana e do terceiro quartil. Esses retângulos contemplam os 50 % dos valores mais centrais e sua amplitude é uma medida de dispersão da distribuição de valores, conhecida como *desvio interquartílico*, dada por:

$$d_q = q_3 - q_1$$

Entre os quartis e os extremos são traçadas linhas. Valores acima de $q_3 + 1,5 \times d_q$ ou abaixo de $q_1 - 1,5 \times d_q$ são suspeitos de serem discrepantes, então são identificados com pontos. As linhas do diagrama em caixas são traçadas até o menor (ou maior) valor não suspeito de ser discrepante.

O diagrama em caixas permite identificar facilmente a posição central, a dispersão e a simetria da distribuição de valores. A posição central é identificada pela mediana, que é o traço da divisa entre as caixas, e as caixas identificam os 50 % dos valores mais centrais. A dispersão pode ser avaliada pela amplitude das caixas que identifica o desvio interquartílico. Uma assimetria pode ser observada pela diferença de amplitude das duas caixas, além da extensão até os valores mínimo e máximo.

A Figura 3.29 ilustra a comparação de duas distribuições de valores por meio de diagramas em caixas. Optou-se pelo eixo da variável em estudo na vertical, como é comum nos livros e *softwares*.

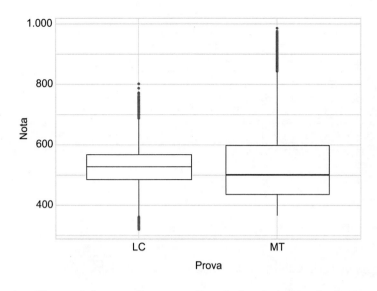

FIGURA 3.29 Diagramas em caixas das notas de Linguagens e Códigos e Matemática das provas do Enem 2019.

Observando a mediana e os quartis das duas distribuições, não é possível afirmar que as notas de uma área tendem a ser maiores do que a outra, porém é clara a diferença de variabilidade, sendo as notas em MT bem mais dispersas. Também é evidente a assimetria da distribuição das notas de MT, em que 50 % das menores notas concentram-se em uma faixa pequena, enquanto 50 % das maiores notas se distribuem em uma faixa bastante grande, especialmente as 25 % maiores. Há vários pontos em destaque por serem suspeitos de discrepantes, mas com mais de três milhões de candidatos é natural vários pontos passarem do limite técnico. No caso de MT, os pontos mais afastados são coerentes com a assimetria da distribuição.

EXERCÍCIOS DA SEÇÃO

11. Sejam as notas da turma A (Exemplo 3.2):

| 4,0 | 6,0 | 5,0 | 6,0 | 6,0 | 7,0 | 6,0 | 8,0 | 6,0 | 6,0 | 5,0 | 7,0 |

Obtenha a mediana e os outros quartis.

12. Os dados a seguir representam 50 leituras de temperatura (°C) de um pasteurizador de leite.[15]

---

[15] Para facilitar a ordenação dos valores quando feita manualmente, sugere-se que ordene primeiro os dígitos da esquerda para a direita, usando o esquema conhecido como *ramo-e-folhas*, como mostrado a seguir, em que os valores à direita do traço vertical correspondem a decimais.

72	99
73	2344568
74	123344566777788899
75	001123689
76	0234588
77	0135

74,8	74,0	74,7	74,4	75,9	76,8	74,3	74,9	77,0	75,1
73,8	74,4	74,8	76,8	73,6	72,9	72,9	74,6	75,0	75,1
75,3	73,4	74,7	73,4	74,2	74,9	74,5	77,1	74,6	74,8
76,4	73,2	76,5	75,6	73,5	76,2	74,7	76,0	75,8	77,3
76,3	74,1	75,0	76,0	74,7	75,2	77,5	74,7	73,3	74,3

Calcule:

a) mínimo e máximo;

b) mediana;

c) primeiro e terceiro quartil;

d) intervalo interquartílico; e

e) esses resultados sugerem que a distribuição de frequências dos valores é assimétrica?

13. Para avaliação da qualidade, foram pesados 228 sacos de leite, em cada boca de ensacamento, conforme mostram os diagramas em caixas a seguir:

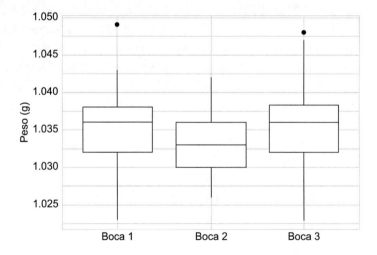

Que informações relevantes podem ser extraídas desses diagramas em caixas?

EXERCÍCIOS COMPLEMENTARES

14. Com o objetivo de direcionar campanhas de marketing, uma livraria virtual está registrando o número de acessos diários em algumas de suas páginas da web. A tabela, a seguir, mostra medidas descritivas desses registros, em páginas de três categorias de livros.

Análise exploratória de dados **61**

Categoria de livro	Média	Desvio-padrão	Quartil inferior	Mediana	Quartil superior
romance	910	690	412	650	1.500
ficção	220	180	145	398	1.023
técnico	630	480	115	190	1.500

a) Quais as diferenças das três distribuições em termos de posição central e dispersão?

b) As medidas sugerem distribuições razoavelmente simétricas ou bem assimétricas? Explique.

15. Os dados a seguir são leituras da pressão do homogeneizador de um laticínio.

Leite tipo 1:										
3,0	3,1	3,0	3,0	3,0	2,9	2,9	3,0	3,0	3,0	3,0
3,1	2,9	3,0	3,0	3,0	3,0	3,0	3,0	3,0	2,9	

Leite tipo 2:										
2,2	2,2	2,3	2,2	2,2	2,2	2,4	2,4	2,6	2,2	2,6
2,2	2,4	2,6	2,6	2,4	2,2	2,2	2,8	2,4	2,0	

Para cada conjunto de dados, calcule as medidas descritivas que você conhece. Com base nessas medidas, comente sobre as principais diferenças entre os dois conjuntos de valores.

16. A tabela que se segue mostra algumas medidas descritivas da distribuição de salários (em R$) de três empresas do mesmo ramo.

Empresa	Média	Desvio-padrão	Extremo inferior	Quartil inferior	Mediana	Quartil superior	Extremo superior
A	300	100	100	200	302	400	510
B	400	180	100	250	398	550	720
C	420	350	100	230	300	650	10.000

O que se pode dizer sobre a distribuição dos salários nas três empresas? Quais as diferenças em termos de posição central, dispersão e assimetria?

17. Os dados a seguir apresentam a distância (em km) entre a residência e o local de trabalho dos funcionários da empresa AAA.

1,8	2,5	0,4	1,9	4,4	2,2	3,5	0,2	0,9	1,4	1,1	1,7	1,2	2,3	1,9
1,4	2,1	3,2	15,1	2,1	1,4	0,5	0,9	1,7	0,5	0,8	3,7	3,2	15,1	2,1
1,7	0,5	0,8	3,7	1,4	1,8	2,0	1,1	1,0	0,8	0,8	1,5	1,7	1,4	0,5

62 Capítulo 3

Na empresa BBB, as distâncias (em km) até a residência dos seus 300 funcionários têm as seguintes medidas descritivas:

Mediana = 2,8; quartil inferior = 1,6; quartil superior = 4,2; extremo inferior = 0,4 e extremo superior = 8,8

Quais as principais diferenças entre as empresas AAA e BBB, em termos da distância entre a residência e o local de trabalho dos funcionários?

18. Bernardin (Mestrado em Engª Mecânica, UFSC, 1994) realizou um experimento que tinha o objetivo de melhorar a qualidade do processo de formulação de massa cerâmica para pavimento. Os corpos de prova eram "biscoitos" que saíam do processo de queima; e a qualidade era avaliada por três variáveis, a saber: X_1 = *retração linear* (%), X_2 = *resistência mecânica* e X_3 = *absorção de água* (%). O experimento foi realizado sob oito condições diferentes (no estudo original eram 18). Foram feitos cinco ensaios em cada uma das oito condições experimentais (CE). Os dados são apresentados a seguir:

CE	X_1	X_2	X_3	CE	X_1	X_2	X_3	CE	X_1	X_2	X_3	CE	X_1	X_2	X_3
1	8,9	41,1	5,5	3	9,4	50,0	0,8	5	13,4	60,6	0,5	7	12,9	41,1	0,2
1	9,2	39,0	4,8	3	9,9	48,3	0,6	5	13,4	60,0	0,5	7	12,4	39,0	0,4
1	8,0	36,9	6,2	3	9,6	50,1	0,6	5	13,6	68,4	0,2	7	12,6	36,9	0,5
1	8,7	39,2	5,7	3	9,2	49,9	0,7	5	13,4	60,8	0,7	7	12,6	39,2	0,4
1	8,7	35,9	5,5	3	9,4	56,2	0,5	5	12,4	51,4	1,0	7	12,9	35,9	0,3
2	12,6	52,7	0,9	4	6,6	31,2	9,0	6	9,6	41,2	3,9	8	8,2	40,8	4,4
2	13,6	53,5	0,4	4	6,4	25,3	10,2	6	10,6	53,0	4,5	8	9,2	43,8	3,9
2	11,6	47,0	1,3	4	5,9	22,8	10,5	6	8,9	37,0	3,3	8	9,2	48,6	4,0
2	10,1	31,1	1,8	4	5,9	27,5	10,6	6	7,5	30,1	3,0	8	8,5	46,9	4,3
2	12,1	50,9	1,1	4	6,8	31,9	9,3	6	8,9	41,6	3,5	8	8,7	46,2	4,1

a) Como as variáveis X_1, X_2 e X_3 podem ser classificadas (qualitativas, quantitativas discretas ou quantitativas contínuas)?

b) Apresente a distribuição de frequências de X_1 em um histograma. Comente sobre a forma dessa distribuição.

c) Calcule a média e o desvio-padrão de X_3 separadamente para as condições 1, 4 e 8. Quais as informações que podem ser extraídas com essas medidas?

d) Considere o objetivo de verificar qual das variáveis (X_1, X_2 e X_3) apresenta maior variabilidade. Qual medida de dispersão lhe parece melhor usar? Por quê?

19. Com respeito ao Exercício 18, o estudo de variabilidade do processo fica prejudicado, pois os ensaios foram feitos sob condições experimentais diferentes. Podemos, porém, extrair o valor da média da condição experimental e, assim, tirar o seu efeito médio, sobrando a variabilidade natural do processo. Sendo $\bar{x}_j$ a média da observação na condição experimental j (j = 1, 2, ..., 8), fazemos para a i-ésima observação dessa condição experimental $d_{ij} = x_i - \bar{x}_j$ (i = 1, 2, ..., 5). A seguir, são apresentados esses desvios relativos à variável X_1.

0,20	0,50	-0,70	0,00	0,00	0,60	1,60	-0,40	-1,90	0,10
-0,10	0,40	0,10	-0,30	-0,10	0,28	0,08	-0,42	-0,42	0,48
0,16	0,16	0,36	0,16	-0,84	0,50	1,50	-0,20	-1,60	-0,20
0,22	-0,28	-0,08	-0,08	0,22	-0,56	0,44	0,44	-0,26	-0,06

a) Calcule a mediana e quartis.

b) Construa um diagrama em caixas.

c) Calcule o desvio-padrão.

4

PROBABILIDADE

No capítulo anterior, procurávamos conhecer a variabilidade de algum processo com base em observações das variáveis pertinentes. Nestes três próximos capítulos, continuaremos a estudar os processos que envolvem variabilidade, aleatoriedade ou incerteza, mas procuraremos construir modelos matemáticos para facilitar a análise. Esses modelos normalmente são construídos a partir de conhecimentos e suposições sobre o processo, mas podem também se basear em dados observados no passado.

O conceito intuitivo de *probabilidade* já deve ser conhecido do leitor. Vamos considerar dois aspectos associados a esse conceito. O primeiro é que intuitivamente as pessoas procuram tomar decisões em função dos fatos que têm *maior probabilidade* de ocorrer. Veja os seguintes exemplos:

a) Se o céu está nublado, então a probabilidade de chover deve ser considerada. Deve-se levar um guarda-chuva ao sair de casa!

b) Se um inspetor de qualidade observa que itens estão saindo fora do padrão, então ele pode deduzir que existe probabilidade razoável de o processo estar fora do padrão. Logo, o processo deverá ser analisado e eventuais problemas corrigidos.

c) Se em determinada família há muitos casos de doença cardíaca, então há maior probabilidade de pessoas daquela família serem afetadas; portanto, os exames preventivos precisam ser feitos mais frequentemente.

O segundo aspecto é a *incerteza* inerente às decisões que podem ser tomadas sobre determinado problema:

66 Capítulo 4

a) por mais nublado que o céu esteja pode não chover nas próximas horas;
b) alguns itens podem estar fora do padrão por motivos meramente casuais, não tendo nenhum problema com o processo produtivo;
c) apesar dos vários precedentes familiares, uma pessoa pode viver a vida inteira sem ter problemas cardíacos.

Se for possível quantificar a incerteza associada a cada fato, algumas decisões tornam-se mais fáceis. Veja os casos a seguir:

a) Qual deve ser a capacidade instalada de uma usina hidrelétrica, em função da vazão e da precipitação pluviométrica esperada?
b) Qual deve ser a capacidade do servidor de comércio eletrônico de uma empresa, em função da demanda prevista?

No caso (a), se for possível prever as variações da quantidade de chuva e, no caso (b), se houver uma previsão da demanda, podemos responder melhor às questões aqui colocadas. A teoria do cálculo de probabilidades permite obter uma quantificação da incerteza associada a um ou mais fatos e, portanto, é extremamente útil no auxílio à tomada de decisões.

Os modelos de probabilidades são aplicados em situações que envolvem algum tipo de *incerteza* ou *variabilidade*. Mais especificamente, consideraremos a presença de algum *experimento aleatório* como princípio para a construção desses modelos. São exemplos de experimentos aleatórios:

a) o lançamento de um dado e a observação da face voltada para cima. Não sabemos exatamente qual face vai ocorrer, apenas que será uma das seis existentes; além disso, se o dado for não viciado e o lançamento for imparcial, todas as faces têm a mesma probabilidade de ocorrer;
b) a observação dos diâmetros, em mm, de eixos produzidos em uma metalúrgica. Sabemos que as medidas devem estar próximas de um valor nominal, mas não sabemos exatamente qual é o diâmetro de cada eixo antes de efetuar as mensurações;
c) o número de mensagens que você receberá amanhã em seu celular. Sabemos que o mínimo possível é zero, mas não sabemos nem sequer o número máximo de mensagens que você irá receber.

Nos casos em que os possíveis resultados de um experimento aleatório podem ser listados, formando um conjunto finito ou infinito enumerável (caso discreto), um *modelo de probabilidades* pode ser especificado pela listagem desses resultados, acompanhados de suas respectivas probabilidades.

Probabilidade 67

 EXEMPLO 4.1

Lance, de forma imparcial, uma moeda perfeitamente equilibrada e observe a face voltada para cima.

Este experimento aleatório deve ser o mais simples e acreditamos que vocês já o viram algumas vezes. O modelo de probabilidades para este experimento é:

Resultado	Probabilidade
cara	0,5
coroa	0,5

Por que as probabilidades, neste caso, são iguais a 0,5? A probabilidade deve ser igual para os dois resultados em razão das suposições do experimento (lançamento imparcial e moeda perfeitamente equilibrada). Além disso, para experimentos em que o conjunto de resultados é finito, a probabilidade de cada resultado deve ser não negativa e somar um.

A Figura 4.1 ilustra as etapas para a construção de um modelo de probabilidades.

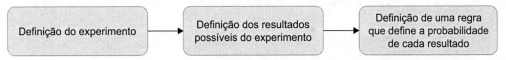

FIGURA 4.1 Passos para a construção de um modelo de probabilidades (caso discreto).

Antes de nos preocuparmos com o cálculo das probabilidades, vamos discutir melhor a questão dos resultados de um experimento aleatório.

4.1 ESPAÇO AMOSTRAL E EVENTOS

O conjunto de todos os possíveis resultados de um experimento aleatório é chamado de *espaço amostral* e será denotado, neste texto, pela letra grega ômega (Ω).

 EXEMPLO 4.2

Seguem alguns experimentos aleatórios com os respectivos espaços amostrais:
a) a face voltada para cima no lançamento de um dado: $\Omega = \{1, 2, 3, 4, 5, 6\}$;
b) o número de mensagens que são transmitidas corretamente por dia em uma rede de computadores: $\Omega = \{0, 1, 2, 3, ...\}$. Observe que, neste caso, não há um limite superior, mas podemos listar os possíveis valores, o que caracteriza um espaço amostral *infinito enumerável*;

c) o diâmetro, em mm, de um eixo produzido em uma metalúrgica: Ω = {d, tal que $d > 0$}. Ou seja, qualquer número real positivo pode ser um resultado, formando um espaço amostral infinito.

Um espaço amostral é dito *discreto* quando ele for finito ou infinito enumerável; é dito *contínuo* quando for infinito, formado por um intervalo de números reais.

Os elementos para se tomar alguma decisão podem corresponder a certo conjunto de resultados, o que chamamos de *evento*. Por exemplo, na linha de produção da metalúrgica ocorre o evento de o eixo analisado *estar dentro do padrão* se o diâmetro D pertencer ao conjunto A = {$49{,}90 \leq D \leq 50{,}10$}. Ou seja, um *evento* é um conjunto de resultados e, considerando que Ω é o conjunto de todos os resultados, podemos definir:

Um *evento* é qualquer subconjunto do espaço amostral. Em notação matemática:

$$A \text{ é um evento} \Leftrightarrow A \subseteq \Omega$$

EXEMPLO 4.3

Seja o experimento do lançamento de um dado. Temos: Ω = {1, 2, 3, 4, 5, 6}. São exemplos de eventos:

A = sair número par = {2, 4, 6};
B = sair número maior que 2 = {3, 4, 5, 6};
C = sair o número 6 = {6}.

Dizemos que um evento ocorre quando um dos resultados que o compõem ocorre. Com respeito ao Exemplo 4.3, se o dado for lançado e ocorrer o número 4, então ocorrem os eventos A e B, mas não o evento C.

Como um evento é um subconjunto do espaço amostral, então todos os conceitos da teoria de conjuntos podem ser aplicados a eventos. Considerando A e B eventos quaisquer, apresentam-se as principais operações e a forma como usualmente se lê em termos matemáticos (teoria dos conjuntos) e probabilísticos (baseado em um experimento aleatório):

› União ($A \cup B$)
  → Reúne os elementos de ambos os conjuntos.
  → $A \cup B$ ocorre se ocorrer A ou B ou ambos, ou seja, *pelo menos um* deles.
› Interseção ($A \cap B$)
  → Formada somente pelos elementos que estão em A e B.
  → $A \cap B$ ocorre se ocorrerem *ambos* os eventos (A e B).
› Complementar (A^c)
  → Formado pelos elementos que não estão em A.
  → A^c ocorre se *não* ocorrer o evento A (não A).

A Figura 4.2 representa essas operações nos chamados diagramas de Venn.

União: $A \cup B$ Interseção: $A \cap B$ Complementar: A^c

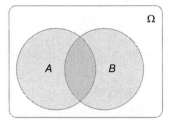
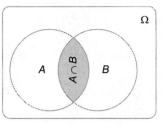
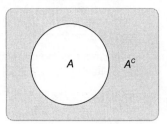

FIGURA 4.2 Principais operações entre eventos e representações gráficas.

 EXEMPLO 4.3 (continuação)

Considerando os eventos A, B e C descritos anteriormente, temos os complementares:
$A^c = \{2, 4, 6\}^c = \{1, 3, 5\}$ = sair número *ímpar*;
$B^c = \{3, 4, 5, 6\}^c = \{1, 2\}$ = sair número *menor* ou *igual* a 2;
$C^c = \{6\}^c = \{1, 2, 3, 4, 5\}$ = *não* sair o número 6.

Uniões:
$A \cup B = \{2, 3, 4, 5, 6\}$;
$A \cup C = \{2, 4, 6\}$;
$A \cup A^c = \Omega$ (espaço amostral).

Interseções:
$A \cap B = \{4, 6\}$;
$A \cap C = \{6\}$;
$A^c \cap A = \{\} = \emptyset$ (conjunto vazio).

Eventos são ditos *mutuamente exclusivos* se, e somente se, eles não puderem ocorrer simultaneamente, como no lançamento de um dado os eventos A = *sair número par* e D = *ocorrer o número* 1. Então, para dois eventos quaisquer, A e B, temos:

$$A \text{ e } B \text{ mutuamente exclusivos} \Leftrightarrow A \cap B = \emptyset$$

como ilustra a Figura 4.3.

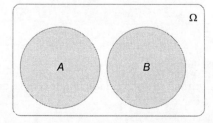

FIGURA 4.3 Eventos mutuamente exclusivos.

EXERCÍCIOS DA SEÇÃO

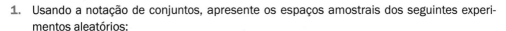

1. Usando a notação de conjuntos, apresente os espaços amostrais dos seguintes experimentos aleatórios:

   a) No lançamento imparcial de uma moeda perfeitamente equilibrada, a observação da face voltada para cima.

   b) O registro do número de peças defeituosas em um lote de 100 peças.

   c) Contagem do número de clientes que chegam em uma fila única, durante uma hora.

   d) Medição da velocidade do vento, em km/h, na pista de um aeroporto.

   e) Medição da temperatura, em graus Celsius, em uma estação meteorológica da cidade de Florianópolis.

2. Considere que você vai cronometrar o tempo, em segundos, para carregar uma página da web.

   a) Represente, em forma de conjuntos, os seguintes eventos:

   A = mais que 5 e, no máximo, 10 segundos;

   B = mais que 10 segundos;

   C = mais que 8 segundos;

   $D = A \cup B$; $E = A \cap B$; $F = A \cap C$; $G = A^c$.

   b) Represente os conjuntos do item (a) como intervalos na reta de números reais.

3. Dados dois eventos A e B, faça a relação entre a linguagem de eventos (a e b), expressões entre conjuntos (pode ter mais de uma correta: 1, 2, 3 e 4) e diagramas de Venn (*I* e *II* ou nenhum) apresentados a seguir:

   a) Ocorrer apenas o evento A;

   b) Não ocorrerem ambos simultaneamente.

   1) $A - B$

   2) $(A \cap B)^c$

   3) $A \cap B^c$

   4) $A^c \cup B^c$

   Relacione com os diagramas de Venn *I* e *II*:

   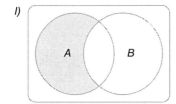 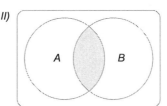

4.2 DEFINIÇÕES DE PROBABILIDADE

Intuitivamente, as pessoas sabem como calcular algumas probabilidades para tomar decisões. Observe os seguintes exemplos.

EXEMPLO 4.4

a) Vamos supor que você fez uma aposta com um amigo. O vencedor será aquele que acertar a face que ficar para cima, no lançamento imparcial de uma moeda não viciada. Qual é a probabilidade de você ganhar? Intuitivamente, você responderia que a probabilidade de ganhar é igual a 50 % (ou ½).

b) Você continua apostando com o mesmo amigo. O vencedor será aquele que acertar o naipe de uma carta que será retirada, ao acaso, de um baralho comum de 52 cartas. Qual é a probabilidade de você ganhar? Novamente, de forma intuitiva, você responderia que é 25 % (ou ¼).

O que há em comum entre as situações (a) e (b) do Exemplo 4.4? Refletindo um pouco, você observará que, em ambas as situações, temos experimentos aleatórios. A cada realização do experimento apenas um dos resultados possíveis pode ocorrer. Além disso, pelas suposições dos experimentos, cada um dos resultados possíveis tem a mesma probabilidade de ocorrer. O tópico seguinte formaliza este raciocínio.

4.2.1 Definição clássica de probabilidade

Se um experimento aleatório tem N resultados igualmente prováveis, e N_A desses resultados pertencem a certo evento A, então a probabilidade de ocorrência do evento A será:

$$P(A) = \frac{N_A}{N}$$

 EXEMPLO 4.4 (continuação)

a) No caso da moeda, há apenas dois resultados possíveis e igualmente prováveis, então a probabilidade de ocorrência de uma das faces é igual a 1/2 ou 50 %.

b) No caso do baralho, cada naipe tem 13 cartas, então a probabilidade de ocorrer um certo naipe é 13/52 = 1/4.

Usando a definição clássica, você é capaz de calcular a probabilidade de ocorrerem duas caras em cinco lançamentos imparciais de uma moeda não viciada. Quanto é?

Se você não conseguiu responder não tem problema, vamos aprender. Qualquer sequência de cinco elementos (5-*uplas*) formada por *caras* e *coroas* é um resultado possível; e como as probabilidades são iguais em todos os lançamentos, então qualquer elemento da sequência tem a mesma probabilidade. No primeiro lançamento, há dois resultados possíveis, e a cada lançamento dobram os resultados possíveis, conforme ilustra o esquema de árvore da Figura 4.4. Como são cinco lançamentos, o número total de resultados é:

$$N = 2 \times 2 \times 2 \times 2 \times 2 = 2^5 = 32$$

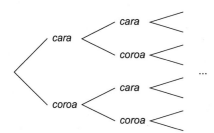

FIGURA 4.4 Esquema de árvore para lançamentos de moeda.

Quanto aos casos favoráveis ao evento A = *duas caras*, qualquer maneira em que se combinem exatamente duas caras na 5-*upla* é um resultado favorável. Por exemplo, se ocorrer {*cara, cara, coroa, coroa, coroa*}, ocorre o evento A. Então, podemos usar o conceito de *combinação* para obter o número de casos favoráveis:

$$N_A = \binom{5}{2} = \frac{5!}{2!(5-2)!} = \frac{5 \times 4 \times 3 \times 2 \times 1}{2 \times 1 \times 3 \times 2 \times 1} = 10$$

Logo, a probabilidade do evento A = *duas caras* é:

$$P(A) = \frac{N_A}{N} = \frac{10}{32} = \frac{5}{16}$$

Para reforçar, vamos relembrar o conceito de *combinação*: o número de combinações que podemos fazer com k elementos, em uma sequência de n elementos, sendo k e n inteiros não negativos e $k < n$, é calculado por:

$$\boxed{C_{n,k} = \binom{n}{k} = \frac{n!}{k!(n-k)!}}$$

em que $n! = n(n-1)(n-2) \ldots 1$ se $n > 0$; e $0! = 1$.

4.2.2 Definição experimental de probabilidade

Se você lança uma moeda n vezes, pode calcular a frequência relativa (proporção) de *caras* por:

$$f_r(cara) = \frac{\text{número de vezes que ocorreu cara}}{n}$$

Supondo que a moeda seja não viciada, e você a lançou de forma imparcial n = 10 vezes, você não deve estranhar a ocorrência de *cara* sete vezes: $f_r(cara)$ = 7/10 = 70 %. Mas se lançou essa moeda $n = 10.000$ vezes, você não vai acreditar que em 70 % dos lançamentos ocorra *cara*. Ou seja, é razoável supor que, se n for grande, a frequência relativa de um evento seja próxima da probabilidade desse evento.

Sendo A um evento e $n(A)$ o número de vezes que ocorre A em n realizações de um experimento, a frequência relativa de A tende se aproximar da probabilidade de A à medida que n tende para infinito.[1] Resumidamente:

$$P(A) = \plim_{n \to \infty} f_r(A) = \plim_{n \to \infty} \frac{n(A)}{n}$$

EXEMPLO 4.5

Um fabricante de lâmpadas precisa especificar o tempo de garantia de um de seus modelos. Os projetistas avaliaram que o tempo médio de vida do modelo em análise seja de 5.000 horas, mas não se sabe se as lâmpadas terão realmente essa durabilidade. E sem esse conhecimento é temerário especificar o tempo de garantia.

Ao definir o experimento aleatório como ligar uma lâmpada e registrar o tempo (em horas) que ela funciona, o espaço amostral é formado pelo conjunto de todos os valores maiores ou iguais a zero, ou seja:

$$\Omega = \{t, \text{ tal que } t \geq 0\}$$

Seja o evento:

$$A_t = \text{a lâmpada funciona até o tempo } t$$

Podemos repetir o experimento com um número n suficientemente grande de lâmpadas.[2] Com os resultados do experimento, é possível calcular as frequências relativas:

$$f_r(A_t) = \frac{n(A_t)}{n}$$

para diversos valores de t. Essas frequências relativas podem ser usadas como valores aproximados das probabilidades $P(A_t)$ e, assim, definir adequadamente o tempo de garantia, de forma que não seja demasiadamente longo, pois aí seria necessário repor muitas lâmpadas (custo financeiro alto), mas também não seja muito curto, o que poderia gerar a suspeita de um produto com baixa qualidade, acarretando perda de mercado.

---

[1] Observa-se que não é uma convergência matemática, mas uma convergência em probabilidade. Por exemplo, no caso da moeda, pode ocorrer para $n = 2$: $f_r(cara) = ½ = P(cara)$, e para $n = 3$: $f_r(cara) \neq ½$. Contudo, podemos dizer que à medida que n cresce a probabilidade de $f_r(cara)$ estar suficientemente próxima de $P(cara)$ aumenta. Por isso, usamos a notação *plim* no lugar de *lim*.

[2] Há métodos estatísticos para calcular n (tamanho da amostra), conforme será visto no Capítulo 7.

74 Capítulo 4

EXEMPLO 4.6

Quando estudamos o regime de vazões de um rio com o objetivo de avaliar a viabilidade da construção de uma usina hidrelétrica não é possível replicarmos os diversos meses e anos, fenômenos climáticos e eventual intervenção humana. Nesse caso, é bastante comum a utilização de dados históricos.[3] Supondo que as condições atuais e futuras sejam razoavelmente semelhantes àquelas nas quais os dados foram obtidos, podemos ter uma ideia sobre as probabilidades dos eventos de interesse a partir das frequências relativas dos dados históricos.

4.2.3 Axiomas e propriedades

Seja o espaço amostral Ω e um evento $E \subseteq \Omega$. A medida *probabilidade* deve satisfazer três axiomas básicos:

a) $0 \leq P(E) \leq 1$;

b) $P(\Omega) = 1$; e

c) Se $E_1, E_2, ..., E_n$ são eventos mutuamente exclusivos, então:

$$P(E_1 \cup E_2 \cup ... \cup E_n) = P(E_1) + P(E_2) + ... + P(E_n)$$

O axioma (a) afirma que uma probabilidade é sempre um número entre 0 e 1. O axioma (b) afirma que, ao realizar o experimento, sempre vai ocorrer um dos resultados possíveis, razão pela qual o espaço amostral Ω é chamado de evento certo, já que contém todos os resultados possíveis.

Para entendermos o axioma (c), voltemos à questão de extrair, ao acaso, uma carta de um baralho de 52 cartas, sendo 13 de cada um dos quatro naipes. Qual é a probabilidade de você acertar o naipe? Pela definição clássica, $P(acertar\ o\ naipe) = 13/52$. Outra maneira de pensar é que cada carta é um resultado (ou evento unitário), e podemos somar as probabilidades dos 13 resultados de mesmo naipe (13 eventos mutuamente exclusivos), chegando ao mesmo resultado.

Agora, considere que você pode escolher dois naipes, digamos *ouros* e *copas*. Qual é a probabilidade de acertar o naipe? Temos 2×13 casos favoráveis e, portanto, $P(acertar\ o\ naipe) = 2 \times 13/52 + 26/52 = 1/2$. O mesmo resultado pode ser obtido pelo axioma (c); considerando os eventos mutuamente exclusivos $O = sair\ ouros$ e $C = sair\ copas$, temos:

$$P(acertar) = P(O \cup C) = P(O) + P(C) = 13/52 + 13/52 = 1/2$$

Seguem algumas propriedades básicas:

1) Sendo $\varnothing$ o conjunto vazio, então:

---

[3] Alguns rios brasileiros têm dados de vazões coletados desde 1930.

$$P(\varnothing) = 0$$

Se o experimento é realizado, algum resultado certamente vai ocorrer, conforme enfatizado pelo axioma (b). Portanto, $\varnothing$ nunca ocorre, sendo conhecido como *evento impossível*.

2) Para o caso discreto, se A é um evento, isto é, $A \subseteq \Omega = \{\varpi_1, \varpi_2, \varpi_3, ...\}$, então:

$$P(A) = \sum_{i:\, \omega_i \in A} P(\varpi_i)$$

sendo que o somatório é relativo a todo elemento ϖ_i pertencente ao evento A. Esta propriedade decorre do axioma (c).

Exemplo: lançamento imparcial de um dado não viciado:

$$P(\textit{número par}) = P(\{2, 4, 6\}) =$$

$$= P(2) + P(4) + P(6) = 1/6 + 1/6 + 1/6 = 1/2$$

3) Sejam $A \subseteq \Omega$ e A^c o evento complementar de A, então:

$$P(A^c) = 1 - P(A)$$

Note que $P(A \cup A^c) = P(\Omega) = 1$ (axioma b) e $P(A \cup A^c) = P(A) + P(A^c)$ (axioma c). Então, $P(A) + P(A^c) = 1$, de onde resulta a propriedade (3).

Exemplo: sejam cinco lançamentos imparciais de uma moeda não viciada. Qual é a probabilidade de ocorrer o evento $B = $ *pelo menos uma cara*?

É mais fácil calcular a probabilidade do complementar: $B^c = $ *nenhuma cara*. Vimos que se tem $2^5 = 32$ resultados equiprováveis. Então, a probabilidade do evento $B^c = $ *nenhuma cara* é:

$$P(B^c) = P(\textit{nenhuma cara}) = P(\textit{coroa, coroa, coroa, coroa, coroa}) = 1/32$$

Logo: $P(B) = 1 - P(B^c) = 1 - 1/32 = 1/31$.

4) (*Regra da soma de probabilidades.*) Sejam A e B eventos quaisquer, então:

$$P(A \cup B) = P(A) + P(B) - P(A \cap B)$$

Note, pela Figura 4.5, que se fôssemos calcular $P(A \cup B)$ diretamente pela propriedade (2), deveríamos somar as probabilidades de todos os pontos que pertencem a A ou a

B ou a *ambos*. Por outro lado, ao fazer $P(A) + P(B)$, estamos considerando duas vezes os pontos do conjunto $A \cap B$, por isto precisamos subtrair uma vez a probabilidade dessa interseção.

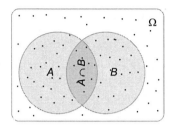

FIGURA 4.5 Propriedade da soma de probabilidades.

Exemplo: seja o lançamento imparcial de um dado não viciado e os eventos $A = \{2, 4, 6\}$ e $B = \{3, 4, 5, 6\}$.

Tem-se: $A \cup B = \{2, 3, 4, 5, 6\}$ e $A \cap B = \{4, 6\}$. Pela definição clássica:

- $P(A) = 3/6$;
- $P(B) = 4/6$;
- $P(A \cup B) = 5/6$;
- $P(A \cap B) = 2/6$.

Adotando a regra da soma das probabilidades:

$$P(A \cup B) = P(A) + P(B) - P(A \cap B) = \frac{3}{6} + \frac{4}{6} - \frac{2}{6} = \frac{5}{6}$$

União e processos em paralelo: os sistemas em que falhas causam grandes danos costumam ser construídos em paralelo, ou seja, se houver pelo menos um dos componentes funcionando, o sistema ainda funciona. Por exemplo, se uma turbina falhar em um avião comercial com duas turbinas, é de se esperar que ele ainda possa voar e aterrizar.

Seja um sistema em paralelo com componentes C_1 e C_2 ligados em paralelo, como ilustra a Figura 4.6. Então:

$$P(\text{sistema funcionar}) = P(C_1 \cup C_2)$$

sendo C_i a probabilidade de o componente *i* funcionar ($i = 1, 2$). A probabilidade da união nunca é inferior à probabilidade de cada um de seus componentes.

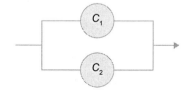

FIGURA 4.6 Esquema de dois componentes ligados em um sistema em paralelo.

EXERCÍCIOS DA SEÇÃO

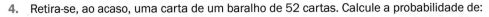

4. Retira-se, ao acaso, uma carta de um baralho de 52 cartas. Calcule a probabilidade de:
   a) a carta não ser de ouros;
   b) ser uma carta de ouros ou uma figura.

5. Lança-se imparcialmente uma moeda não viciada seis vezes. Qual é a probabilidade de:
   a) nenhuma vez cara?
   b) exatamente uma cara?
   c) mais de uma vez cara?
   d) menos de duas caras?

6. Lança-se, de forma imparcial, dois dados não viciados. Qual é a probabilidade de:
   a) ocorrer 6 em ambos os dados?
   b) ocorrer face igual nos dois dados?

7. De um conjunto de cinco empresas, deseja-se selecionar, aleatoriamente, uma empresa, mas com probabilidade proporcional ao número de funcionários. O número de funcionários da Empresa A é 20; de B é 15; de C é 7; de D é 5 e de E é 3.
   a) Qual é a probabilidade de cada uma das empresas ser a selecionada?
   b) Qual é a probabilidade de a Empresa A não ser selecionada?

8. Considere que a probabilidade de ocorrerem k erros ortográficos em uma página de jornal é dada por:

$$p(k) = \frac{1}{e \times k!}, \text{ em que } e \cong 2{,}7183$$

   Tomando-se uma página qualquer, calcule a probabilidade de:
   a) não ocorrer erro;
   b) ocorrer mais que dois erros.

9. Depois de um longo período de testes, verificou-se que o procedimento A de recuperação de informação corre um risco de 2 % de não oferecer resposta satisfatória. No procedimento B, o risco cai para 1 %. O risco de ambos os procedimentos apresentarem resposta insatisfatória é de 0,5 %. Qual é a probabilidade de pelo menos um dos procedimentos apresentar resposta insatisfatória?

10. Podem ser usados dois métodos, A e B, para realizar determinado diagnóstico. A probabilidade de o método A levar a um diagnóstico incorreto é de 1/10. A probabilidade de o método B levar a um diagnóstico incorreto é de 1/20. Já se o diagnóstico for feito por ambos os métodos, analisados em conjunto, a probabilidade de erro é de 1/100. Usando os dois métodos, qual é a probabilidade de que:
    a) pelo menos um dos métodos tenha apresentado diagnóstico incorreto?
    b) nenhum método tenha apresentado diagnóstico incorreto?
    c) apenas o método A tenha apresentado diagnóstico incorreto?

d) um método tenha apresentado diagnóstico incorreto e o outro não?

e) se forem feitas seis avaliações pelo método A, sob as mesmas condições, qual é a probabilidade de que haja diagnóstico incorreto em, exatamente, duas avaliações?

11. Mostre que:

$$P(A \cup B \cup C) = P(A) + P(B) + P(C) - \\ - P(A \cap B) - P(A \cap C) - P(B \cap C) + \\ + P(A \cap B \cap C)$$

4.3 PROBABILIDADE CONDICIONAL E INDEPENDÊNCIA

Muitas vezes, há interesse em calcular a probabilidade de ocorrência de um evento B, dada a ocorrência de um evento A. Exemplos:

› Qual é a probabilidade de um dispositivo eletrônico funcionar sem problemas por 200 horas consecutivas, sabendo que ele já funcionou por 100 horas?
› Qual é a probabilidade de que um dos três servidores de correio eletrônico fique congestionado, sabendo que um deles está inoperante?

Em outras palavras, queremos calcular a probabilidade de ocorrência de B *condicionada* à ocorrência prévia de A. Esta probabilidade é representada por $P(B \mid A)$ (lê-se *probabilidade de B dado A*).

EXEMPLO 4.7

Os dados a seguir representam o resumo de um dia de observação em um posto de qualidade, no qual se avalia a adequação do peso dos pacotes de leite produzidos em um laticínio.

Condição do peso	Tipo do leite			Total
	B (B)	C (C)	UHT (U)	
Dentro das especificações (D)	500	4.500	1.500	6.500
Fora das especificações (F)	30	270	50	350
Total	530	4.770	1.550	6.850

Retira-se, ao acaso, um pacote de leite da população de 6.850 unidades. Sejam D e F os eventos que representam se o pacote retirado está dentro ou fora das especificações, respectivamente. Da mesma forma, B, C e U são eventos que representam o tipo do leite. Pergunta-se:

a) Qual é a probabilidade de o pacote de leite estar fora das especificações?

Solução:
Como o espaço amostral é composto de 6.850 unidades, sendo que 350 satisfazem ao evento, então:

$$P(F) = \frac{350}{6.850} = 0,051$$

b) Qual a probabilidade de o pacote de leite retirado estar fora das especificações, sabendo que é do tipo UHT?

Solução:
Nesse caso, o espaço amostral ficou restrito às 1.550 unidades de leite UHT. Destas, 50 satisfazem ao evento. Então:

$$P(F|U) = \frac{50}{1.550} = 0,032$$

Para representar a probabilidade condicional em termos de probabilidades não condicionais, vamos dividir o numerador e o denominador pelo número total de unidades:

$$P(F|U) = \frac{50}{1.550} = \frac{50/6.850}{1.550/6.850} = \frac{P(F \cap U)}{P(U)}$$

ou seja, a probabilidade condicional é igual à probabilidade da interseção dividida pela probabilidade do evento condicionado.

Sejam A e B eventos quaisquer, sendo $P(A) > 0$. Definimos a *probabilidade condicional de B dado A* por:

$$P(B|A) = \frac{P(A \cap B)}{P(A)}$$

EXEMPLO 4.8

Seja o lançamento de dois dados não viciados e a observação das faces voltadas para cima. Qual é a probabilidade de faces iguais, sabendo que a soma é menor que 6?

Solução:
Sejam os eventos A e B esquematizados na Figura 4.7:

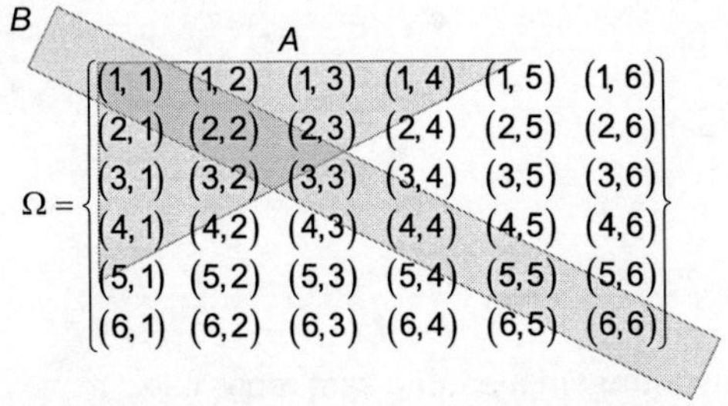

$$\Omega = \begin{Bmatrix} (1,1) & (1,2) & (1,3) & (1,4) & (1,5) & (1,6) \\ (2,1) & (2,2) & (2,3) & (2,4) & (2,5) & (2,6) \\ (3,1) & (3,2) & (3,3) & (3,4) & (3,5) & (3,6) \\ (4,1) & (4,2) & (4,3) & (4,4) & (4,5) & (4,6) \\ (5,1) & (5,2) & (5,3) & (5,4) & (5,5) & (5,6) \\ (6,1) & (6,2) & (6,3) & (6,4) & (6,5) & (6,6) \end{Bmatrix}$$

FIGURA 4.7 Esquema do espaço amostral e os eventos A e B.

A = soma menor que 6 = {(1, 1), (1, 2), (1, 3), (1, 4), (2, 1), (2, 2), (2, 3), (3, 1), (3, 2), (4, 1)}; e
B = faces iguais = {(1, 1), (2, 2), (3, 3), (4, 4), (5, 5), (6, 6)}.

Calculando:

$$P(B\mid A) = \frac{P(A\cap B)}{P(A)} = \frac{2/36}{10/36} = \frac{2}{10} = 0{,}2$$

Note que, se o espaço amostral for restringido ao evento que ocorreu, A, temos dez resultados possíveis, sendo que dois satisfazem também ao evento de interesse, B, o que torna natural a probabilidade condicional ser igual a 2/10.

4.3.1 Regra do produto

Uma das consequências da expressão da probabilidade condicional é a *regra do produto*, obtida ao isolar a probabilidade da interseção. Ou seja:

$$P(B\mid A) = \frac{P(A\cap B)}{P(A)} \Rightarrow P(A\cap B) = P(A)\times P(B\mid A)$$

Para três eventos A, B e C, a *regra do produto* pode ser escrita como:

$$P(A\cap B\cap C) = P(A) \times P(B\mid A) \times P(C\mid A\cap B)$$

É importante que seja observada a sequência lógica dos eventos para defini-los e montar as expressões precedentes.

EXEMPLO 4.9

Uma urna contém quatro bolas cinza e duas brancas. Retiramos, ao acaso, duas bolas, uma após a outra, sem reposição, como mostra a Figura 4.8. Considere os três eventos:
 a) extrair duas bolas cinza;
 b) extrair uma bola cinza; e
 c) extrair zero bola cinza.

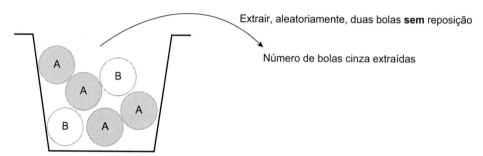

FIGURA 4.8 Seleção de bolas: amostragem aleatória sem reposição.

Para calcular as probabilidades desses eventos é conveniente construir um diagrama em forma de árvore, conforme a Figura 4.9.

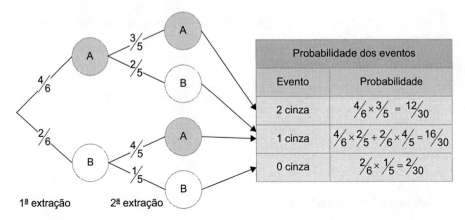

FIGURA 4.9 Árvore de probabilidades do experimento do Exemplo 4.9.

Justificando as probabilidades da Figura 4.9:

Chamamos de A_i o evento que representa bola cinza na i-ésima extração; e B_i o evento que representa bola branca na i-ésima extração (i = 1, 2). As probabilidades da primeira extração, $P(A_1)$ e $P(B_1)$, vêm direto do conceito clássico de probabilidade. Já na segunda extração, as probabilidades são condicionais:

$$P(A_2 \mid A_1) = 3/5; \quad P(B_2 \mid A_1) = 2/5; \quad P(A_2 \mid B_1) = 4/5; \quad P(B_2 \mid B_1) = 1/5$$

Usando a regra do produto, podemos obter as probabilidades de cada elemento do espaço amostral:

$$P\{(A_1, A_2)\} = P(A_1 \cap A_2) = P(A_1) \times P(A_2 \mid A_1) = 4/6 \times 3/5 = 12/30$$

$$P\{(A_1, B_2)\} = P(A_1 \cap B_2) = P(A_1) \times P(B_2 \mid A_1) = 4/6 \times 2/5 = 8/30$$

$$P\{(B_1, A_2)\} = P(B_1 \cap A_2) = P(B_1) \times P(A_2 \mid B_1) = 2/6 \times 4/5 = 8/30$$

$$P\{(B_1, B_2)\} = P(B_1 \cap B_2) = P(B_1) \times P(B_2 \mid B_1) = 2/6 \times 1/5 = 2/30$$

Finalmente, as probabilidades dos eventos pedidos:

$$P\{2\ cinzas\} = P\{(A_1, A_2)\} = 12/30$$

$$P\{1\ cinza\} = P\{(A_1, B_2)\} + P\{(B_1, A_2)\} = 8/30 + 8/30 = 16/30$$

$$P\{0\ cinza\} = P\{(B_1, B_2)\} = 2/30$$

EXEMPLO 4.10

Considerando a mesma urna do Exemplo 4.9, mas com três bolas extraídas aleatoriamente, calcule a probabilidade de todas cinza.

Solução:

$$P(A_1 \cap A_2 \cap A_3) = P(A_1) \times P(A_2 \mid A_1) \times P(A_3 \mid A_1 \cap A_2) =$$
$$= \frac{4}{6} \times \frac{3}{5} \times \frac{2}{4} = \frac{24}{120} = \frac{1}{5}$$

4.3.2 Eventos independentes

Considere, novamente, o Exemplo 4.9, mas agora levando em conta a amostragem aleatória feita *com reposição*, isto é, após extrair a primeira bola e verificada a sua cor, esta é colocada novamente na urna. Neste caso, as probabilidades da segunda extração são iguais às probabilidades da primeira extração, *independentemente* do que ocorreu na primeira extração, conforme mostra a Figura 4.10.

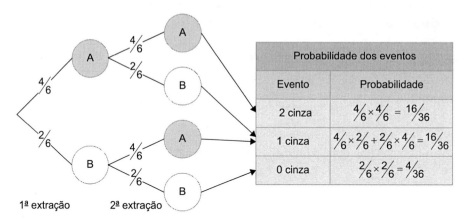

FIGURA 4.10 Árvore de probabilidades considerando amostragem aleatória *com reposição*.

Nesta situação, $P(A_2 \mid A_1) = P(A_2 \mid B_1)$, ou seja, não importa se saiu bola cinza ou branca na primeira extração, a probabilidade de sair cinza na segunda extração é a mesma. Há *independência* entre os eventos. Assim, basta escrever $P(A_2)$, sem condicionante.

Eventos são ditos *independentes* quando a ocorrência de um não influencia a probabilidade de ocorrência dos outros.

Se dois eventos, A e B, são independentes, então $P(B \mid A) = P(B)$. Como consequência, a *regra do produto* pode ser simplificada por:

$$P(A \cap B) = P(A) \times P(B \mid A) = P(A) \times P(B)$$

Essa relação é usada para definir formalmente dois eventos independentes, como a seguir:

> A e B são *independentes* $\Leftrightarrow P(A \cap B) = P(A) \times P(B)$

A definição de independência pode ser ampliada para mais eventos seguindo o mesmo raciocínio:

> $E_1, E_2 \ldots E_n$ são *independentes* $\Leftrightarrow$
> $\Leftrightarrow P(E_1 \cap E_2 \cap \ldots \cap E_n) = P(E_1) \times P(E_2) \times \ldots \times P(E_n)$

Observe que, na definição de independência, a implicação é dos dois lados. Normalmente, porém, as condições do experimento permitem verificar se é razoável supor independência entre os eventos e, em caso afirmativo, o cálculo da probabilidade da interseção pode ser fatorado nas probabilidades dos eventos independentes.

Quando a população for bastante grande com relação ao tamanho da amostra, mesmo que a amostragem seja feita *sem* reposição, podemos supor independência. Imagine que na urna do experimento do Exemplo 4.9 tenham 4.000 bolas cinza e 2.000 brancas. Ao extrair duas bolas, a probabilidade de sair cinza na segunda extração é, aproximadamente, igual a 4/6, independentemente de ter saído cinza ou branca na primeira extração.

EXEMPLO 4.11

Considere um sistema composto de *n* componentes ligados em série, como ilustra a Figura 4.11, de modo que se um componente falhar, o sistema todo falha. Se os componentes operam *independentemente* e cada um tem probabilidade *p* de falhar, qual é a probabilidade de o sistema funcionar?

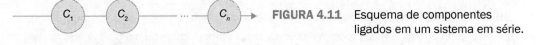

FIGURA 4.11 Esquema de componentes ligados em um sistema em série.

Solução:

P(sistema funcionar) =
= P{(C_1 funcionar) $\cap$ (C_2 funcionar) $\cap \ldots \cap$ (C_n funcionar)} =
= P(C_1 funcionar) $\times$ P(C_2 funcionar) $\times \ldots \times$ P(C_n funcionar) =
= $(1 - p) \times (1 - p) \times \ldots \times (1 - p) = (1 - p)^n$

Em um sistema em série, a probabilidade de o sistema funcionar nunca é maior que a probabilidade de funcionamento de cada componente.

EXERCÍCIOS DA SEÇÃO

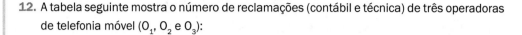

12. A tabela seguinte mostra o número de reclamações (contábil e técnica) de três operadoras de telefonia móvel (O_1, O_2 e O_3):

Reclamação	Operadora		
	O_1	O_2	O_3
contábil (conta)	8.000	7.000	15.000
técnica	12.000	20.000	11.000

Considerando que a próxima reclamação surja conforme o histórico apresentado na tabela, calcule a probabilidade de:

a) ser uma reclamação contábil;

b) Ser uma reclamação contábil ou uma reclamação qualquer, mas da operadora O_1;

c) ser uma reclamação contábil da operadora O_1;

d) ser uma reclamação contábil, sabendo que é da operadora O_1;

e) ser uma reclamação da operadora O_1, sabendo que é contábil.

13. Na disciplina de Estatística para cursos de Engenharia, há 30 estudantes de Engenharia Civil e dez de outras engenharias. Selecionam-se, aleatoriamente e sem reposição, *n* estudantes para a realização de um trabalho. Calcule a probabilidade de todos serem de Engenharia Civil, considerando:

a) $n = 2$

b) $n = 4$

14. Para testar se um sistema especialista responde satisfatoriamente a um usuário, foram feitas cinco perguntas, cada uma com quatro alternativas de resposta. Se o sistema escolhe as alternativas aleatoriamente, qual é a probabilidade de ele responder de forma correta todas as cinco perguntas?

15. A probabilidade de que Joãozinho resolva este problema é 0,5. A probabilidade de que Mariazinha resolva este problema é 0,7. Qual é a probabilidade de o problema ser resolvido se ambos tentarem independentemente? Pensando esta situação como um processo, você deve considerar que esse processo é em série ou em paralelo?

16. Seja uma urna com três bolas azuis e quatro vermelhas. Selecionar, aleatoriamente e sem reposição, duas bolas. Fazendo uma árvore de probabilidades, calcule:

a) a segunda bola extraída ser azul, dado que a primeira foi azul;

b) duas azuis;

c) a segunda bola extraída ser azul.

4.4 PROBABILIDADE TOTAL E TEOREMA DE BAYES

Retomemos o Exercício 16, item c, que você deve ter resolvido por árvore de probabilidades. Vamos, agora, resolvê-lo de maneira mais formal:

$$P(2^a \text{ bola azul}) = P\{(A_1 \cap A_2) \cup (V_1 \cap A_2)\} = P(A_1 \cap A_2) + P(V_1 \cap A_2)$$

Observe que a última igualdade levou em consideração que, se ocorre $(A_1 \cap A_2)$, então **não pode ocorrer** $(V_1 \cap A_2)$ e vice-versa, ou seja, esses dois eventos são mutuamente exclusivos. Usando a regra do produto de probabilidades para eventos mutuamente exclusivos, temos:

$$P(2^a \text{ bola azul}) = P(A_1) \times P(A_2 \mid A_1) + P(V_1) \times P(A_2 \mid V_1) = \frac{3}{7} \times \frac{2}{6} + \frac{4}{7} \times \frac{3}{6} = \frac{6}{21}$$

Nesta solução, aplicamos o chamado teorema da probabilidade total, que será apresentado mais formalmente. Considere o espaço amostral particionado em k eventos, $E_1, E_2, ..., E_k$, satisfazendo às seguintes condições:

a) $E_i \cap E_j = \emptyset$ para todo $i \neq j$ (eventos *mutuamente exclusivos*);
b) $E_1 \cup E_2 \cup ... \cup E_k = \Omega$ (eventos *exaustivos*); e
c) $P(E_i) > 0$ para $i = 1, 2, ..., k$. Veja a Figura 4.12.

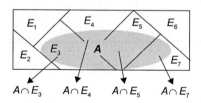

FIGURA 4.12 Partição do espaço amostral em eventos mutuamente exclusivos e um evento $A \subseteq \Omega$.

Seja um evento A qualquer, referente ao espaço amostral Ω. Então:

$$A = (A \cap E_1) \cup (A \cap E_2) \cup ... \cup (A \cap E_k)$$

em que os eventos $(A \cap E_i)$ $(i = 1, 2, ..., n)$ são mutuamente exclusivos entre si. Logo,

$$P(A) = P\{(A \cap E_1) \cup (A \cap E_2) \cup ... \cup (A \cap E_k)\} =$$
$$= P(A \cap E_1) + P(A \cap E_2) + ... + P(A \cap E_k)$$

Usando a regra do produto, temos a seguinte equação, conhecida como teorema (ou regra) da probabilidade total:

$$P(A) = P(E_1) \times P(A \mid E_1) + P(E_2) \times P(A \mid E_2) + ... + P(E_k) \times P(A \mid E_k)$$

De forma mais sintética:

$$P(A) = \sum_{i=1}^{k} P(E_i) \times P(A|E_i)$$

Naturalmente, algumas $P(A \mid E_i)$ poderão assumir valor zero por não haver interseção entre A e E_i. O teorema da probabilidade total pode ser visto como uma medida do peso de cada um dos eventos E_i, na contribuição para formação do evento A.

Considerando a partição do espaço amostral como exibido na Figura 4.12, o chamado *Teorema de Bayes* permite obter a probabilidade de ocorrer um particular evento E_j, dado que o evento A ocorreu. Basicamente, esse teorema inverte o sentido de uma probabilidade condicional: têm-se as $P(A \mid E_j)$, mas se quer uma $P(E_j \mid A)$. É similar ao raciocínio de um médico. Ele tem conhecimentos dos sintomas prováveis de cada doença, mas o paciente relata os sintomas; e o médico precisa inverter o raciocínio para inferir sobre a doença do paciente e, assim, indicar o tratamento.

Formalizando, podemos obter a probabilidade condicional de E_j dado que A ocorreu, pela expressão geral de probabilidade condicional:

$$P(E_j \mid A) = \frac{P(E_j \cap A)}{P(A)}$$

Usando a regra do produto, temos o *Teorema de Bayes*:

$$P(E_j \mid A) = \frac{P(E_j) \times P(A \mid E_j)}{P(A)}$$

sendo que $P(A)$ pode ser calculado pelo teorema da probabilidade total.

EXEMPLO 4.12

Imagine que você utiliza peças de quatro fornecedores, os quais têm padrões diferentes de qualidade. As peças são classificadas como *conformes* ou *não conformes* e você conhece a proporção de peças *não conformes* de cada fornecedor, segundo a Figura 4.13. Considere a formação de um lote com peças dos quatro fornecedores em quantidade igual.

Se você selecionar, ao acaso, uma das peças do lote, qual é a probabilidade de:
a) ser *não conforme*?
b) que tenha vindo do fornecedor F_4, sabendo que a peça é *não conforme*?

Solução:
a) Se você soubesse qual foi o fornecedor, a probabilidade de não conforme é obtida diretamente, de acordo com as porcentagens da Figura 4.13. Sem saber o fornecedor, é preciso aplicar o teorema da probabilidade total. Chamando de A o evento *não conforme*, temos:

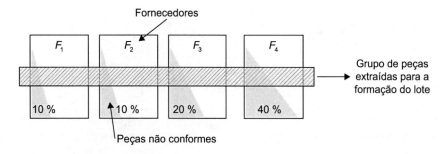

FIGURA 4.13 Ilustração da formação de um lote de peças provindas de quatro fornecedores.

$$P(A) = P(F_1) \times P(A|F_1) + P(F_2) \times P(A|F_2) + P(F_3) \times P(A|F_3) + P(F_4) \times P(A|F_4)$$

As probabilidades não condicionais são iguais a 0,25, porque o lote foi formado com a mesma quantidade de cada fornecedor, então:

$$P(A) = 0,25 \times 0,1 + 0,25 \times 0,1 + 0,25 \times 0,2 + 0,25 \times 0,4 = 0,20$$

b) Usando o Teorema de Bayes, temos:

$$P(E_4|A) = \frac{P(E_4) \times P(A|E_4)}{P(A)} = \frac{0,25 \times 0,40}{0,20} = 0,50$$

EXERCÍCIOS DA SEÇÃO

17. Sejam seis pessoas do sexo feminino e quatro do sexo masculino. Deste grupo, são sorteadas duas pessoas. Você presenciou apenas o segundo sorteio, em que saiu uma pessoa do sexo feminino. Com base no conhecimento dessa parte do experimento, qual é a probabilidade de a primeira pessoa sorteada também ter sido do sexo feminino?

18. Uma rede local de computadores é composta por um servidor e cinco clientes (A, B, C, D e E). Registros anteriores indicam que dos pedidos de determinado tipo de processamento, cerca de 10 % vêm do cliente A, 15 % do B, 15 % do C, 40 % do D e 20 % do E. Se o pedido não for feito de forma adequada, o processamento apresentará erro. Usualmente, ocorrem os seguintes percentuais de pedidos inadequados: 1 % do cliente A, 2 % do cliente B, 0,5 % do cliente C, 2 % do cliente D e 8 % do cliente E.

   a) Qual é a probabilidade de o sistema apresentar erro?
   b) Qual é a probabilidade de que o processo tenha sido pedido pelo cliente E, sabendo que apresentou erro?

EXERCÍCIOS COMPLEMENTARES

19. A tabela que se segue mostra a quantidade de vendas (em milhares de transações) de três empresas de comércio eletrônico, no último mês, conforme o sexo do comprador:

Sexo do comprador	Empresa de comércio eletrônico		
	A	B	C
Feminino (F)	230	270	440
Masculino (M)	520	360	180

Considerando que o padrão de vendas se mantém, calcule a probabilidade de que o próximo comprador seja:

a) do sexo feminino ou da empresa A;

b) do sexo feminino e da empresa A;

c) da empresa A;

d) da empresa A, dado que é um comprador do sexo feminino;

e) do sexo feminino, dado que está fazendo a compra na empresa A.

20. Considerando os dados do exercício anterior e os eventos "ser do sexo feminino" e "comprar na empresa A". Esses eventos são independentes? Por quê?

21. Ainda com relação aos dados do Exercício 19 e supondo que os seis próximos clientes não tenham nenhuma relação entre si, calcule a probabilidade de que:

a) os seis sejam do sexo feminino;

b) três dos seis sejam do sexo feminino.

22. Um sistema tem dois componentes que operam independentemente. Suponha que as probabilidades de falha dos componentes 1 e 2 sejam 0,1 e 0,2, respectivamente. Determine a probabilidade de o sistema funcionar nos dois casos seguintes:

a) os componentes são ligados em série, de tal forma que ambos devem funcionar para que o sistema funcione;

b) os componentes são ligados em paralelo, então basta um funcionar para que o sistema funcione.

23. Um sistema tem quatro componentes que operam independentemente, sendo que cada componente tem probabilidade 0,1 de não funcionar. O sistema é ligado da seguinte forma:

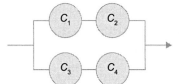

Determine a probabilidade de o sistema funcionar.

Probabilidade **89**

24. De acordo com certa tábua de mortalidade, a probabilidade de José estar vivo daqui a 20 anos é 0,6, e a mesma probabilidade para Manuel é 0,9.[4] Determine:

    a) P(ambos estarem vivos daqui a 20 anos);

    b) P(nenhum estar vivo daqui a 20 anos); e

    c) P(somente um estar vivo daqui a 20 anos).

25. No jogo simples da Mega-sena você aposta em seis números dentre os 60 da cartela. O sorteio consiste na seleção aleatória de seis números dentre os 60, sem repetição. Responda qual é a probabilidade de você ganhar com um jogo simples usando:

    a) a definição clássica de probabilidade; e

    b) a probabilidade condicional.

26. Considere, agora, que você opte por gastar um pouco mais e aposta em sete números na Mega-sena. Qual é a probabilidade de ganhar?

27. Após um longo processo de seleção para preenchimento de duas vagas de emprego para engenheiro, uma empresa chegou a um conjunto de nove engenheiros e seis engenheiras, todos com capacitação bastante semelhante. Indeciso, o setor de recursos humanos decidiu realizar um sorteio para preencher as duas vagas oferecidas.

    a) Construa o modelo de probabilidade, considerando que se esteja observando o sexo (masculino ou feminino) dos sorteados.

    b) Qual é a probabilidade de que ambos os selecionados sejam do mesmo sexo?

    c) Sabendo-se que ambos os selecionados são do mesmo sexo, qual é a probabilidade de serem homens?

28. Uma caixa contém três cartões verdes, quatro amarelos, cinco azuis e três vermelhos. Dois cartões são retirados da caixa, ao acaso, um após o outro, sem reposição. Anotam-se as suas cores. Calcule a probabilidade de que:

    a) os dois cartões sejam da mesma cor;

    b) os dois cartões sejam verdes, sabendo-se que são da mesma cor.

29. Está sendo avaliada a qualidade de um lote de peças em uma indústria de cerâmica, na qual estão misturados 30 pisos e 40 azulejos.

    a) Retira-se uma peça ao acaso do lote e observa-se o tipo de cerâmica. Construa o modelo de probabilidades para esta situação.

    b) Retiram-se duas peças ao acaso do lote, uma após a outra, com reposição, e observa-se o tipo de cerâmica. Construa o modelo de probabilidades para esta situação.

    c) Repita o item (b), supondo que não haja reposição.

    d) Registros anteriores da qualidade indicaram que 1,5 % dos azulejos e cerca de 0,7 % dos pisos apresentaram defeitos. Retira-se, ao acaso, uma peça do lote. Qual é a probabilidade de a peça apresentar defeito?

---

[4] Tábuas de mortalidade são publicadas anualmente pelo Instituto Brasileiro de Geografia e Estatística.

90 Capítulo 4

e) Para as condições do item (d), qual é a probabilidade de a peça ser um piso, uma vez que apresentou defeito?

30. De uma pesquisa de comportamento de consumidores, avaliou-se as compras de celulares, sendo as duas marcas mais vendidas, representadas aqui por A (30 %) e B (20 %), e as demais agrupadas como outras, simbolizadas por O (50 % das vendas). Dessa pesquisa, pode-se construir a seguinte tabela:

Possuía celular da marca	Comprou celular da marca		
	A	B	O
A	0,7	0,2	0,1
B	0,3	0,6	0,1
O	0,2	0,1	0,7

Admitindo que esse padrão de mudanças se mantenha constante, calcule a probabilidade de:

a) a próxima compra ser um celular da marca A;

b) um cliente ter um celular da marca B, sabendo-se que ele está comprando um celular da marca A.

31. A caixa I tem oito peças boas e duas defeituosas; a caixa II tem seis peças boas e quatro defeituosas; a caixa III tem 15 peças boas e cinco defeituosas.

a) Tira-se, aleatoriamente, uma peça de cada caixa. Determine a probabilidade de todas serem boas.

b) Escolhe-se uma caixa ao acaso e tira-se uma peça. Determine a probabilidade de ser defeituosa.

c) Escolhe-se uma caixa ao acaso e tira-se uma peça. Calcule a probabilidade de ter sido escolhida a caixa I, sabendo-se que a peça é defeituosa.

32. A qualidade de CDs foi avaliada em termos da resistência a arranhão e adequação das trilhas. Os resultados de um lote de 1.000 CDs foram:

Resistência a arranhão	Adequação das trilhas	
	Aprovado	Reprovado
Alta	700	140
Baixa	100	60

Se um CD for selecionado ao acaso desse lote, qual é a probabilidade de ele:

a) ter resistência a arranhão alta e ser aprovado na avaliação das trilhas?

b) ter resistência a arranhão alta ou ser aprovado na avaliação das trilhas?

c) ser aprovado na avaliação das trilhas, dado que tem resistência a arranhão alta?

d) ter resistência a arranhão alta, dado que foi aprovado na avaliação das trilhas?

33. Certo sistema funciona somente se houver um caminho fechado de A até B, com componentes funcionando. Os componentes funcionam independentemente uns dos outros. O sistema é esquematizado a seguir, assim como as probabilidades de falha de cada componente:

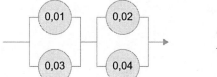

Calcule a probabilidade de o sistema funcionar.

34. Dois números inteiros são extraídos, aleatoriamente e sem reposição, do intervalo [−20, 29]. Esses dois números são multiplicados. Qual é a probabilidade de o produto ser positivo?

5

VARIÁVEIS ALEATÓRIAS DISCRETAS

5.1 VARIÁVEL ALEATÓRIA

No Capítulo 4, definimos espaço amostral como o conjunto de todos os resultados possíveis de um experimento aleatório. Em cinco lançamentos de uma moeda, os elementos do espaço amostral são as $2^5 = 32$ sequências possíveis de *caras* e *coroas*. Um desses elementos é (*cara, cara, cara, cara, coroa*). Contudo, nosso interesse geralmente está em uma síntese desses elementos, como o número X de *caras* nos cinco lançamentos. Em 1.000 pessoas que tomaram uma vacina experimental, o interesse pode estar na porcentagem Y que adquiriu imunidade ao vírus. X e Y são exemplos de variável aleatória.

> Uma *variável aleatória* pode ser entendida como uma variável quantitativa, cujo resultado (valor) depende de fatores aleatórios.

Outros exemplos:

a) número de itens defeituosos em uma amostra extraída, aleatoriamente, de um lote;
b) número de mensagens de um aplicativo que você vai receber amanhã;
c) número de pessoas que visitam determinado *site*, em certo período de tempo;
d) volume de água perdido em um dia, em um sistema de abastecimento;
e) resistência ao desgaste de certo tipo de aço, em um teste padrão; e
f) tempo de resposta de um sistema computacional.

Todos esses exemplos têm uma característica comum: além do resultado ser quantitativo (um valor real), não podemos prevê-lo com exatidão, pois ele depende de fatores aleatórios. Ao repetir o experimento, devemos observar outro valor.

 EXEMPLO 5.1

Lance duas vezes uma moeda. Temos o espaço amostral: Ω = {(cara, cara), (cara, coroa), (coroa, cara), (coroa, coroa)}, mas podemos ter interesse particular na variável aleatória X = *número de coroas obtidas*. Observe, na Figura 5.1, a relação entre o espaço amostral e os valores que X pode assumir.

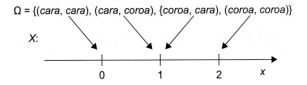

FIGURA 5.1 Relação entre espaço amostral e variável aleatória no experimento do Exemplo 5.1.

Formalmente, uma *variável aleatória* é uma função que associa elementos do espaço amostral ao conjunto de números reais.

As variáveis aleatórias podem ser discretas ou contínuas, conforme mostra a Figura 5.2.

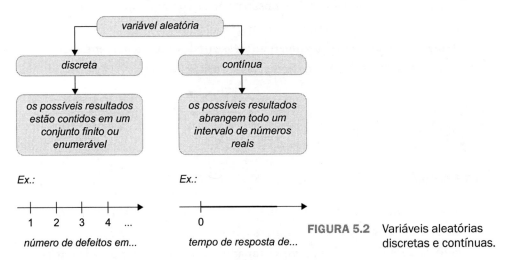

FIGURA 5.2 Variáveis aleatórias discretas e contínuas.

Os itens (a) a (c), descritos anteriormente, são exemplos de variáveis aleatórias *discretas*, enquanto os itens (d) a (f) descrevem variáveis aleatórias *contínuas*. Ao longo deste capítulo, trataremos apenas do primeiro caso.

Cabe observar que as variáveis qualitativas também podem ser caracterizadas como variáveis aleatórias discretas, desde que as representemos como *variáveis indicadoras* 0 ou 1. Por exemplo, ao avaliar cada item que sai de uma linha de produção, podemos classificá-lo como *bom* ($X = 0$) ou *defeituoso* ($X = 1$).[1]

5.2 DISTRIBUIÇÃO DE PROBABILIDADES

Definida uma variável aleatória discreta X, podemos estar interessados em duas informações:

› quais valores X pode assumir; e
› qual é a probabilidade de cada valor possível.

EXEMPLO 5.2

Em um teste de uma vacina experimental, são selecionados três voluntários que são submetidos à aplicação dessa vacina. O interesse é o número X de pessoas que adquiriram imunização.

Neste caso, já temos os valores possíveis de X: 0, 1, 2 ou 3. Mas as probabilidades dependem de suposições adicionais. Digamos que se tem por hipótese de que a vacina induz imunidade em 70 % dos casos. Então, podemos calcular as probabilidades sob essa hipótese, conforme mostra a Figura 5.3, em que x representa um valor particular da variável aleatória X e $p(x)$ a probabilidade de X assumir o valor x.

	x	p(x)
FFF →	0	$(0,3)^3 = 0,027$
FFS FSF SFF →	1	$3(0,3)^2(0,7) = 0,189$
FSS SFS SSF →	2	$3(0,3)(0,7)^2 = 0,441$
SSS →	3	$(0,7)^3 = 0,343$

FIGURA 5.3 Cálculo das probabilidades do Exemplo 5.2, sendo S = *sucesso* (a pessoa adquiriu imunidade) e F = *fracasso* (a pessoa não adquiriu imunidade).

As probabilidades do Exemplo 5.2 também podem ser colocadas pela seguinte expressão:

$$p(x) = \binom{3}{x}(0,7)^x(0,3)^{3-x}, \text{ para } x = 0, 1, 2, 3.$$

Este é um exemplo de distribuição binomial, que será discutida posteriormente.

---

[1] Se houver mais de duas categorias (por exemplo, A, B e C), podemos usar mais de uma variável indicadora. No caso de três categorias, podem ser empregadas as variáveis aleatórias X e Y, em que $X = 1$ se ocorrer B, e $X = 0$, caso contrário; $Y = 1$ se ocorrer C, e $Y = 0$, caso contrário. A ocorrência de A estaria representada por $X = 0$ e $Y = 0$.

Se X for discreta, com possíveis valores {$x_1, x_2, ...$}, então a *distribuição de probabilidades* de X pode ser apresentada pela chamada *função de probabilidade*, que associa a cada valor possível x_i a sua probabilidade de ocorrência $p(x_i)$, ou seja:

$$p(x_i) = P(X = x_i), \quad i = 1, 2, ...$$

Uma *função de probabilidade* deve satisfazer:

a) $p(x_i) \geq 0$ para todo i; e
b) $\sum_i p(x_i) = 1$.

A condição (b) deve ser um somatório se os possíveis valores de X formam um conjunto finito, e deve ser uma série convergindo para a unidade no caso de os possíveis valores de X formarem um conjunto infinito enumerável. Observe que a função de probabilidade apresentada no Exemplo 5.2 satisfaz às duas condições.

A Figura 5.4 apresenta gráficos que podem ser usados para representar a distribuição de probabilidade de uma variável aleatória discreta. O gráfico em hastes (do lado esquerdo) é típico para variáveis aleatórias discretas. Já o gráfico em forma de histograma (do lado direito) é construído com o cuidado da área total ser igual à unidade.

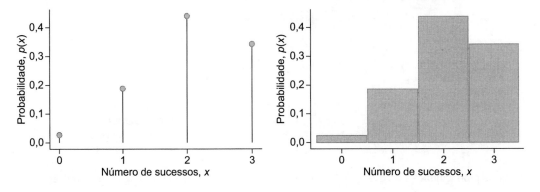

FIGURA 5.4 Representações gráficas da função de probabilidade do Exemplo 5.2.

Existe certa similaridade entre as distribuições de probabilidades e as distribuições de frequências vistas no Capítulo 3. Contudo, na distribuição de probabilidades, são mostrados os *possíveis valores* e não os valores efetivamente observados. As probabilidades são geralmente alocadas com base em suposições a respeito do experimento aleatório, enquanto as frequências são obtidas com efetivas realizações do experimento.

EXERCÍCIOS DA SEÇÃO

1. Apresente a função de probabilidade para as seguintes variáveis aleatórias:
   a) Número de caras em um lançamento imparcial de uma moeda perfeitamente equilibrada.
   b) Número de caras em dois lançamentos imparciais de uma moeda perfeitamente equilibrada.
   c) Número de peças com defeito em uma amostra de duas peças, sorteadas aleatoriamente de um grande lote, no qual 40 % das peças são defeituosas.
   d) Número de peças com defeito em uma amostra de três peças, sorteadas aleatoriamente de um grande lote, no qual 40 % das peças são defeituosas.
   e) Soma dos pontos no lançamento imparcial de dois dados perfeitamente equilibrados.

2. Apresente, sob forma gráfica, a distribuição de probabilidades do item (d).

5.3 FUNÇÃO DE DISTRIBUIÇÃO ACUMULADA

Outra forma de representar uma distribuição de probabilidades de uma variável aleatória é por meio de sua função de distribuição acumulada, definida por:

$$F(x) = P(X \leq x) \text{ para todo } x \in \mathbb{R}$$

Assim, para todo $x \in \mathbb{R}$, a função de distribuição acumulada descreve a probabilidade de ocorrer um valor *até x*, conforme ilustrado a seguir:

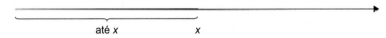

Na sequência, mostra-se a construção da função de distribuição acumulada da variável aleatória X, descrita no Exemplo 5.2, e sua representação gráfica (Figura 5.5).

Função de probabilidade, conforme construída anteriormente:

$$p(x) = \begin{cases} 0 & \text{para } x = 0 \\ 0{,}027 & \text{para } x = 1 \\ 0{,}189 & \text{para } x = 2 \\ 0{,}441 & \text{para } x = 3 \end{cases}$$

Função de distribuição acumulada:

$$F(x) = \begin{cases} 0 & \text{para } x < 0 \\ 0{,}027 & \text{para } 0 \leq x < 1 \\ 0{,}027 + 0{,}189 = 0{,}216 & \text{para } 1 \leq x < 2 \\ 0{,}216 + 0{,}441 = 0{,}657 & \text{para } 2 \leq x < 3 \\ 0{,}657 + 0{,}343 = 1 & \text{para } x \geq 1 \end{cases}$$

Observe que os pontos em que a função de probabilidade descreve probabilidades não nulas correspondem a saltos na função de distribuição acumulada e, também, que a altura de cada salto equivale ao valor da probabilidade naquele ponto. Assim, para todo $x \in \mathbb{R}$, há uma relação direta entre $p(x)$ e $F(x)$.

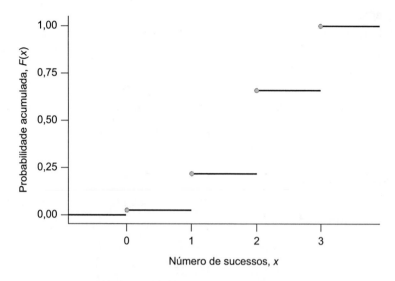

FIGURA 5.5 Função de distribuição acumulada da variável aleatória do Exemplo 5.2.

EXERCÍCIOS DA SEÇÃO

3. Apresente, em forma analítica e gráfica, a função de distribuição acumulada do Exercício 1, item (d).

4. Seja X com função de distribuição acumulada dada por:

$$F(x) = \begin{cases} 0 & \text{para } x < 0 \\ 1/4 & \text{para } 0 \leq x < 1/2 \\ 3/4 & \text{para } 1/2 \leq x < 1 \\ 1 & \text{para } x \geq 1 \end{cases}$$

Obtenha a função de probabilidade.

5.4 VALOR ESPERADO E VARIÂNCIA

Na análise exploratória de dados (Capítulo 3), discutimos algumas medidas, tais como média e desvio-padrão, como forma de sintetizar as informações sobre distribuições de frequências de variáveis quantitativas. De maneira análoga, essas medidas também podem ser definidas para variáveis aleatórias, com o objetivo de sintetizar características relevantes de uma distribuição de probabilidades. Seja uma variável aleatória X e sua função de probabilidade:

Valor possível x	Probabilidade p(x)
x_1	p_1
x_2	p_2
...	...
x_k	p_k
Total	1

A *média* ou *valor esperado* de X é definido por:

$$\mu = E(X) = x_1 p_1 + x_2 p_2 + \ldots + x_k p_k = \sum_{j=1}^{k} x_j p_j$$

EXEMPLO 5.3

Seja a variável aleatória X = *número obtido no lançamento de um dado*, com função de probabilidade dada por $p(x) = 1/6$, para qualquer x = 1, 2, 3, 4, 5, 6.

Então, essa variável aleatória tem valor esperado:

$$\mu = E(X) = 1\left(\frac{1}{6}\right) + 2\left(\frac{1}{6}\right) + 3\left(\frac{1}{6}\right) + 4\left(\frac{1}{6}\right) + 5\left(\frac{1}{6}\right) + 6\left(\frac{1}{6}\right) = \frac{21}{6} = 3,5$$

Considerando que as probabilidades podem ser interpretadas como limites de frequências relativas quando o experimento é executado muitas e muitas vezes, podemos interpretar o *valor esperado* μ = 3,5 como a média de pontos por lançamento se pudéssemos lançar o dado infinitas vezes.

Observe que, no exemplo precedente, o valor esperado é um número que a variável aleatória *não* pode assumir, mas pode ser interpretado como o *centro de gravidade* da função de probabilidade.

Segundo o Censo Demográfico de 2010, a taxa de fecundidade da mulher brasileira é de 1,86. Este valor pode ser interpretado como o valor esperado do número de filhos de uma mulher selecionada aleatoriamente da população brasileira. Novamente, nenhuma mulher vai ter 1,86 filho, mas esse valor é a média do número de filhos de todas as mulheres brasileiras em 2010.

A *variância* de uma variável aleatória discreta é dada por:[2]

---

[2] Se a variável aleatória X assumir valores em um conjunto infinito enumerável, então os somatórios das expressões de $E(X)$ e $V(X)$ devem ser interpretados como séries matemáticas.

$$\sigma^2 = V(X) = \sum_{j=1}^{k}\left\{(x_j - \mu)^2 p_j\right\}$$

Alternativamente, a variância pode ser calculada por:

$$V(X) = E(X^2) - \mu^2$$

em que $E(X^2) = x_1^2 p_1 + x_2^2 p_2 + \ldots + x_k^2 p_k = \sum_{j=1}^{k} x_j^2 p_j$.

A relação entre as duas fórmulas da variância pode ser demonstrada como se segue:

$$V(X) = \sum_{j=1}^{k}(x_j - \mu)^2 p_j = \sum_{j=1}^{k}\left(x_j^2 - 2x_j\mu + \mu^2\right)p_j =$$
$$= \sum_{j=1}^{k} x_j^2 p_j - 2\mu \sum_{j=1}^{k} x_j p_j + \sum_{j=1}^{k} p_j \mu^2 = \sum_{j=1}^{k} x_j^2 p_j - 2\mu\mu + \mu^2 \sum_{j=1}^{k} p_j =$$
$$= \sum_{j=1}^{k} x_j^2 p_j - 2\mu^2 + \mu^2 = \sum_{j=1}^{k} x_j^2 p_j - \mu^2 = E(X^2) - \mu^2$$

EXEMPLO 5.3 (continuação)

Para o cálculo da variância de X = *número obtido no lançamento de um dado* é mais fácil encontrar, primeiramente, o valor esperado do quadrado de X:

$$E(X^2) = 1^2\left(\frac{1}{6}\right) + 2^2\left(\frac{1}{6}\right) + 3^2\left(\frac{1}{6}\right) + 4^2\left(\frac{1}{6}\right) + 5^2\left(\frac{1}{6}\right) + 6^2\left(\frac{1}{6}\right) = \frac{91}{6}$$

Assim,

$$V(X) = E(X^2) - \mu^2 = \frac{91}{6} - \left(\frac{21}{6}\right)^2 = \frac{35}{12} = 2{,}9167$$

Como discutido no Capítulo 3, é mais comum apresentar o desvio-padrão, definido como a raiz quadrada positiva da variância, ou seja:

$$\sigma = DP(X) = \sqrt{V(X)}$$

Neste exemplo, temos: $\sigma = DP(X) = \sqrt{2{,}9167} = 1{,}7078$.

EXEMPLO 5.4

Duas formulações de um material, A e B, são analisadas a respeito de um teste rigoroso de resistência, em que cálculos iniciais indicam que as probabilidades de resistência das formulações A e B são 0,5 e 0,8, respectivamente. Dois corpos de prova de cada formulação são analisados. Seja X o número de vezes que a formulação A resiste; e Y o número de vezes que a formulação B resiste. Vamos calcular a média e a variância de cada caso, primeiramente demonstrando suas funções de probabilidade e cálculos intermediários:

x	p	xp	x^2p
0	0,25	0	0
1	0,5	0,5	0,5
2	0,25	0,5	1
Soma	1	1	1,5

y	p	yp	y^2p
0	0,04	0	0
1	0,32	0,32	0,32
2	0,64	1,28	2,56
Soma	1	1,6	2,88

$$E(X) = \sum_{j=1}^{k} x_j p_j = 1$$

$$V(X) = E(X^2) - \{E(X)\}^2 =$$

$$= 1,5 - 1^2 = 0,5$$

$$E(Y) = \sum_{j=1}^{k} y_j p_j = 1,6$$

$$V(Y) = E(Y^2) - \{E(Y)\}^2 =$$

$$= 2,88 - (1,6)^2 = 0,32$$

A Figura 5.6 mostra o gráfico dessas duas distribuições. Notem que a distribuição de Y é mais deslocada para a direita, o que leva o valor esperado mais para a direita, ou seja, um valor maior. Além disso, a distribuição de Y é menos dispersa, e, portanto, o cálculo de sua variância apresentou valor menor.

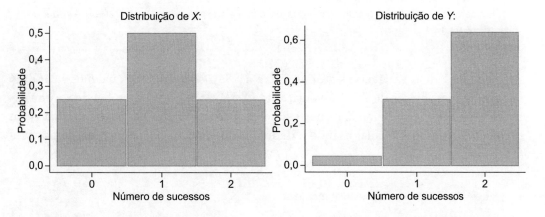

FIGURA 5.6 Função de probabilidade de X e de Y, conforme descritas no Exemplo 5.4.

ALGUMAS PROPRIEDADES DO VALOR ESPERADO E DA VARIÂNCIA

Sendo c uma constante e X uma variável aleatória, as seguintes relações podem ser demonstradas:

a) $E(c) = c$
b) $E(X + c) = E(X) + c$
c) $E(cX) = cE(X)$

d) $V(c) = 0$
e) $V(X + c) = V(X)$
f) $V(cX) = c^2 V(X)$
g) $DP(cX) = |c| DP(X)$

As relações (b) e (e) mostram que, ao somar uma constante a uma variável aleatória, a distribuição de probabilidades é deslocada por esta constante, mas a variabilidade é preservada. Por outro lado, ao multiplicar a variável aleatória por uma constante – relações (c) e (d) –, o centro da distribuição é deslocado na mesma proporção; e a variabilidade também se altera.

 EXEMPLO 5.5

O experimento com a formulação A, descrito no Exemplo 5.4, tem um custo de R$ 100,00 para cada ensaio que passa pelo teste de resistência e um custo de R$ 120,00 para cada ensaio que não passa. Então, o custo do experimento pode ser definido por:

$$C = 240 - 20X$$

Vamos obter o valor esperado e o desvio-padrão de C:

$$E(C) = E(240 - 20X) = 240 - 20\,E(X) = 240 - 20 \times 1 = 220$$

Para obter o desvio-padrão, vamos iniciar pelo cálculo da variância:

$$V(C) = V(240 - 20X) = V(20X) = 400 \times V(X) = 400 \times 0{,}5 = 200.$$

Então, $DP(C) = \sqrt{200} = 14{,}1421$.

Em termos monetários, o valor esperado do custo do experimento é R$ 220,00 e o desvio-padrão é R$ 14,14.

Sejam X e Y duas variáveis aleatórias discretas. Se a ocorrência de qualquer valor de X não afeta a distribuição de Y e vice-versa, então X e Y são *independentes*. Sendo x e y quaisquer valores possíveis de X e Y, respectivamente, podemos definir a independência entre elas de maneira mais formal usando a definição de eventos independentes, como visto anteriormente. Assim:

> X e Y são *independentes* se, e somente se:
> $$P\{(X = x) \cap (Y = y)\} = P(X = x) \times P(Y = y)$$

Sejam X e Y variáveis aleatórias quaisquer, então:

$$E(X + Y) = E(X) + E(Y)$$

Se X e Y são independentes, então vale também:

$$V(X + Y) = V(X) + V(Y)$$

Essas relações são estendidas para mais de duas variáveis aleatórias: o valor esperado da soma de variáveis aleatórias é igual à soma de seus valores esperados. Se as variáveis aleatórias são independentes, então a variância da soma delas é igual à soma de suas variâncias.

 EXEMPLO 5.6

A probabilidade de uma vacina proteger um indivíduo contra certo vírus é de 0,8. Cem pessoas, vindas aleatoriamente, tomam essa vacina. Qual é o valor esperado e a variância do número de pessoas protegidas dessa amostra de cem pessoas?

Solução: vamos, primeiramente, considerar uma dessas cem pessoas. Seja a variável aleatória $X_i = 1$ se essa pessoa i ficou protegida e $X_i = 0$, caso contrário. Para essa pessoa i:

$$E(X_i) = 1 \times 0,8 + 0 \times 0,2 = 0,8$$

$$E(X_i^2) = 1^2 \times 0,8 + 0^2 \times 0,2 = 0,8$$

$$V(X_i) = E(X_i^2) - \{E(X_i)\}^2 = 0,8 - 0,8^2 = 0,16$$

O número de protegidos dentre as cem pessoas pode ser escrito pela variável aleatória: $X = X_1 + X_2 + \ldots + X_{100}$, em que cada termo dessa soma tem a mesma distribuição de probabilidade de X_i, descrita anteriormente, então:

$$E(X) = E(X_1) + E(X_2) + \ldots + E(X_{100}) = 100 \times 0,8 = 80$$

$$V(X) = V(X_1) + V(X_2) + \ldots + V(X_{100}) = 100 \times 0,16 = 16$$

Cabe observar que o cálculo da variância foi feito supondo que as variáveis aleatórias $X_1, X_2, \ldots, X_{100}$ são independentes. Isto pode ser suposto porque foi afirmado que as cem pessoas vieram da população de forma aleatória.

EXERCÍCIOS DA SEÇÃO

5. Considere que um produto pode estar perfeito (B), com defeito leve (DL) ou com defeito grave (DG). Seja a seguinte distribuição do lucro (em R$), por unidade vendida desse produto:

Produto	x	p(x)
B	6	0,7
DL	0	0,2
DG	−2	0,1

a) Calcule o valor esperado e a variância do lucro.

b) Se, com a redução de desperdícios, foi possível aumentar uma unidade no lucro de cada unidade do produto, qual é o novo valor esperado e a variância do lucro por unidade?

c) Se o lucro duplicou, qual é o novo valor esperado e variância do lucro por unidade?

6. Certo tipo de conserva tem peso líquido médio de 900 g, com desvio-padrão de 10 g. A embalagem tem peso médio de 100 g, com desvio-padrão de 4 g. Suponha que o processo de enchimento das embalagens controla o peso líquido, de tal forma que se possa supor independência entre o peso líquido e o peso da embalagem. Quais são a média e o desvio-padrão do peso bruto?

5.5 DISTRIBUIÇÃO BINOMIAL

Nas seções anteriores, construímos distribuições de probabilidades empregando nosso conhecimento básico para os cálculos. Nesta seção, estudaremos alguns modelos de probabilidades-padrão, que podem ser usados em diversas situações práticas. E o problema passa a ser determinar *qual modelo* é o mais adequado para a situação em estudo e como aplicá-lo adequadamente.

ENSAIOS DE BERNOULLI

Talvez os experimentos mais simples são aqueles em que observamos a presença ou não de alguma característica, os quais são conhecidos como *ensaios de Bernoulli*. Alguns exemplos:

a) lançar uma moeda e observar se ocorre *cara* ou não;
b) lançar um dado e observar se ocorre *seis* ou não;
c) em uma linha de produção, observar se um item, tomado ao acaso, é ou não *defeituoso*;
d) verificar se um servidor de *intranet* está ou não ativo.

Denominamos *sucesso* e *fracasso* os dois eventos possíveis em cada caso.[3] O ensaio de Bernoulli é caracterizado por uma variável aleatória X, definida por $X = 1$, se *sucesso*, e $X = 0$, se *fracasso*. Considerando que o *sucesso* tem probabilidade p ($0 < p < 1$) e o *fracasso* probabilidade $q = 1 - p$, tem-se a seguinte função de probabilidade para a variável aleatória de Bernoulli:

---

[3] No presente contexto, o termo "sucesso" não significa algo "bom", mas simplesmente um resultado ou evento no qual temos interesse; e "fracasso" o outro resultado ou evento possível.

x	p(x)
0	q
1	p
Total	**1**

A distribuição fica completamente especificada ao atribuirmos um valor para o parâmetro p. No exemplo (a), se o lançamento for imparcial e a moeda perfeitamente equilibrada, $p = \frac{1}{2}$. Em (b), com suposição análoga, $p = \frac{1}{6}$. Outras características da variável aleatória de Bernoulli que você pode verificar como exercício são:

$$E(X) = p$$
$$V(X) = pq$$
$$F(x) = \begin{cases} 0 & \text{para } x < 0 \\ q & \text{para } 0 \le x < 1 \\ 1 & \text{para } x \ge 1 \end{cases}$$

DISTRIBUIÇÃO BINOMIAL

Na maior parte das vezes, são realizados n ensaios de Bernoulli. O interesse está no número X de ocorrências de *sucesso*, como nos exemplos a seguir:

a) lançar uma moeda cinco vezes e observar o número de *caras*;
b) em uma linha de produção, observar dez itens, tomados ao acaso, e verificar quantos estão *defeituosos*;
c) verificar, em um dado instante, o número de processadores ativos, em um sistema com multiprocessadores;
d) verificar o número de *bits* que estão afetados por ruídos, em um pacote com n *bits*.

Nos exemplos precedentes, se for possível supor:

› ensaios *independentes*; e
› $P\{sucesso\} = p$, mesmo valor para todo ensaio $(0 < p < 1)$,

então, temos exemplos de *experimentos binomiais*, embora apenas nos casos (a) e (b) os parâmetros n e p sejam obtidos diretamente por suposições simples dos experimentos. Uma variável aleatória com distribuição binomial de parâmetros n e p pode ser apresentada por:

$$X = X_1 + X_2 + \dots + X_n$$

em que $X_1, X_2, ..., X_n$ são variáveis aleatórias independentes, cada uma podendo assumir o valor 0 ou 1. Então:

> A *variável aleatória binomial*, X, é o *número de sucessos* em *n* ensaios independentes de Bernoulli de parâmetro *p*.

O exemplo seguinte mostra a construção de uma função de probabilidade binomial.

EXEMPLO 5.7

Uma indústria processadora de suco classifica os carregamentos de laranja que chegam às suas instalações em A, B ou C. Suponha independência entre as chegadas dos carregamentos, isto é, a classificação de um não altera a classificação dos demais. Considere, também, que a probabilidade *p* de classificação na classe A é a mesma para todos os carregamentos. Para os próximos quatro carregamentos, seja X a variável aleatória que representa o *número de carregamentos classificados na classe A*. Vamos calcular a probabilidade de que X assuma cada valor possível *x*, sendo *x* um dos valores possíveis, isto é: *x* = 0, 1, 2, 3 ou 4.

Para cada carregamento, seja S (sucesso) quando este for classificado na classe A; e seja F (fracasso) quando este for classificado em outra classe. A Figura 5.7 mostra todas as possíveis sequências de resultados, os possíveis valores de X e a probabilidade de cada valor *x*.

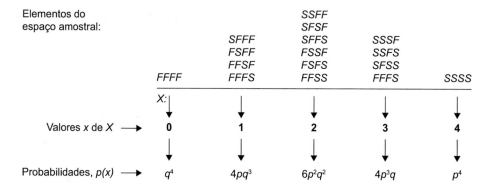

FIGURA 5.7 Construção de uma distribuição binomial com *n* = 4 e *p* genérico (*q* = 1 – *p*).

Explicando as probabilidades da Figura 5.7: o evento X = 0 ocorre quando nenhum carregamento é classificado na classe A (*FFFF*), cuja probabilidade é $q \times q \times q \times q = q^4$. O evento X = 1 ocorre quando um carregamento for classificado na classe A (*SFFF, FSFF, FFSF* ou *FFFS*). Como cada um desses quatro resultados tem probabilidade $p \times q \times q \times q = pq^3$, então a probabilidade do evento X = 1 é igual a 4 pq^3. As outras probabilidades podem ser obtidas de forma análoga.

Para o cálculo da probabilidade de X = 1, contamos de quantas maneiras poderia aparecer um sucesso (S) na sequência de quatro elementos, ou seja, *combinação de quatro elementos tomados um a um*:

$$\binom{4}{1} = \frac{4!}{1!.3!} = \frac{4 \times 3 \times 2 \times 1}{1 \times 3 \times 2 \times 1} = 4$$

Sendo $n \geq x$ números inteiros não negativos, a *combinação de n elementos tomados x a x* pode ser calculada por:[4]

$$\binom{n}{x} = \frac{n!}{x!(n-x)!}$$

EXPRESSÃO DA DISTRIBUIÇÃO BINOMIAL

Seja X uma variável aleatória com distribuição binomial de parâmetros n e p, sendo $0 < p < 1$ e $q = 1 - p$. A probabilidade de X assumir certo valor x, pertencente ao conjunto $\{0, 1, 2, ..., n\}$, é dada pela expressão:

$$p(x) = \binom{n}{x} p^x q^{n-x}$$

 EXEMPLO 5.7 (continuação)

Historicamente, 30 % dos carregamentos são classificados na classe A. Assim, vamos supor que a probabilidade *p* de um carregamento ser classificado na classe A é igual a 0,3. Dentre os quatro próximos carregamentos, calculemos a probabilidade de exatamente dois serem classificados na classe A.

Temos que X = *número de carregamentos classificados na classe A* é uma variável aleatória binomial com $n = 4$ e $p = 0,3$. Assim, a probabilidade de x carregamentos serem classificados na classe A é dada pela função de probabilidade:

$$p(x) = \binom{4}{x} 0,3^x 0,7^{4-x} \text{, para } x = 0, 1, 2, 3, 4.$$

Em particular, para $x = 2$, temos:

$$p(2) = \binom{4}{2} 0,3^2 0,7^{4-2} = 6 \times 0,09 \times 0,49 = 0,2646$$

Nas planilhas Excel e Calc, a função *DISTR.BINOM* calcula probabilidades binomiais. Tente refazer o Exemplo 5.7 usando um desses *softwares*.

---

[4] $n! = n(n-1)(n-2)...1;$ e $0! = 1$

Se X tem distribuição binomial de parâmetros n e p, então o *valor esperado* e a *variância* podem ser calculados por:

$$E(X) = np$$
$$V(X) = npq$$

EXEMPLO 5.8

Em cem lançamentos de uma moeda perfeitamente equilibrada, qual é o número esperado de caras? E qual é o desvio-padrão?

Solução:
No caso, X = *número de caras* é binomial com $n = 100$ e $p = 0{,}5$. Então:
$E(X) = np = 100 \times 0{,}5 = 50$
$V(X) = npq = 100 \times 0{,}5 \times 0{,}5 = 25$
$DP(X) = 5$

EXEMPLO 5.9

Sejam as variáveis aleatórias:

X = número de caras em dez lançamentos imparciais de uma moeda (binomial com $n = 10$ e $p = 0{,}5$) e

Y = número de ocorrências de ponto seis em dez lançamentos imparciais de um dado (binomial com $n = 10$ e $p = 1/6$)

Vamos representar graficamente as funções de probabilidade de X e Y, enfatizando, em ambos os casos, a probabilidade de três sucessos, $p(3)$, que também pode ser representada por área, já que os retângulos têm base igual a um, fazendo com que a área seja igual a altura.

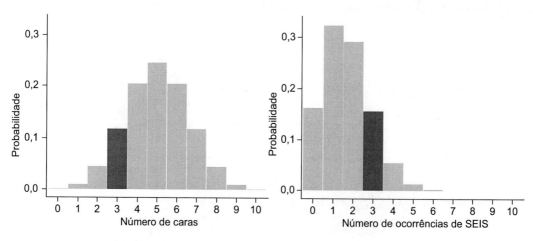

FIGURA 5.8 Representações gráficas das funções de probabilidade de X e Y, destaque para $p(3)$.

Variáveis aleatórias discretas **109**

Na Figura 5.8, temos os valores esperados $E(X) = 5$ e $E(Y) = 10/6 \cong 1,67$. Distribuições binomiais com $p = 0,5$ são simétricas em torno do valor esperado, mas são assimétricas quando $p \neq 0,5$. A assimetria aumenta à medida que p se aproxima de zero (assimetria positiva) ou de um (assimetria negativa).

EXERCÍCIOS DA SEÇÃO

7. Dados históricos mostram que 5 % dos itens provindos de um fornecedor apresentam algum tipo de defeito. Considerando um lote com 20 itens, calcule a probabilidade de:

    a) haver algum item com defeito;

    b) haver exatamente dois itens defeituosos;

    c) haver mais de dois itens defeituosos.

8. Com relação ao Exercício 7:

    a) Qual é o número esperado de itens defeituosos no lote? E de itens bons?

    b) Qual é a variância da função de probabilidade do número de itens defeituosos no lote?

9. Suponha que 12 % dos clientes que compram a crédito em uma loja deixam de pagar regularmente as suas contas (prestações). Se em um dia particular a loja vende a crédito para oito pessoas, supostamente uma amostra aleatória dos clientes em potencial, calcule a probabilidade de:

    a) nenhuma pessoa pagar;

    b) todas pagarem;

    c) exatamente duas não pagarem;

    d) pelo menos duas não pagarem.

10. Dados históricos mostram que 70 % das pessoas que acessam a página p23 da internet também acessam a página p24. Considerando que os dez próximos acessos à página p23 ocorram de forma independente, calcule a probabilidade de:

    a) todos os dez acessos à p23 irem para p24;

    b) exatamente sete acessos à p23 irem para p24;

    c) a maioria que passa pela p23 acessar a p24.

11. No Exercício 1, item (e), você apresentou a função de probabilidade de $X = $ *soma dos pontos no lançamento imparcial de dois dados perfeitamente equilibrados*. Elabore o gráfico dessa variável aleatória sob a forma de um histograma, calcule o valor esperado e indique no gráfico sua posição; represente $P(X \geq 10)$ como uma área no histograma.

5.6 DISTRIBUIÇÃO HIPERGEOMÉTRICA

Seja o problema de inspeção por amostragem, em que observamos uma amostra de n itens, extraídos aleatoriamente de um lote com N itens, com r defeituosos ($r \leq N$ e $n \leq N$).

Vamos observar o *número X de itens defeituosos na amostra*. Essa variável aleatória aparenta ser binomial, mas para isto a amostragem precisaria ser, além de aleatória, feita *com reposição* para garantir *independência* entre os ensaios, o que, na prática, não é comum. Com amostragem aleatória e sem reposição, é dito que X tem distribuição *hipergeométrica* de parâmetros N, n e r (ver Figura 5.9).

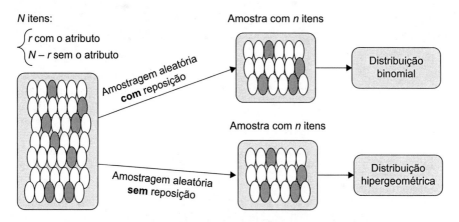

FIGURA 5.9 Variável aleatória: X = número de elementos na amostra com o atributo de interesse.

A função de probabilidade da *hipergeométrica* é dada por:

$$p(x) = \frac{\binom{r}{x} \times \binom{N-r}{n-x}}{\binom{N}{n}}$$

sendo $x = 0, 1, ..., \min(r, n)$. Definindo $p = n/N$, o valor esperado e a variância dessa distribuição são dados por:

$$E(X) = np$$
$$V(X) = np(1-p)\frac{N-n}{N-1}$$

 EXEMPLO 5.10

Placas de vídeo são expedidas em lotes de 30 unidades. Antes que a remessa seja aprovada, um inspetor escolhe aleatoriamente cinco placas do lote e as inspeciona. Se nenhuma das placas inspecionadas for defeituosa, o lote é aprovado. Se uma ou mais forem defeituosas, todo o lote é inspecionado. Supondo que haja três placas defeituosas no lote, qual é a probabilidade de que o controle da qualidade aponte para a inspeção total?

Solução:
Seja X o número de placas defeituosas na amostra. Então:

$$P(\text{inspeção total}) = P(X \geq 1) = 1 - P(X = 0)$$

Calculando $p(0) = P(X = 0)$:

$$p(0) = \frac{\binom{3}{0} \times \binom{30-3}{5-0}}{\binom{30}{5}} = \frac{\binom{27}{5}}{\binom{30}{5}} = \frac{80.730}{142.506} = 0{,}5665$$

Logo, $P(\text{inspeção total}) = 1 - 0{,}5665 = 0{,}4335$.

Nas planilhas Excel e Calc, a função *DIST.HIPERGEOM.N* calcula as probabilidades da hipergeométrica.

Se $N \to \infty$ e $r \to \infty$, de tal forma que $r/N \to p$, sendo $0 < p < 1$, então a função de probabilidade da hipergeométrica converge para a função de probabilidade da binomial. Em termos práticos, se N for muito maior que n (digamos, $N > 20n$), então podemos calcular probabilidades da hipergeométrica usando a binomial, que é mais simples e os resultados serão aproximadamente iguais.[5]

EXERCÍCIOS DA SEÇÃO

12. Qual é a probabilidade do problema descrito no Exemplo 5.10, se a inspeção completa for feita somente quando for encontrada mais que uma placa defeituosa na amostra?

13. Calcule o valor esperado e a variância da variável aleatória definida no Exemplo 5.10.

14. Seja uma população com 60 mulheres e 40 homens. Sorteiam-se duas pessoas. Calcule a probabilidade de sair exatamente uma mulher, usando:

    a) a hipergeométrica; e

    b) a binomial. Por que é possível usar a binomial neste caso?

5.7 DISTRIBUIÇÃO DE POISSON

Considere as situações em que se avalia o número de ocorrências de certo tipo de evento por unidade de tempo, de comprimento, de área, ou de volume. Por exemplo:

---

[5] Observe que se N for muito maior que n, as retiradas, mesmo feitas *sem* reposição, não irão modificar em demasia as probabilidades condicionais de ocorrências de *sucessos* (e de *fracassos*) na sequência de ensaios.

a) número de consultas a uma base de dados em um minuto;
b) número de pedidos a um servidor em um dado intervalo de tempo;
c) número de defeitos em um m² de piso cerâmico;
d) número de pulsações radioativas em dado intervalo de tempo, na desintegração dos núcleos de substâncias radioativas.

Vamos introduzir a distribuição de Poisson com base no que já sabemos da binomial. Para facilitar, vamos nos basear em um exemplo: seja a variável aleatória X = *número de consultas a uma base de dados em um minuto*. O esquema da parte de cima da Figura 5.10 ilustra as ocorrências das consultas.

Suposições básicas:

› *independência* entre as ocorrências do evento; e
› os eventos ocorrem de forma *aleatória*, de modo que não haja tendência de aumentar ou reduzir as ocorrências do evento no intervalo considerado.[6]

Considere o intervalo [0, 1) particionado em n subintervalos de amplitude $t = 1/n$, conforme mostra a Figura 5.10, parte de baixo.

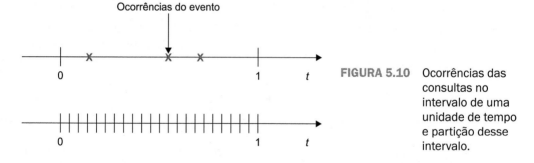

FIGURA 5.10 Ocorrências das consultas no intervalo de uma unidade de tempo e partição desse intervalo.

Seja n suficientemente grande (Δt muito pequeno) para que a probabilidade de ocorrer duas ou mais consultas, em cada subintervalo de amplitude Δt, seja desprezível. Assim, por essas suposições, temos n ensaios independentes, sendo o sucesso de cada ensaio, com probabilidade p, a ocorrência de uma consulta em um subintervalo de amplitude Δt. Então, a probabilidade de x ocorrência em [0, 1) pode ser calculada de forma aproximada pela binomial:

$$p(x) \cong \binom{n}{x} p^x q^{n-x}, \; x = 0, 1,..., n$$

---

[6] Uma suposição adicional é que a probabilidade de duas ocorrências simultâneas é zero, mas essa suposição é mais técnica, tendo pouca viabilidade prática de verificação.

com n muito grande e p muito pequeno. Usando os limites $n \to \infty$, $p \to 0$ e chamando de λ o limite de np, interpretado como a *taxa média de ocorrências por unidade de tempo*, pode-se mostrar que:

$$p(x) \cong \binom{n}{x} p^x q^{n-x} \to \frac{e^{-\lambda} \lambda^x}{x!}$$

sendo e o número de Euler ($e \cong 2{,}71828$).

Uma variável aleatória X tem distribuição de *Poisson* com parâmetro $\lambda > 0$ se sua função de probabilidade é dada por:

$$p(x) = \frac{e^{-\lambda} \lambda^x}{x!}, \text{ para } x = 0, 1, 2, \ldots$$

Usando séries matemáticas, pode-se mostrar que, em uma distribuição de Poisson, o valor esperado e a variância são iguais e correspondem ao parâmetro λ, ou seja:

$$E(X) = V(X) = \lambda$$

EXEMPLO 5.11

Supondo que as consultas em certo banco de dados ocorrem de forma independente e aleatória, com uma taxa média de três consultas por minuto, calcule a probabilidade de:
a) no próximo minuto ocorrer três consultas;
b) no próximo minuto ocorrer menos que três consultas;
c) nos próximos dois minutos ocorrer mais do que cinco consultas.

Solução:
Vamos, inicialmente, definir de forma clara a variável aleatória do problema: X = *número de consultas por minuto*. Pelas características descritas, é razoável supor que X tenha distribuição de Poisson com $\lambda = E(X) = 3$ (taxa média).

a) $P(X = 3) = p(3) = \dfrac{e^{-\lambda} \lambda^x}{x!} = \dfrac{e^{-3} 3^3}{3!} = 0{,}2240$

b) $P(X < 3) = p(0) + p(1) + p(2) = \dfrac{e^{-3} 3^0}{0!} + \dfrac{e^{-3} 3^1}{1!} + \dfrac{e^{-3} 3^2}{2!} = 0{,}4232$

c) Observar que neste caso mudou a unidade de tempo, então é necessário adequar em função do tempo especificado. Vamos chamar essa variável aleatória de Y = *número de consultas por **dois** minutos*, que é Poisson com $\lambda = 2 \times 3 = 6$. Ou seja, se em um minuto a taxa média é de três consultas, então, em dois minutos, a taxa média deve ser $2 \times 3 = 6$ consultas. Daí:

$$P(Y>5)=1-P(Y\leq 5)=1-[p(0)+p(1)+p(2)+p(3)+p(4)+p(5)=$$
$$=1-\left[\frac{e^{-6}6^0}{0!}+\frac{e^{-6}6^1}{1!}+\frac{e^{-6}6^2}{2!}\frac{e^{-6}6^3}{3!}+\frac{e^{-6}6^4}{4!}+\frac{e^{-6}6^5}{5!}\right]=$$
$$=1-0{,}4457=0{,}5543$$

No Excel e no Calc, a função *DIST.POISSON* calcula as probabilidades da Poisson, tanto para pontos individuais como para a função de distribuição acumulada. Usando essa função, podemos obter a probabilidade do item (c) do Exemplo 5.11 por:

$$P(Y > 5) = 1 - P(Y \leq 5) = 1 - F(5) = DIST.POISSON(5;6;1)$$

Verifique.[7]

APROXIMAÇÃO DA BINOMIAL PELA POISSON

Justificamos a distribuição de Poisson como um limite da binomial, fazendo $n \to \infty$ e $p \to 0$. Logo, em experimentos binomiais, para n muito grande e p muito pequeno, em que o cálculo pela binomial é exaustivo em razão das combinações, podemos usar em seu lugar a distribuição de Poisson com:

$$\boxed{\lambda = np}$$

EXEMPLO 5.12

Seja uma linha de produção em que a taxa de itens defeituosos é de 0,5 %. Calcule a probabilidade de ocorrer mais do que quatro itens defeituosos, em uma amostra de 500 itens.

Formalmente, a variável aleatória X = *número de itens defeituosos na amostra* é binomial com n = 500 e p = 0,005. Como n é grande e p é pequeno, podemos usar a Poisson:

$$\lambda = np = (500)(0{,}005) = 2{,}5$$
$$P(X>4)=1-P(X\leq 4)=1-F(4)=1-0{,}8912=0{,}1088$$

Se usássemos a binomial, chegaríamos ao resultado de 0,1083. Ou seja, diferença na quarta decimal.

---

[7] O último argumento da função indica que deve ser usada a função de distribuição acumulada, *F*, no lugar da função de probabilidade.

Variáveis aleatórias discretas **115**

EXERCÍCIOS DA SEÇÃO

15. Mensagens chegam a um servidor de acordo com uma distribuição de Poisson, com taxa média de cinco chegadas por minuto.

    a) Qual é a probabilidade de que duas chegadas ocorram em um minuto?

    b) Qual é a probabilidade de que uma chegada ocorra em 30 segundos?

16. Em um canal de comunicação digital, a probabilidade de receber um *bit* com erro é de 0,0002. Se 10.000 *bits* forem transmitidos por esse canal, qual é a probabilidade de que mais de 4 *bits* sejam recebidos com erro?

EXERCÍCIOS COMPLEMENTARES

17. Em um sistema de transmissão de dados, existe uma probabilidade igual a 0,05 de um lote de dados ser transmitido erroneamente. Foram transmitidos 20 lotes de dados para a realização de um teste de análise da confiabilidade do sistema.

    a) Qual é o modelo teórico mais adequado para este caso? Por quê?

    b) Calcule a probabilidade de haver erro na transmissão.

    c) Calcule a probabilidade de que haja erro na transmissão em exatamente dois dos 20 lotes de dados.

    d) Qual é o número esperado de erros no teste realizado?

18. Em uma fábrica, 3 % dos artigos produzidos são defeituosos. O fabricante pretende vender milhares de peças e recebeu duas propostas:

    Proposta 1: o comprador *A* propõe examinar uma amostra de 80 peças. Se houver três ou menos defeituosas, ele pagará 60 unidades monetárias (u.m.) por peça; caso contrário, ele pagará 30 u.m. por peça.

    Proposta 2: o comprador *B* propõe examinar 40 peças. Se todas forem perfeitas, ele está disposto a pagar 65 u.m. por peça; caso contrário, ele pagará 20 u.m. por peça.

    Qual é a melhor proposta? (Calcule o valor esperado da venda em cada proposta.)

19. O departamento de qualidade de uma empresa seleciona, aleatoriamente, alguns itens que chegam à empresa e submete-os a testes. Para avaliar um lote de transformadores de pequeno porte, o departamento de qualidade selecionou, aleatoriamente, dez transformadores. Ele vai recomendar a aceitação do lote se não existir item defeituoso na amostra. Supondo que o processo produtivo desses transformadores gera um percentual de 3 % de defeituosos, responda:

    a) Qual é a probabilidade de que o lote venha a ser aceito?

    b) Ao analisar oito lotes de transformadores, com amostras aleatórias de dez itens em cada lote, qual é a probabilidade de que, no máximo, um lote seja rejeitado?

116 Capítulo 5

20. Na comunicação entre servidores, uma mensagem é dividida em n pacotes, os quais são enviados em forma de códigos. Pelo histórico da rede, sabe-se que cada pacote tem uma pequena probabilidade, igual a 0,01, de não chegar corretamente ao seu destino e, além disso, o fato de um pacote não chegar ao destino não altera a probabilidade de os demais chegarem corretamente. Um programa corretivo garante o envio correto da mensagem quando o número de pacotes enviados erroneamente não passar de 10 % do total de pacotes da mensagem. Qual é a probabilidade de uma mensagem composta de 20 pacotes ser enviada corretamente? Responda usando:

   a) a distribuição binomial; e

   b) a distribuição de Poisson.

21. Uma central telefônica recebe, em média, 300 chamadas na hora de maior movimento e pode processar, no máximo, dez ligações por minuto. Utilizando a distribuição de Poisson, calcule a probabilidade de que a capacidade da mesa seja ultrapassada em um dado minuto do horário de pico.

22. Certo piso cerâmico tem, em média, 0,01 defeito por m^2. Em uma área de 10 m × 10 m desse piso, calcule a probabilidade de ocorrer algum defeito.

23. Placas de circuito integrado são avaliadas após serem preenchidas com *chips* semicondutores. Considere que foi produzido um lote de 20 placas e selecionadas cinco para avaliação. Calcule a probabilidade de se encontrar pelo menos uma placa defeituosa, supondo que no lote tenham quatro defeituosas e que tenha sido realizada:

   a) uma amostragem aleatória com reposição; e

   b) uma amostragem aleatória sem reposição.

24. Suponha que o número de falhas em certo tipo de placa plástica tenha distribuição de Poisson, com taxa média de 0,05 defeito por m^2. Na construção de um barco, é necessário cobrir uma superfície de 3 m × 2 m com essa placa.

   a) Qual é a probabilidade de que não haja falhas nessa superfície?

   b) Qual é a probabilidade de que haja mais que uma falha nessa superfície?

   c) Na construção de cinco barcos, qual é a probabilidade de que pelo menos quatro não apresentem defeito na superfície plástica?

25. Certo item é vendido em lotes de 200 unidades. Normalmente, o processo de fabricação gera 5 % de itens defeituosos. Um comprador compra cada lote por R$ 100,00 (alternativa 1). Outro comprador faz a seguinte proposta: de cada lote, ele escolhe uma amostra de 15 peças; se a amostra tem zero defeituoso, ele pagará R$ 200,00; um defeituoso, ele pagará R$ 50,00; mais que um defeituoso, ele pagará R$ 5,00 (alternativa 2). Em média, qual alternativa é mais vantajosa para o fabricante? (Calcule os valores esperados das duas alternativas.)

26. Na produção de rolhas de cortiça, não é possível garantir qualidade homogênea, em virtude de variações internas nas placas de cortiça. Em função disso, um equipamento separa as rolhas que saem da linha de produção em duas categorias: A e B. Os dados históricos

Variáveis aleatórias discretas **117**

mostram que 40 % são classificadas como A e 60 % como B. O fabricante vende por R$ 100,00 o milhar de rolhas da categoria A; e por R$ 60,00 o milhar da categoria B.

Um comprador propõe adquirir a produção diária da fábrica. Ele fará um plano de amostragem, extraindo oito rolhas aleatoriamente. Se encontrar mais que cinco rolhas da categoria A, ele pagará R$ 200,00; caso contrário, ele pagará R$ 50,00. Pede-se:

a) Qual é a probabilidade de o comprador encontrar mais que cinco rolhas da classe A?

b) Qual é o valor esperado da venda, por milhar de rolhas vendidas, se ele aceitar a proposta do comprador? Em termos de valor esperado da venda, a proposta do comprador é mais vantajosa do que a venda separada por categoria?

c) Qual é a variância da venda do fabricante, por milhar de rolhas vendidas, se ele aceitar a proposta do comprador?

27. Suponha que as requisições a um sistema ocorram de forma independente e que a taxa média de ocorrências é três requisições por minuto, constante no período em estudo. Calcule a probabilidade de:

a) ocorrer mais que uma requisição no próximo minuto;

b) ocorrer mais que uma requisição no próximo minuto, sabendo-se que é certa a ocorrência de pelo menos uma (pois você mesmo fará uma requisição no próximo minuto).

28. Um armazém é abastecido mensalmente, sendo que a taxa média de abastecimento é 30 unidades/dia, com desvio-padrão de 3 unidades/dia. A demanda média é de 25 unidades/dia, com desvio-padrão de 4 unidades/dia. Suponha que o abastecimento e a demanda sejam independentes e, além disso, a demanda e o abastecimento em um dia não alterem o abastecimento e a demanda nos dias seguintes. Qual é o valor esperado e o desvio-padrão do excedente de produtos no período de um mês?

6

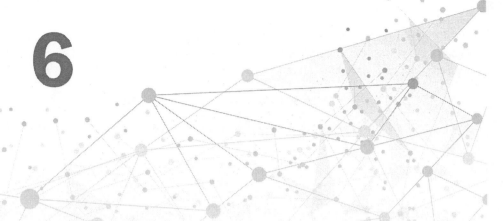

VARIÁVEIS ALEATÓRIAS CONTÍNUAS

6.1 CARACTERIZAÇÃO

Muitas variáveis aleatórias que surgem na vida de um engenheiro ou de um profissional da informática têm natureza eminentemente contínua, tais como:

> tempo de resposta de um sistema computacional;
> rendimento de um processo químico;
> tempo de vida de um componente eletrônico;
> resistência de um material etc.

Outras vezes, temos variáveis aleatórias discretas, com grande número de possíveis resultados, sendo preferível usar um modelo aproximado contínuo no lugar do modelo exato discreto. É o caso de:

> número de transações por segundo de uma CPU;
> número de defeitos em uma amostra de 5.000 itens etc.

Para entender as peculiaridades das variáveis aleatórias contínuas, imagine o seguinte experimento, ainda com variável aleatória discreta.

 EXEMPLO 6.1

Você entra em um jogo e aposta em um setor de uma roleta. Considere que todos os setores são de mesmo tamanho e o jogo é imparcial, então podemos supor que não haja região de preferência para o ponteiro parar. Em uma primeira vez, você aposta em uma roleta de quatro setores, mas se anima com a sorte e resolve apostar também em uma roleta de oito setores. Em cada caso, você tem uma variável aleatória definida por:

X = número do setor apontado quando o ponteiro para de girar

A Figura 6.1 ilustra esses experimentos, incluindo a função de probabilidade de cada caso.

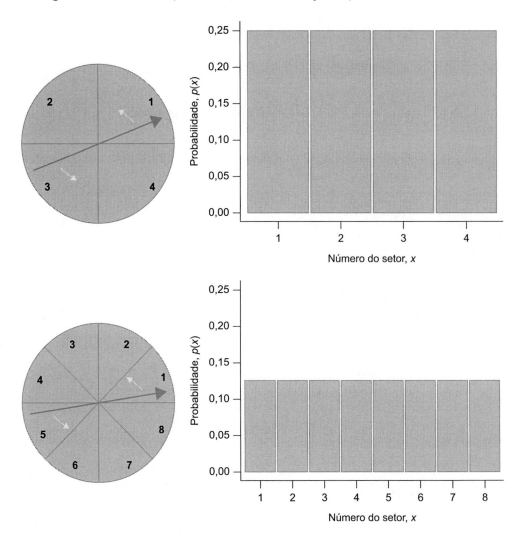

FIGURA 6.1 Roletas do Exemplo 6.1 e gráficos das funções de probabilidades de cada caso.

Suponha que você continue sua aventura e aposte em uma roleta de 16 setores, depois de 32 setores; e assim por diante.

É fácil ver que à medida que aumentamos o número de divisões no círculo, o número de possíveis setores (resultados de uma variável aleatória discreta) vai aumentando, e a probabilidade de cada resultado ocorrer (representada pela área de um retângulo) vai sendo reduzida. Teoricamente, o círculo pode ser dividido em infinitos setores, o que torna inviável a representação da distribuição de probabilidades da forma como aprendemos. Em termos matemáticos, teríamos:

$$p(x) = P(X = x) = \lim_{n \to \infty} \frac{1}{n} = 0, \quad \forall x = 1, 2, \ldots$$

6.1.1 Função densidade de probabilidade

Uma alternativa melhor é definir uma variável aleatória contínua da seguinte maneira:

*X = ângulo formado entre a posição que o ponteiro
para de girar e a linha horizontal do lado direito*

como ilustra a Figura 6.2.

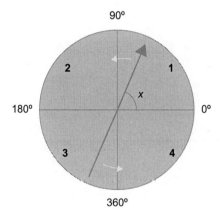

FIGURA 6.2 Valor x de uma variável aleatória contínua X associada ao problema da roleta.

Considerando que não existe região de preferência para o ponteiro parar, a distribuição de probabilidade de X pode ser representada por uma função que assume valor constante e positivo em todo o intervalo [0°, 360°), de modo que as probabilidades possam ser representadas por áreas sob a curva desta função. Como certamente vai ocorrer um resultado em [0°, 360°), então a área sob a função neste intervalo deve ser igual a 1, e nula fora deste intervalo. A Figura 6.3 ilustra a distribuição de probabilidades de X, por meio da chamada *função densidade de probabilidade*, e mostra a relação de uma área sob essa função e o evento de o ponteiro parar no quadrante 1.

Os eventos associados a uma variável aleatória contínua são intervalos (ou conjunto de intervalos) de números reais. Com base na função densidade de probabilidade f, podemos calcular a probabilidade de um evento deste tipo por área sob a curva descrita pela função f. Por exemplo, qual é a probabilidade de o ponteiro parar no intervalo [30°, 60°]? Tomando a área sob a curva neste intervalo (um retângulo neste caso), temos:

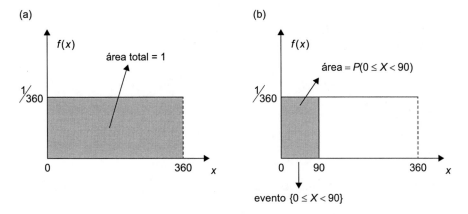

FIGURA 6.3 Função densidade de probabilidade da variável aleatória do Exemplo 6.1 e representação da probabilidade do evento {0 ≤ X < 90}.

$$P(30 \le X \le 60) = \frac{1}{360} \times (60-30) = \frac{30}{360} = \frac{1}{12}$$

Observe que a inclusão ou exclusão dos extremos não altera a probabilidade, pois uma linha tem área nula. Ou seja, para uma variável aleatória contínua, a probabilidade de ocorrer um valor particular é definida como igual a zero.

As probabilidades de eventos associados a uma variável aleatória contínua X podem ser calculadas por uma *função densidade de probabilidade f*, que deve satisfazer:

a) $f(x) \ge 0, \quad \forall x \in \mathbb{R}$

b) $\int_{-\infty}^{+\infty} f(x) d(x) = 1$

Se A = [a, b], então $P(A) = \int_a^b f(x) d(x)$ (ver Figura 6.4)

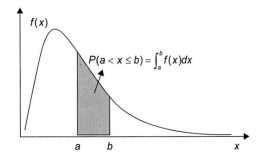

FIGURA 6.4 Representação de uma função densidade de probabilidade genérica e uma área como probabilidade de um evento.

Variáveis aleatórias contínuas   123

EXEMPLO 6.2

Na fase de projeto de um produto ou processo é comum realizarmos simulações para avaliar como serão os resultados desse produto ou processo. Em geral, o resultado não é determinístico, fazendo com que essas simulações devam incluir variáveis aleatórias com certas distribuições de probabilidades. A base para isto são algoritmos computacionais que geram aleatoriamente números reais no intervalo [0, 1). Neste contexto, considere uma variável aleatória X com função densidade de probabilidade definida por:

$$f(x) = \begin{cases} 1 & \text{se } 0 \leq x < 1 \\ 0 & \text{se } x \notin [0,1) \end{cases}$$

Suponha o interesse na probabilidade: $P(X \leq 1/3)$. A Figura 6.5 ilustra a função densidade de probabilidade e essa probabilidade como uma área.

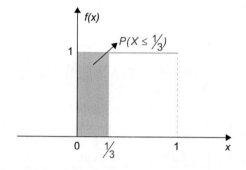

FIGURA 6.5 Função densidade de probabilidade descrita no Exemplo 6.2 e a probabilidade de interesse.

Calculando a probabilidade por integral:

$$P(X \leq 1/3) = P(X < 0) + P(0 \leq X \leq 1/3) = \int_{-\infty}^{0} 0 \, dx + \int_{0}^{1/3} 1 \, dx = 0 + x \Big|_{0}^{1/3} = 1/3$$

EXEMPLO 6.3

Com base no Exemplo 6.2, considere que se queira atribuir maior probabilidade na região central, definindo a função densidade de probabilidade por:

$$f(x) = \begin{cases} 0 & \text{se } x < 0 \\ 4x & \text{se } 0 \leq x < 1/2 \\ 4 - 4x & \text{se } 1/2 \leq x < 1 \\ 0 & \text{se } x \geq 1 \end{cases}$$

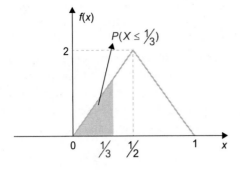

FIGURA 6.6 Função densidade de probabilidade descrita no Exemplo 6.3 e a probabilidade $P(X \leq 1/3)$.

Calculando a probabilidade por integral:

$$P(X \leq 1/3) = P(X < 0) + P(0 \leq X < 1/3) = 0 + \int_0^{1/3} (4x)dx = \left.\frac{4x^2}{2}\right|_0^{1/3} = 2/9$$

6.1.2 Função de distribuição acumulada

Sendo X uma variável aleatória contínua com função densidade de probabilidade f, definimos sua *função de distribuição acumulada* por

$$F(x) = P(X \leq x) = \int_{-\infty}^{x} f(s)ds, \quad \forall x \in \mathbb{R}$$

Vamos obter a função de distribuição acumulada, F, das variáveis aleatórias definidas nos Exemplos 6.2 e 6.3.

 EXEMPLO 6.2 (continuação)

Função de densidade:

$$f(x) = \begin{cases} 1 & \text{se } 0 \leq x < 1 \\ 0 & \text{se } x \notin [0,1) \end{cases}$$

Função de distribuição acumulada:

Para $x < 0$: $F(x) = \int_{-\infty}^{x} 0\,ds = 0$

Para $0 \leq x < 1$: $F(x) = F(0) + \int_0^x 1\,ds = 0 + s\Big|_0^x = x$

Para $x \geq 1$: $F(x) = F(1) + \int_1^x 0\,ds = 1 + 0 = 1$

Assim: $F(x) = \begin{cases} 0 & \text{se } x < 0 \\ x & \text{se } 0 \leq x < 1 \\ 1 & \text{se } x \geq 1 \end{cases}$

EXEMPLO 6.3 (continuação)

Função de densidade:

$$f(x) = \begin{cases} 0 & \text{se } x < 0 \\ 4x & \text{se } 0 \leq x < 1/2 \\ 4 - 4x & \text{se } 1/2 \leq x < 1 \\ 1 & \text{se } x \geq 1 \end{cases}$$

Função de distribuição acumulada:

Para $x < 0$: $F(x) = \int_{-\infty}^{x} 0 \, ds = 0$

Para $0 \leq x < 1/2$: $F(x) = F(0) + \int_{0}^{x} (4s) \, ds = 0 + 2x^2 = 2x^2$

Para $1/2 \leq x < 1$: $F(x) = F\left(\dfrac{1}{2}\right) + \int_{1/2}^{x} (4 - 4s) \, ds = 2\left(\dfrac{1}{2}\right)^2 + \left(4s - \dfrac{4s^2}{2}\right)\bigg|_{1/2}^{x} =$

$$= \dfrac{1}{2} + 4x - \dfrac{4x^2}{2} - \left(2 - \dfrac{1}{2}\right) = -2x^2 + 4x - 1$$

Para $x \geq 1$: $F(x) = F(1) + \int_{1}^{x} 0 \, ds = F(1) = -2(1)^2 + 4(1) - 1 + 0 = 1$

Resumindo:

$$F(x) = \begin{cases} 0 & \text{se } x < 0 \\ 2x^2 & \text{se } 0 \leq x < 1/2 \\ -2x^2 + 4x - 1 & \text{se } 1/2 \leq x < 1 \\ 1 & \text{se } x \geq 1 \end{cases}$$

A Figura 6.7 ilustra as funções de distribuição acumulada desses exemplos e indicação da probabilidade $P(X \leq 3)$ para cada caso.

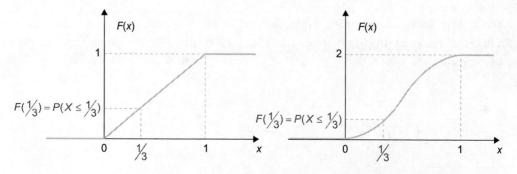

FIGURA 6.7 Ilustração das funções de distribuição acumulada dos Exemplos 6.2 e 6.3.

126 Capítulo 6

Com base na definição da função de distribuição acumulada F, verifica-se que é possível obter qualquer probabilidade associada à variável aleatória X. Dados dois números reais $a < b$, as relações valem:

$$P(X \le a) = F(a)$$

$$P(X > b) = 1 - F(b)$$

$$P(a < X < b) = F(b) - F(a)$$

Para uma variável aleatória contínua, a probabilidade de ocorrer um particular ponto na reta dos reais é nula, ou seja, se $a \in \mathbb{R}$, então:

$$P(X = a) = \int_a^a f(x) d(x) = 0$$

Assim, para variáveis aleatórias contínuas, as relações ">" e "$\ge$", assim como "<" e "$\le$", podem ser consideradas equivalentes.

Dada a função de distribuição acumulada F, associada a uma variável aleatória contínua, podemos obter a função densidade de probabilidade f por:

$$f(x) = \frac{d}{dx} F(x)$$

para todo ponto x em que F é derivável.[1] Assim, a função F também caracteriza a distribuição de probabilidades de uma variável aleatória.

6.1.3 Valor esperado e variância

Uma variável aleatória contínua X, com função densidade de probabilidade f, tem *valor esperado* e *variância* definidos por:

$$\mu = E(X) = \int_{-\infty}^{+\infty} x f(x) dx$$

$$\sigma^2 = V(X) = \int_{-\infty}^{+\infty} (x - \mu)^2 f(x) dx$$

As interpretações dessas medidas podem ser feitas de forma análoga ao caso discreto. Além disso, todas as propriedades enunciadas para o caso discreto valem também para o caso contínuo, em especial:

$$V(X) = E(X^2) - \mu^2$$

em que $E(X^2) = \int_{-\infty}^{+\infty} x^2 f(x) dx$.

---

[1] No conjunto finito de pontos em que F não é derivável, podemos arbitrar valores para f. Por conveniência, adotamos valores que correspondem a limites das partes dessa função.

Vamos retomar os Exemplos 6.2 e 6.3, calculando o valor esperado e a variância para cada caso.

EXEMPLO 6.2 (continuação)

$$\mu = E(X) = \int_{-\infty}^{+\infty} x f(x) dx = \int_{-\infty}^{0} x 0 dx + \int_{0}^{1} x 1 dx + \int_{0}^{+\infty} x 0 dx = \left. \frac{x^2}{2} \right|_{0}^{1} = 1/2$$

$$E(X^2) = \int_{-\infty}^{+\infty} x^2 f(x) dx = \int_{0}^{1} x^2 1 dx = \left. \frac{x^3}{3} \right|_{0}^{1} = 1/3$$

$$\sigma^2 = V(X) = E(X^2) - \mu^2 = \frac{1}{3} - \left(\frac{1}{2}\right)^2 = 1/12$$

EXEMPLO 6.3 (continuação)

$$\mu = E(X) = \int_{-\infty}^{+\infty} x f(x) dx = \int_{-\infty}^{0} x 0 dx + \int_{0}^{1/2} x(4x) dx + \int_{1/2}^{1} x(4-4x) dx + \int_{1}^{+\infty} x 0 dx =$$

$$= \left. \frac{4x^3}{3} \right|_{0}^{1/2} + \left. \left(\frac{4x^2}{2} - \frac{4x^3}{3} \right) \right|_{1/2}^{1} = 1/2$$

$$E(X^2) = \int_{-\infty}^{+\infty} x^2 f(x) dx = \int_{-\infty}^{0} x^2 0 dx \int_{0}^{1/2} x^2(4x) dx + \int_{1/2}^{1} x^2(4-4x) dx + \int_{1}^{+\infty} x^2 0 dx =$$

$$= \left. \frac{4x^3}{3} = \frac{4x^4}{4} \right|_{0}^{1/2} + \left. \left(\frac{4x^3}{3} - \frac{4x^4}{4} \right) \right|_{1/2}^{1} = 7/24$$

$$\sigma^2 = V(X) = E(X^2) - \mu^2 = \frac{7}{24} - \left(\frac{1}{2}\right)^2 = 1/24$$

Observamos que os valores esperados das variáveis aleatórias dos exemplos anteriores são iguais, mas a variância da variável aleatória do Exemplo 6.3 é menor do que a do Exemplo 6.2. Tente entender o porquê disto levando em conta os gráficos das funções de probabilidades e os conceitos de valor esperado e variância.

EXERCÍCIOS DA SEÇÃO

1. Seja a variável aleatória *T* definida como o tempo de resposta na consulta a um banco de dados, em minutos. Suponha que esta variável aleatória tenha a seguinte função densidade de probabilidade:

128 Capítulo 6

$$f(t) = \begin{cases} 2e^{-2t} & \text{para } t \geq 0 \\ 0 & \text{para } t < 0 \end{cases}$$

a) Faça o gráfico dessa função.

b) Calcule a probabilidade $P(T > 3)$.

c) Obtenha a função de distribuição acumulada F.

d) Faça o gráfico da função F.

e) Usando a função F, obtenha $P(T > 3)$, $P(T < 2)$ e $P(2 < T < 3)$.

f) Calcule $E(T)$.

g) Calcule $V(T)$.

2. Um profissional de computação observou que o seu sistema gasta entre 20 e 24 segundos para realizar determinada tarefa. Considere a probabilidade uniforme em [20, 24], isto é, todo subintervalo de mesma amplitude em [20, 24] tem a mesma probabilidade. Como pode ser descrita, gráfica e algebricamente, a função densidade de probabilidade? Sob essa densidade, calcule:

a) $P(X > 23)$;

b) $E(X)$;

c) $V(X)$.

3. Com respeito ao Exercício 2, suponha agora probabilidades maiores em torno de 22 segundos e a densidade decrescendo, simétrica e linearmente, até os extremos 20 e 24 segundos. Como pode ser descrita, gráfica e algebricamente, a função densidade de probabilidade? Sob essa densidade, calcule:

a) $P(X > 23)$;

b) $E(X)$;

c) $V(X)$.

Comparando os gráficos das funções densidade de probabilidade dos Exercícios 2 e 3, você acha razoáveis as diferenças encontradas nos três itens?

4. Seja X uma variável aleatória com função de distribuição acumulada:

$$F(x) = \begin{cases} 1 - e^{-x} & \text{para } x \geq 0 \\ 0 & \text{para } x < 0 \end{cases}$$

Obtenha a função densidade de probabilidade de X.

5. Seja X com função densidade de probabilidade dada por:

$$f(x) = \begin{cases} x & \text{para } 0 \leq x < 1 \\ 2 - x & \text{para } 1 \leq x < 2 \\ 0 & \text{para } x \notin [0, 2) \end{cases}$$

Calcule:

a) $P(0 < X < 5)$

b) $P(0 < X < 1)$

c) $P(\frac{1}{3} < X < \frac{3}{2})$

d) $E(X)$

e) $V(X)$

Variáveis aleatórias contínuas **129**

6.2 DISTRIBUIÇÃO UNIFORME

Na seção anterior, apresentamos, nos Exemplos 6.1 e 6.2, situações em que uma variável aleatória contínua pode assumir qualquer valor em um dado intervalo, não havendo região mais provável nesse intervalo. Os exemplos citados são casos típicos da chamada distribuição uniforme.

> Uma variável aleatória X tem *distribuição uniforme* de parâmetros α e β, sendo $\beta > \alpha$, se sua densidade é especificada por:

$$f(x) = \begin{cases} \dfrac{1}{\beta - \alpha} & \text{para } x \in [\alpha, \beta] \\ 0 & \text{para } x \notin [\alpha, \beta] \end{cases}$$

Sua função de distribuição acumulada é:

$$F(x) = \begin{cases} 0 & \text{para } x < \alpha \\ \dfrac{x - \alpha}{\beta - \alpha} & \text{para } \alpha \leq x < \beta \\ 1 & \text{para } x \geq \beta \end{cases}$$

O valor esperado e a variância de uma distribuição uniforme de parâmetros α e β são dados por:

$$E(X) = \frac{\alpha + \beta}{2}$$

$$V(X) = \frac{(\beta - \alpha)^2}{12}$$

Note que o valor esperado da distribuição uniforme é exatamente o ponto médio do intervalo $[\alpha, \beta]$, ou seja, nessa distribuição fica evidente que o valor esperado $\mu = E(X)$ representa o *centro de gravidade* da massa descrita pela função densidade de probabilidade.

Na seção anterior, calculamos o valor esperado e a variância de uma distribuição uniforme em [0, 1]. Verifique os cálculos considerando as expressões aqui apresentadas.

6.3 DISTRIBUIÇÃO EXPONENCIAL

O modelo exponencial tem forte relação com o modelo discreto de Poisson. Enquanto a distribuição de Poisson pode ser usada para modelar o *número de ocorrências* em um período de tempo, a distribuição exponencial pode ser usada para a variável aleatória contínua, *o tempo*, até a próxima ocorrência. O mesmo também vale para medida de distância. Exemplos:

a) tempo (em segundos) até a próxima consulta a uma base de dados;

b) tempo (em minutos) até você receber a próxima mensagem em certo aplicativo;
c) distância (em metros) até o próximo buraco em uma rodovia.

A distribuição exponencial poderá ser usada quando as suposições da Poisson (independência entre as ocorrências e taxa média de ocorrência constante no intervalo considerado) estiverem satisfeitas. Como essa distribuição é muito usada para o tempo até a ocorrência de um evento, em especial, para o tempo de vida de componentes eletrônicos, denotaremos a variável aleatória por T em vez de X. A Figura 6.8 ilustra a relação entre as distribuições de Poisson e exponencial.

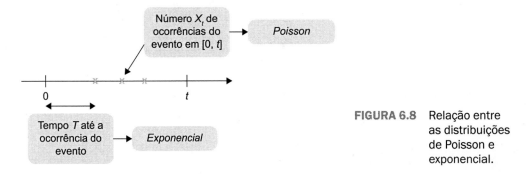

FIGURA 6.8 Relação entre as distribuições de Poisson e exponencial.

Primeiramente, vamos considerar a variável aleatória discreta:

X_t = *número de ocorrências no intervalo de tempo* [0, t)

Se for suposta independência entre as ocorrências e taxa média de ocorrências constante no intervalo considerado, então X_t tem distribuição de Poisson. Definindo a *taxa média de ocorrências em cada unidade de tempo* por λ, tem-se que a *taxa média de ocorrências no intervalo* [0, t), pela proporcionalidade, deve ser igual a λt. Logo, X_t tem distribuição de Poisson com parâmetro λt, ou seja, as probabilidades associadas à X_t podem ser calculadas por:

$$p(x) = \frac{e^{-\lambda t}(\lambda t)^x}{x!}, \text{ para } x = 0, 1, 2, \ldots$$

Vamos, agora, definir a variável aleatória contínua:

T = *tempo até a próxima ocorrência*

Observe a equivalência entre os dois seguintes eventos:

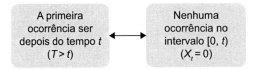

Se os eventos são equivalentes, então suas probabilidades devem ser iguais, ou seja:

$$P(T > t) = P(X_t = 0) = \frac{(\lambda t)^0 e^{-\lambda t}}{0!} = e^{-\lambda t}$$

Usando o evento complementar, podemos definir, para todo $t > 0$, a função de distribuição acumulada de uma variável aleatória T com distribuição exponencial por:

$$F(t) = P(T \leq t) = 1 - P(T > t) = 1 - e^{-\lambda t}$$

Assim, para $t > 0$, temos a função densidade de probabilidade dada por:

$$f(t) = \frac{d}{dt} F(t) = \lambda e^{-\lambda t}$$

Uma variável aleatória T tem *distribuição exponencial* de parâmetro $\lambda > 0$, se sua densidade é especificada por:

$$f(t) = \begin{cases} \lambda e^{-\lambda t} & \text{se } t > 0 \\ 0 & \text{se } t \leq 0 \end{cases}$$

A Figura 6.9 ilustra as funções densidade de probabilidade e distribuição acumulada de uma variável aleatória T com distribuição exponencial, e indicação da $P(T < t)$, para $t > 0$ genérico.

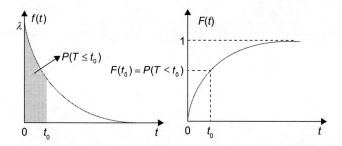

FIGURA 6.9 Representações gráficas da exponencial: funções de densidade e distribuição acumulada.

Em geral, é mais fácil calcular as probabilidades de eventos da distribuição exponencial por meio do complemento de $F(t)$, ou seja, para $t > 0$, calculam-se as probabilidades por:

$$P(T > t) = e^{-\lambda t}$$

O valor esperado e a variância da distribuição exponencial podem ser calculados pelas expressões gerais vistas na Seção 6.1.3, resultando em:

$$E(T) = \frac{1}{\lambda}$$

$$V(T) = \frac{1}{\lambda^2}$$

Lembrando que o parâmetro λ pode ser entendido como a *taxa média de ocorrências em uma unidade de tempo*, como vimos no estudo da distribuição de Poisson. Já o *tempo médio até a ocorrência do evento* é o inverso de λ, conforme mostrado na expressão de $E(T)$.

EXEMPLO 6.4

Seja a variável aleatória T = tempo de resposta na consulta a um banco de dados (em minutos), que supostamente tem distribuição exponencial com parâmetro $\lambda = 2$.

a) Calcule a probabilidade de a consulta demorar mais que três minutos.
b) Calcule a probabilidade de a consulta demorar entre dois e três minutos.
c) Obtenha o tempo de resposta esperado e a variância.

Solução:

a) Faremos de duas maneiras: primeiramente, vamos usar a função densidade de probabilidade:

$$f(t) = \begin{cases} 2e^{-2t} & \text{para } t \geq 0 \\ 0 & \text{para } t < 0 \end{cases}$$

Assim:

$$P(T > 3) = \int_{3}^{+\infty} f(t)dt = \int_{3}^{+\infty} 2e^{-2t}dt$$

$$= 2\left[-\frac{1}{2}e^{-2t}\right]_{3}^{+\infty} = 0 + e^{-2(3)} = e^{-6}$$

Observe que o cálculo fica mais fácil usando a expressão complementar da distribuição acumulada:

$$P(T > t) = e^{-\lambda t} = P(T > 3) = e^{-2(3)} = e^{-6}$$

b) Usando, novamente, a expressão complementar da distribuição acumulada, temos:

$$P(2 \leq T \leq 3) = P(T \geq 2) - P(T > 3) = P(T > 2) - P(T > 3) =$$

$$= e^{-2(2)} - e^{-2(3)} = e^{-4} - e^{-6} = 0{,}0158$$

c)

$$E(T) = \frac{1}{\lambda} = \frac{1}{2}; \quad V(T) = \frac{1}{\lambda^2} = \frac{1}{4}$$

EXERCÍCIOS DA SEÇÃO

6. Suponha que o tempo de vida (em horas) de um transistor é uma variável aleatória T com distribuição exponencial com média de 500 horas. Calcule a probabilidade de o transistor:

   a) durar mais que 500 horas;

b) durar entre 300 e 1.000 horas;

c) durar mais de 1.000 horas, sabendo que já durou 500 horas.[2]

7. Seja *T* uma variável aleatória com distribuição exponencial. Usando a expressão de probabilidade condicional (Capítulo 4), mostrar que para qualquer s, t > 0, vale a seguinte relação, conhecida como propriedade de *falta de memória*:

$$P(T > s+t \mid T > s) = P(T > t)$$

6.4 DISTRIBUIÇÃO NORMAL

A normal é considerada a distribuição de probabilidades mais importante, pois permite modelar uma infinidade de fenômenos naturais, além de servir como aproximações de outras distribuições sob certas condições. É muito usada na inferência estatística, como será observado nos capítulos seguintes.

A distribuição normal é caracterizada por uma função de probabilidade, cujo gráfico descreve uma curva em forma de sino, como mostra a Figura 6.10. Essa forma de distribuição evidencia que há maior probabilidade de a variável aleatória assumir valores próximos do centro.

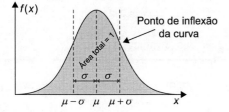

FIGURA 6.10 Função densidade de probabilidade da normal com parâmetros média μ e variância σ^2.

Tendo os parâmetros $\mu \in \mathbb{R}$ e $\sigma^2 > 0$, a função densidade de probabilidade da normal é dada por:

$$f(x) = \frac{1}{\sigma\sqrt{2\pi}} e^{-\frac{1}{2}\left(\frac{x-\mu}{\sigma}\right)^2}, \quad -\infty < x < +\infty$$

Com certo esforço matemático, é possível mostrar que o *valor esperado* e a *variância* da distribuição normal são dados por:

$$E(X) = \mu$$

$$V(X) = \sigma^2$$

---

[2] Observe que o resultado do item (c) é igual ao que você obteve no item (a), ou seja, não importa que o transistor já durou 500 horas, mas o quanto ainda vai durar: P(T > 1.000 | T > 500) = P(T > 500). Essa é uma propriedade da distribuição exponencial conhecida como *falta de memória*. Neste contexto, a distribuição exponencial é inadequada para representar *tempo de vida* de equipamentos que sofrem efeito de fadiga.

Uma variável aleatória, X, com distribuição normal de média μ e variância σ^2 será representada por $X: N(\mu, \sigma^2)$.[3]

A Figura 6.11 mostra diferentes curvas normais, em função dos valores de μ e σ. Podemos ter, por exemplo, medidas da dureza de aço produzidas em diferentes condições. A distribuição (1) pode representar uma situação padrão, enquanto a distribuição (2) pode ser de medidas após um processo de melhoria da qualidade, em que aumentou a dureza média ($\mu_2 > \mu_1$). A distribuição (3) pode representar as medidas quando o processo está sob rígido controle, enquanto a distribuição (4) quando fora de controle, o que acarreta um aumento na variabilidade ($\sigma_4 > \sigma_3$).

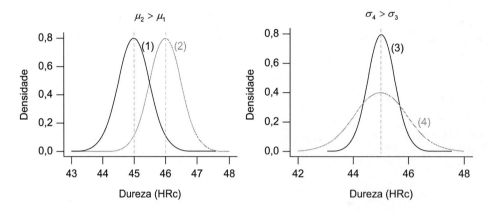

FIGURA 6.11 Distribuições normais em função dos parâmetros μ e σ.

Seja X com distribuição normal de média μ e variância σ^2, ou seja, $X \sim N(\mu, \sigma^2)$. Seguem algumas propriedades:

a) A curva normal é simétrica em torno de μ, em consequência, o parâmetro μ é tanto a média como a mediana da distribuição. A simetria pode ser representada por: $P(X < \mu - a) = P(X > \mu + a)$, $\forall a \in \mathbb{R}$ (ver Figura 6.12).

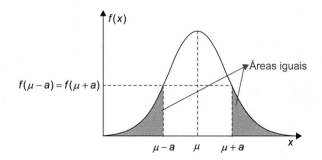

FIGURA 6.12 Simetria da distribuição normal.

---

[3] É usual falarmos em média μ e desvio-padrão σ. Lembrar que a variância σ^2 é o quadrado do desvio-padrão.

Variáveis aleatórias contínuas **135**

b) Teoricamente, a curva prolonga-se de $-\infty$ a $+\infty$ de forma assintótica ao eixo da abscissa, ou seja: $\lim_{x\to\pm\infty} f(x)=0$.

c) Se $a \in \mathbb{R}$ e $V = X + a$. Então, V tem distribuição normal com média igual a $\mu + a$ e mesma variância que X, ou seja: $V \sim N(\mu + a, \sigma^2)$.

d) Se $a \in \mathbb{R}$ e $W = aX$. Então, W tem distribuição normal com média igual a $a\mu$ e variância igual a $a^2\sigma^2$; usando a notação simplificada, tem-se: $W \sim N(a\mu, a^2\sigma^2)$.

e) Seja $Y = X_1 + X_2$, sendo X_1 e X_2 variáveis aleatórias independentes, $X_1 \sim N\left(\mu_1, \sigma_1^2\right)$ e $X_2 \sim N\left(\mu_2, \sigma_2^2\right)$, ou seja, X_1 e X_2 com distribuições normais de médias μ_1 e μ_2, e variâncias σ_1^2 e σ_2^2, respectivamente. Então, Y também tem distribuição normal, sendo a média dada por $\mu_1 + \mu_2$, e variância igual a $\sigma_1^2 + \sigma_2^2$.

Pelas propriedades (b) e (c), tem-se que:

Se $X \sim N\left(\mu, \sigma^2\right)$, então a variável aleatória:

$$Z = \frac{X - \mu}{\sigma}$$

tem distribuição normal com média zero e desvio-padrão igual a um, ou seja, $Z \sim N(0, 1)$, também conhecida como *distribuição normal padrão*.

Qualquer área (probabilidade) sob a densidade de X pode ser avaliada sob a densidade de Z. Por exemplo, se $X \sim N(45; 0,25)$ representa a dureza (HRC) de um aço, que, supostamente, tem distribuição normal de média 45 e variância 0,25 (desvio-padrão = 0,5), e queremos a probabilidade de ocorrer uma observação superior a 45,5, então podemos calcular o escore z para essa medida de X, como se segue:

$$z = \frac{x - \mu}{\sigma} = \frac{45,5 - 45}{0,5} = 1$$

e temos a igualdade:

$$P(X > 45,5) = P(Z > 1)$$

conforme ilustra a Figura 6.13.

A relação entre uma distribuição normal qualquer, $X \sim N(\mu, \sigma^2)$, e a distribuição normal padrão, $Z \sim N(0,1)$, é importante porque os algoritmos para cálculo de integrais (áreas) da função de densidade da normal são construídos em termos da normal padrão. Para os usuários, geralmente são apresentadas as duas funções, mas internamente o *software* faz a transformação para a distribuição de Z. O Excel e o Calc têm as funções *DIST.NORM.N* e *DIST.NORM.P*, que calculam probabilidades acumuladas para X e Z, respectivamente. Para se ter as probabilidades ilustradas na Figura 6.13, pode-se fazer:[4]

---

[4] Estamos representando a função de distribuição acumulada de X por F_X e a distribuição acumulada de Z por F_Z. O último argumento das funções do Excel refere-se à condição *verdadeiro* para distribuição acumulada.

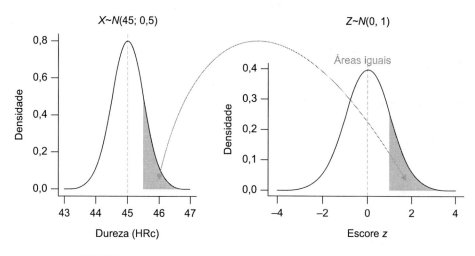

FIGURA 6.13 Equivalência dos eventos {$X > 45,5$} e {$Z > 1$}.

$$P(X>45,5)=1-F_X(45,5)=1-DIST.NORM.N(45,5;45;0,5;1)=0,1587$$

$$P(Z>1)=1-F_Z(1)=1-DIST.NORMP.N(1;1)=0,1587$$

TABELA DA DISTRIBUIÇÃO NORMAL PADRÃO

No Apêndice, apresentamos a Tabela 1, que fornece probabilidades de uma variável com distribuição normal padrão. Essa tabela relaciona valores positivos de z com áreas sob a cauda superior da curva, ou seja, o complemento da distribuição acumulada, $F(z)$. Os valores de z são apresentados com duas decimais, sendo a primeira na coluna da esquerda e a segunda decimal na linha do topo da tabela. A Figura 6.14 mostra como podemos usar a Tabela 1 para encontrar uma probabilidade de interesse.

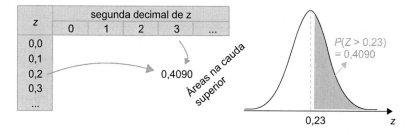

FIGURA 6.14 Ilustração do uso da tabela da distribuição normal padrão para obter $P(Z > 0,23)$.

 EXEMPLO 6.5

Seja Z uma variável aleatória com distribuição normal padrão. Vamos usar a Tabela 1 para encontrar as seguintes probabilidades:

a) $P(Z < 0,42)$

b) $P(Z < -1,32)$
c) $P(-2,00 \leq Z \leq 2,00)$

Solução:
a) $P(Z < 0,42) = 1 - P(Z \geq 0,42) = 1 - 0,3372 = 0,6628$. Ver Figura 6.15.

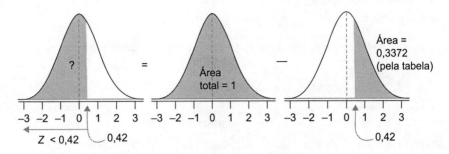

FIGURA 6.15 Ilustração da solução do Exemplo 6.5(a).

b) $P(Z < -1,32) = P(Z > 1,32) = 0,0934$. Ver Figura 6.16.

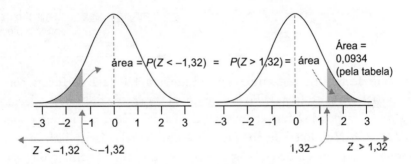

FIGURA 6.16 Ilustração da solução do Exemplo 6.5(b).

c) $P(-2 < Z < 2) = 1 - 2 \times P(Z \geq 2) = 1 - 2 \times 0,0228 = 0,9544$. Ver Figura 6.17.

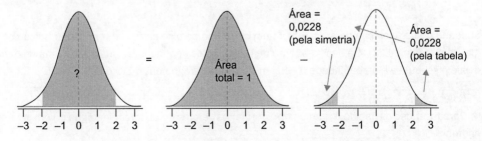

FIGURA 6.17 Ilustração da solução do Exemplo 6.5(c).

Observe que essas probabilidades também podem ser obtidas pela função de distribuição acumulada, disponível no Excel e no Calc. Deixamos os cálculos usando *software* como exercício.

EXEMPLO 6.6

Sendo Z uma variável aleatória normal padrão, vamos obter o valor de z, tal que $P(-z \leq Z \leq z) = 0{,}95$.

Solução:
O valor z que satisfaz $P(-z \leq Z \leq z) = 0{,}95$ é o mesmo que satisfaz à probabilidade no intervalo complementar: $P(Z < -z) + P(Z > z) = 1 - 0{,}95$. Ou:

$$2 \times P(Z > z) = 0{,}05 \Rightarrow P(Z > z) = 0{,}025 \Rightarrow z = 1{,}96. \text{ Ver Figura 6.18.}$$

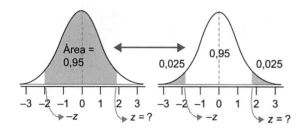

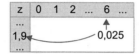

FIGURA 6.18 Ilustração da solução do Exemplo 6.6.

Observe que neste último exemplo consultamos a Tabela 1 de forma contrária, obtendo z com base em uma área dada. Pensando na função de distribuição acumulada, tal procedimento corresponde à função inversa. Com auxílio do computador, podemos usar a função *INV.NORMP.N* do Excel ou do Calc, que é a inversa da distribuição acumulada de Z, $F^{-1}(p)$, sendo p uma probabilidade. Usando essa função para o Exemplo 6.6, temos:

$$P(-z \leq Z \leq z) = 0{,}95 \Rightarrow P(Z \leq z) = 0{,}975 \Rightarrow F^{-1}(0{,}975) = INV.NORMP.N(0{,}975) = 1{,}96.$$

EXEMPLO 6.7

Suponha que a absorção de água (em %) em certo tipo de piso cerâmico tenha distribuição normal com média de 2,5 % e desvio-padrão de 0,6 %. Selecionando, aleatoriamente, uma unidade desse piso, qual é a probabilidade de ele ter absorção de água entre 2,0 e 3,5 %?

Solução:
Para fazer uso da Tabela 1, vamos transformar os valores de absorção de água (x) em valores padronizados (z):

$$z = \frac{x - \mu}{\sigma} = \frac{x - 2{,}5}{0{,}6}$$

Para $x = 2$, temos: $z = \dfrac{2 - 2{,}5}{0{,}6} = -0{,}83.$

E para $x = 3{,}5$: $z = \dfrac{3{,}5 - 2{,}5}{0{,}6} = 1{,}67$. Assim:

$$P(2{,}5 < X < 3{,}5) = P(-0{,}83 < Z < 1{,}67) =$$
$$= 1 - \{P(Z < -0{,}83) + P(Z > 1{,}67)\} =$$
$$= 1 - \{P(Z > 0{,}83) + P(Z > 1{,}67)\} =$$
$$= 1 - (0{,}2033 + 0{,}0475) = 0{,}7492.\ \text{Ver Figura 6.19.}$$

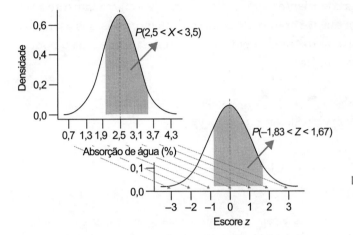

FIGURA 6.19 Equivalência das áreas associadas à probabilidade do Exemplo 6.7.

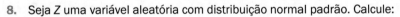

EXERCÍCIOS DA SEÇÃO

8. Seja Z uma variável aleatória com distribuição normal padrão. Calcule:
   a) $P(Z > 1{,}65)$;
   b) $P(Z < 1{,}65)$;
   c) $P(-1 < Z < 1)$;
   d) $P(-2 < Z < 2)$;
   e) $P(-3 < Z < 3)$;
   f) $P(Z > 6)$;
   g) o valor aproximado de z, tal que $P(-z < Z < z) = 0{,}90$;
   h) o valor aproximado de z, tal que $P(-z < Z < z) = 0{,}99$.

9. Suponha que o tempo de resposta na execução de um algoritmo é uma variável aleatória com distribuição normal de média 23 segundos e desvio-padrão de 4 segundos. Calcule:
   a) a probabilidade de o tempo de resposta ser menor do que 25 segundos;
   b) a probabilidade de o tempo de resposta ficar entre 20 e 30 segundos.

10. Certo tipo de conserva tem peso líquido (X_1) com média de 900 g e desvio-padrão de 10 g. A embalagem tem peso (X_2) com média de 100 g e desvio-padrão de 4 g. Suponha X_1 e X_2 independentes e com distribuições normais.
    a) Qual é a probabilidade de o peso bruto (peso líquido + peso da embalagem) ser superior a 1.020 g?
    b) Qual é a probabilidade de o peso bruto estar entre 980 e 1.020 g?

6.5 NORMAL COMO LIMITE DE OUTRAS DISTRIBUIÇÕES

Muitas distribuições de probabilidade se aproximam da distribuição normal em certas condições. É o caso da binomial quando n é grande, e da Poisson quando λ é grande.

6.5.1 Aproximação normal à binomial

Nos experimentos binomiais em que n é muito grande, o uso da função de probabilidade binomial é impraticável, pois os coeficientes binomiais tornam-se exageradamente grandes. Já vimos que, nos casos em que n é grande e p é muito pequeno, podemos usar a distribuição de Poisson para calcular, aproximadamente, as probabilidades de uma binomial. Anunciamos, agora, outra convergência:

> Se n é grande e p não é próximo de zero ou de um, a distribuição normal pode ser usada para calcular, aproximadamente, as probabilidades de uma binomial.

EXEMPLO 6.8

Seja X o número de caras em n lançamentos imparciais de uma moeda perfeitamente equilibrada. Então, X tem distribuição binomial com parâmetros n = número de lançamentos e p = 1/2. Considere que você lance a moeda n = 2, 10 e 100 vezes. A coluna relativa a p = 1/2 da Figura 6.20 mostra essas funções de probabilidade.

EXEMPLO 6.9

Seja Y o número de ocorrências do ponto seis em n jogadas imparciais de um dado perfeitamente equilibrado. Então, Y tem distribuição binomial com parâmetros n = *número de jogadas* e p = 1/6. Você vai jogar o dado n = 2, 10 e 100 vezes. A última coluna da Figura 6.20 mostra as funções de probabilidade para esses valores de n.

Observamos na Figura 6.20 que, para n = 100, a forma da distribuição binomial é parecida com a curva de uma distribuição normal, mesmo quando $p \neq 0{,}5$. De maneira geral, as condições para se fazer uma aproximação da distribuição binomial para a normal são:
1) n **grande**; e
2) p **não** muito próximo de 0 (zero) ou de 1 (um).[5]

---

[5] Vários autores sugerem que a aproximação da binomial para a normal é razoável se as duas seguintes inequações estiverem satisfeitas:

$$np \geq 5 \quad \text{e}$$
$$n(1-p) \geq 5$$

Havendo disponibilidade computacional, podemos só usar a aproximação para casos em que os lados esquerdos das inequações forem muito superiores a cinco.

Variáveis aleatórias contínuas 141

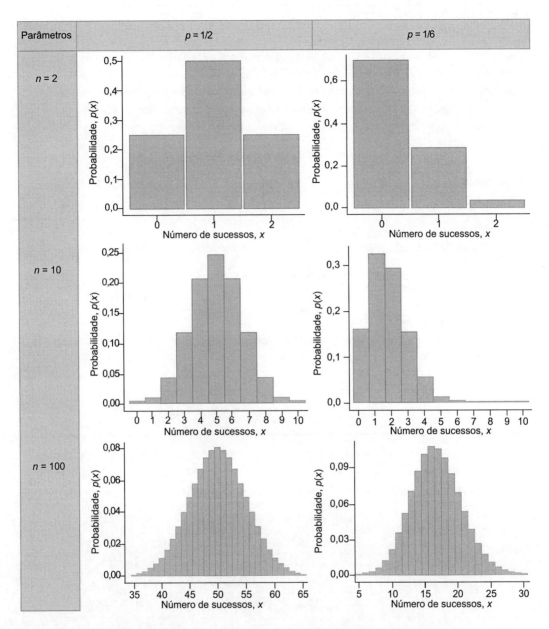

FIGURA 6.20 Distribuições binomiais para diferentes valores de n e p.

Os parâmetros μ e σ que fazem uma distribuição normal como aproximação da binomial correspondem ao valor esperado e ao desvio-padrão do modelo binomial, ou seja:

$$\mu = np$$

$$\sigma = \sqrt{np(1-p)}$$

EXEMPLO 6.10

Historicamente em uma certa empresa, 10 % dos pisos cerâmicos saem de uma linha de produção com algum defeito leve. A produção diária é de 1.000 unidades e a ocorrência entre 80 a 120 itens com algum defeito leve é considerada normal pela administração da empresa. Considerando o padrão histórico, qual é a probabilidade de ocorrer entre 80 e 120 itens defeituosos em um dia?

Pelas características do experimento, a variável aleatória:

$$Y = \text{número de defeituosos na amostra}$$

tem distribuição binomial com parâmetros $n = 1.000$ e $p = 0,1$. O interesse é a probabilidade $P(80 \leq Y \leq 120)$.

Solução exata:
Com o apoio do Excel, podemos obter essa probabilidade pela própria binomial por:

$$P(80 \leq Y \leq 120) = P(Y \leq 120) - P(Y \leq 79) = F(120) - F(79) =$$
$$= DISTR.BINOM(120;B1;C1;1) - DISTR.BINOM(79;B1;C1;1) = 0,9695$$

Solução aproximada 1:
Como n é grande e p não é muito próximo de zero ou de um, então podemos também fazer os cálculos pela distribuição normal de parâmetros:

$$\mu = np = (1.000)(0,1) = 100$$

$$\sigma = \sqrt{np(1-p)} = \sqrt{1.000(0,1)(0,9)} = \sqrt{90}$$

Ou seja, a variável aleatória Y, que é *binomial com parâmetros* $n = 1.000$ e $p = 0,1$, tem distribuição que pode ser aproximada por uma variável aleatória X com *distribuição normal com* $\mu = 100$ e $\sigma = \sqrt{90}$. Assim:

$$P(80 \leq Y \leq 120) \cong P(80 \leq X \leq 120)$$

sendo

$$Y: \text{binomial com } n = 1.000 \text{ e } p = 0,1$$

$$X: \text{normal com } \mu = 100 \text{ e } \sigma = \sqrt{90}$$

Evento com distribuição normal também pode ser resolvido com o auxílio da Tabela 1, não necessitando do uso de *software*. Calculando os valores padronizados correspondentes, temos:

$$z_1 = \frac{x_1 - \mu}{\sigma} = \frac{120 - 100}{\sqrt{90}} = 2,11$$

$$z_2 = \frac{x_2 - \mu}{\sigma} = \frac{80 - 100}{\sqrt{90}} = -2,11$$

Fazendo o cálculo das probabilidades em termos da variável aleatória Z, temos:

$$P(80 \leq X \leq 120) = P(2,11 \leq Z \leq -2,11) =$$
$$= 1 - 2 \times P(Z > 2,11) = 1 - 2 \times 0,0174 = 0,9652$$

Comparando com a solução exata, observamos erro na terceira decimal.

Solução aproximada 2:
Fazendo a *correção de continuidade*, conforme sugerem as Figuras 6.21 e 6.22, consideramos o evento da distribuição normal como: {79,5 ≤ X ≤ 120,5}. De onde:

$$z_3 = \frac{x_3 - \mu}{\sigma} = \frac{120,5 - 100}{\sqrt{90}} = 2,16$$

$$z_4 = \frac{x_4 - \mu}{\sigma} = \frac{79,5 - 100}{\sqrt{90}} = -2,16$$

$$P(79,5 \leq X \leq 120,5) = P(2,16 \leq Z \leq -2,16) =$$
$$= 1 - 2 \times P(Z > 2,16) = 1 - 2 \times 0,0154 = 0,9692$$

Comparando com a solução exata, observamos erro na quarta decimal.

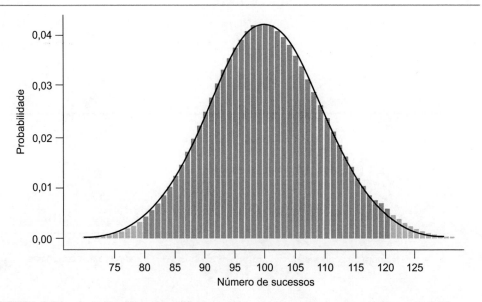

FIGURA 6.21 Aproximação normal à binomial considerando o evento do Exemplo 6.10.

A Figura 6.21 mostra que a probabilidade de evento da distribuição binomial pode ser aproximada pela probabilidade de evento de uma distribuição normal. Contudo, ao considerar o eixo X em uma escala contínua, a probabilidade de cada valor inteiro resultante do experimento binomial deve ser representada pela área do retângulo de base meia unidade abaixo do valor inteiro até meia unidade acima do valor inteiro, o que chamamos de *correção de continuidade*. A área sob a curva da distribuição normal aproxima do valor da área desse retângulo (Figura 6.22).

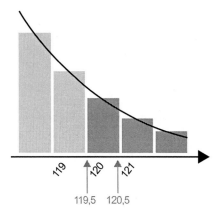

FIGURA 6.22 Correção de continuidade ao aproximar a normal à binomial.

6.5.2 Aproximação normal a Poisson

A distribuição de Poisson de parâmetro $\lambda > 0$ pode ser aproximada pela normal se λ é grande, como mostra a Figura 6.23. Como o valor esperado e a variância de uma Poisson são ambos iguais a λ, então, na aproximação normal, devemos usar:

$$\mu = \lambda$$
$$\sigma = \sqrt{\lambda}$$

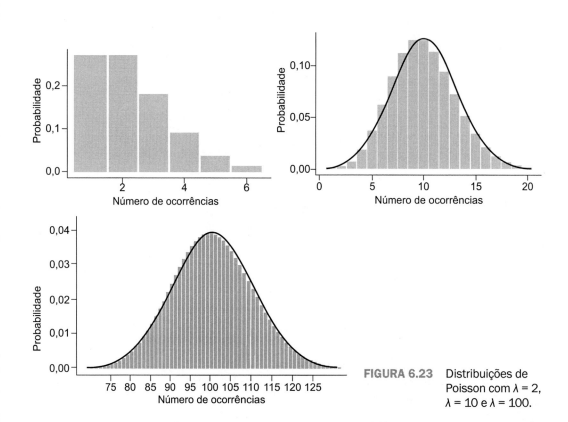

FIGURA 6.23 Distribuições de Poisson com $\lambda = 2$, $\lambda = 10$ e $\lambda = 100$.

Variáveis aleatórias contínuas **145**

A correção de continuidade também é recomendável na aproximação da Poisson para a normal, já que uma variável aleatória Poisson só assume valores inteiros, como o caso da binomial.

EXERCÍCIOS DA SEÇÃO

11. De um grande lote de produtos manufaturados, em que 20 % dos itens são defeituosos, extraímos 100 deles ao acaso. Usando a aproximação normal, calcule a probabilidade de:

    a) mais que 24 itens serem defeituosos;

    b) exatamente 24 itens serem defeituosos.

12. Lance de forma imparcial um dado perfeitamente equilibrado 300 vezes. Seja a variável aleatória:

$$Y = número\ de\ vezes\ que\ ocorre\ o\ ponto\ seis$$

    Usando a aproximação normal, calcule a probabilidade:

    a) de ocorrer de 40 a 60 vezes o ponto *seis*, mais especificamente: $P(40 \leq Y \leq 60)$;

    b) de se obter exatamente o valor esperado de ocorrências do ponto *seis*, ou seja, $P\{Y = E(Y)\}$.

13. Uma empresa de auxílio à lista telefônica recebe, em média, sete solicitações por minuto, segundo uma distribuição de Poisson. Qual é a probabilidade de ocorrer mais de 80 solicitações nos próximos dez minutos?

6.6 GRÁFICO DE PROBABILIDADE NORMAL

Como veremos nos capítulos posteriores, muitos métodos estatísticos são desenvolvidos na suposição de que os dados provêm de uma distribuição normal. No Capítulo 3, aprendemos a elaborar o histograma de frequências, que permite observar a forma da distribuição e, em especial, se esta é parecida com a forma de sino.

Um procedimento alternativo (ou complementar) é o gráfico de probabilidade normal, que compara cada valor observado com o valor teórico da distribuição normal. Por analisar os valores individualmente, esse gráfico é mais preciso que o histograma, o qual considera os valores agrupados em classes.

A ideia do gráfico de probabilidade normal é comparar os valores com o que se esperaria de dados provindos de uma distribuição normal; e essa comparação é feita em um diagrama de dispersão, no qual, em um eixo, incluímos os valores observados de forma ordenada e, no outro, os valores que se esperaria por uma distribuição normal (valores teóricos). O exemplo seguinte mostra a ideia de como esse gráfico é construído.

EXEMPLO 6.11

Seja X a nota na prova de Linguagens e Códigos no Enem 2018. Foi extraída uma amostra de dez estudantes selecionados aleatoriamente dentre os que realizaram essa prova. Os valores de X associados a essa amostra foram:

| 539,9 | 604,7 | 497,8 | 588,4 | 541,8 | 631,7 | 558,9 | 623,1 | 398,2 | 615,0 |

Com base nesses valores é razoável a suposição de que X tenha distribuição razoavelmente próxima da normal?

Solução:

Primeiramente, precisamos verificar como é a disposição de dez pontos mais verossímil possível pela normal. Para isso, consideramos dez pontos igualmente espaçados no intervalo [0, 1] e aplicamos a função inversa da distribuição acumulada normal padrão, F_z^{-1}, nesses valores.[6] A coluna do meio da Tabela 6.1 mostra como obter os valores equiespaçados em [0, 1], e a terceira coluna é o resultado da aplicação da função inversa da distribuição normal padrão nesses valores. A Figura 6.24 ilustra esse procedimento.

TABELA 6.1 Obtenção de valores teóricos da distribuição normal como referência para uma amostra de tamanho $n = 10$

Ordem j	Equidistantes $(j - 0,5)/10$	Normal F_z^{-1}	Valores ordenados
1	0,05	−1,645	398,2
2	0,15	−1,036	497,8
3	0,25	−0,674	539,9
4	0,35	−0,385	541,8
5	0,45	−0,126	558,9
6	0,55	0,126	588,4
7	0,65	0,385	604,7
8	0,75	0,674	615,0
9	0,85	1,036	623,1
10	0,95	1,645	631,7

O gráfico de probabilidade normal para essa amostra de dez valores é mostrado na Figura 6.25, ou seja, é um diagrama de dispersão com os valores ordenados e os valores teóricos da distribuição normal.

---

[6] No Excel e no Calc, a função *INV.NORMP.N* é a função inversa da distribuição acumulada normal padrão. Poderiam também ser usadas inversas da normal com outras médias e desvios-padrão.

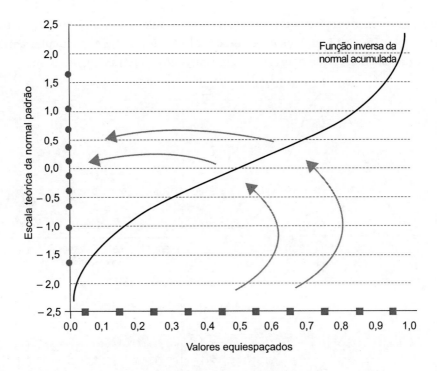

FIGURA 6.24 Esquema para se construir dez valores na escala da distribuição normal padrão.

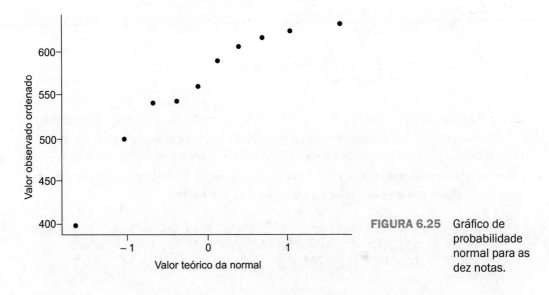

FIGURA 6.25 Gráfico de probabilidade normal para as dez notas.

Podemos observar na Figura 6.25 que os pontos estão razoavelmente em torno de uma reta, ou seja, não há evidência de que esses pontos sejam de uma distribuição muito diferente da normal. Por outro lado, são apenas dez valores, não permitindo afirmar com boa segurança.

No exemplo precedente incluímos na escala teórica valores verossímeis com a distribuição normal padrão, mas podemos usar outros valores de μ e σ, em particular a média e o desvio-padrão dos dados que queremos examinar, como ilustra a Figura 6.26.

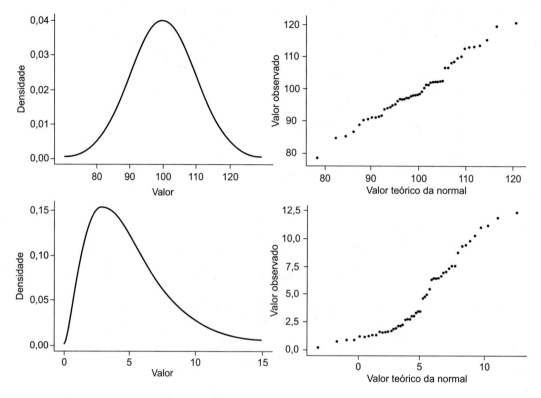

FIGURA 6.26 Gráfico de quantis da normal para dados gerados por distribuições com formas diferentes.

A Figura 6.26 ilustra o gráfico de probabilidade normal com 100 valores gerados por uma distribuição normal (parte de cima) e para 100 valores gerados por uma distribuição com assimetria positiva (parte de baixo). Observe que, para valores gerados pela normal, os pontos estão aproximadamente alinhados, enquanto no segundo caso a nuvem de pontos apresenta uma curvatura, característica típica de assimetria.

EXERCÍCIOS COMPLEMENTARES

14. O setor de manutenção de uma empresa fez um levantamento das falhas de um importante equipamento, constatando que há, em média, 0,75 falha por ano e que o tempo entre falhas segue uma distribuição exponencial. Qual é a probabilidade de o equipamento não falhar no próximo ano?

Variáveis aleatórias contínuas **149**

15. A vida útil de certo componente eletrônico é, em média, 10.000 horas e apresenta distribuição exponencial. Qual é a percentagem esperada de componentes que apresentarão falhas em menos de 10.000 horas?

16. A vida útil de certo componente eletrônico é, em média, 10.000 horas e apresenta distribuição exponencial. Após quantas horas se espera que 25 % dos componentes tenham falhado?

17. Na manufatura de fios de linha para costura ocorre, em média, um defeito a cada 100 metros de linha, segundo uma distribuição de Poisson.

    a) Qual é a probabilidade de o próximo defeito ocorrer após 120 metros?

    b) Quantos metros de linha poderão ser percorridos para que a probabilidade de aparecimento de algum defeito seja de 10 %?

18. Em um laticínio, a temperatura do pasteurizador deve ser de 75 °C. Se a temperatura ficar inferior a 70 °C, o leite poderá apresentar bactérias maléficas ao organismo humano. Observações do processo mostram que valores da temperatura seguem uma distribuição normal, com média 75,4 °C e desvio-padrão 2,2 °C.

    a) Qual é a probabilidade de a temperatura ficar inferior a 70 °C?

    b) Por segurança, um alerta é disparado quando a temperatura fica inferior a 72 °C. Em 1.000 vezes em que esse pasteurizador é utilizado, qual é a probabilidade de o alerta ser disparado mais que 70 vezes?

19. O tempo para que um sistema computacional execute determinada tarefa é uma variável aleatória com distribuição normal de média 320 segundos e desvio-padrão de 7 segundos.

    a) Qual é a probabilidade de a tarefa ser executada entre 310 e 330 segundos?

    b) Se a tarefa é colocada para execução 200 vezes, qual é a probabilidade de essa tarefa demorar mais que 325 segundos em pelo menos 50 vezes?

20. a) Um exame de múltipla escolha consiste em dez questões, cada uma com quatro possibilidades de escolha. A aprovação exige, no mínimo, 50 % de acertos. Qual é a probabilidade de aprovação se o candidato comparece ao exame sem saber absolutamente nada, apelando apenas para o "palpite"?

    b) E se o exame tivesse 100 questões?

21. No horário de maior movimento, um sistema de banco de dados recebe, em média, 100 requisições por minuto, segundo uma distribuição de Poisson. Qual é a probabilidade de que no próximo minuto ocorram mais de 120 requisições? Use a aproximação normal com correção de continuidade.

22. Os dados históricos de uma rede de computadores sugerem que as conexões com essa rede, em horário normal, seguem uma distribuição de Poisson com média de cinco conexões por minuto. Calcule t_0, tal que se tenha probabilidade igual a 0,90 de que ocorra pelo menos uma conexão antes do tempo t_0.

23. O padrão de qualidade recomenda que os pontos impressos por uma impressora estejam entre 3,7 e 4,3 mm. Certa impressora imprime pontos, cujo diâmetro médio é igual a 4 mm e o desvio-padrão é 0,19 mm. Supondo distribuição normal para o diâmetro, calcule:

150 Capítulo 6

    a) a probabilidade de o diâmetro de um ponto dessa impressora estar dentro do padrão;

    b) o desvio-padrão para que a probabilidade do item (a) seja de 0,95.

24. Certo tipo de cimento tem resistência à compressão com média de 5.800 kg/cm^2, segundo uma distribuição normal com desvio-padrão igual a 180 kg/cm^2. Dada uma amostra desse cimento, calcule as seguintes probabilidades:

    a) resistência inferior a 5.600 kg/cm^2;

    b) resistência entre 5.600 e 5.950 kg/cm^2;

    c) resistência superior a 6.000 kg/cm^2, sabendo que ele já resistiu 5.600 kg/cm^2;

    d) se você quer a garantia de que haja 95 % de probabilidade de o cimento resistir determinada compressão, qual deve ser o valor máximo dessa compressão?

25. Uma empresa fabrica dois tipos de monitores de vídeo. É suposto que as durabilidades deles seguem distribuições normais, sendo o monitor M1 com média de seis anos e desvio-padrão 2,3 anos; e o monitor M2 com média de oito anos e desvio-padrão 2,8 anos. M1 tem dois anos de garantia e M2 tem três anos. A empresa lucra R$ 100,00 a cada M1 vendido e R$ 200,00 a cada M2 vendido, mas se deixarem de funcionar no período de garantia, a empresa perde R$ 300,00 (no caso de M1) e R$ 800,00 (no caso de M2). Em média, qual é o tipo de monitor que gera mais lucro?

26. Com base em informações anteriores, a companhia telefônica sabe que 20 % das contas de seus clientes são pagas com atraso. Se 400 contas foram enviadas em um dado mês, qual é a probabilidade de que menos de 90 sejam pagas com atraso? Use a aproximação normal com correção de continuidade.

27. Um exame de múltipla escolha consiste em 100 questões, cada uma com quatro possibilidades de escolha. Qual é a probabilidade de que o candidato acerte mais de 30 questões se ele comparece ao exame sem saber absolutamente nada, apelando apenas para o "palpite"? Use a aproximação normal com correção de continuidade.

28. Suponha que o tempo de resposta de um sistema de banco de dados tenha distribuição normal com média de 10 s e variância de 4 s^2. Quanto tempo deve-se aguardar para se ter a garantia de 98 % de que a resposta venha?

29. A vida útil de certo componente eletrônico é, em média, 10.000 horas e apresenta distribuição exponencial. Após quantas horas a probabilidade de falha atinge 0,20?

7

DISTRIBUIÇÕES AMOSTRAIS E ESTIMAÇÃO DE PARÂMETROS

Este capítulo apresenta a base teórica para aprendermos a estatística indutiva, a qual fornece procedimentos formais para se tirar conclusões sobre uma população com base nos dados de uma amostra. Inicialmente, veremos como se relacionam *estatísticas* (características dos elementos de uma amostra) com *parâmetros* (características dos elementos de uma população).

7.1 PARÂMETROS E ESTATÍSTICAS

Relembremos alguns conceitos básicos:

> *População*: conjunto de elementos que formam o universo de nosso estudo e que são passíveis de serem observados sob as mesmas condições.
>
> *Amostra*: uma parte (um subconjunto) da população (ver Figura 7.1).
>
> *Amostragem*: o processo de seleção da amostra.
>
> *Amostragem aleatória simples*: o processo de seleção é feito por sorteio, sem restrições.

A Figura 7.1 ilustra a amostragem em uma população finita, mas nem sempre é este o caso. Por exemplo, no estudo de resistência à tração de um material, X, podemos ter uma amostra de valores: $(X_1, X_2, ..., X_n)$ associada aos n corpos de prova analisados. A população, neste caso, é composta por corpos de prova fabricados sob as mesmas condições

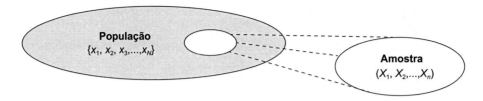

FIGURA 7.1 População e amostra de valores de uma variável X.

desses n da amostra e medidos da mesma maneira. Se são fabricados N corpos de prova, pode-se fabricar $N + 1$, ou seja, temos uma *população infinita*.

Quando a *amostragem é aleatória*, podemos fazer inferências sobre a população com base no estudo da amostra, usando a teoria da probabilidade. Neste texto, restringiremos nossa abordagem para o caso de *amostragem aleatória simples*.

Em geral, estamos pesquisando variáveis associadas aos elementos de uma população. Neste contexto, também podemos caracterizar a população e a amostra em termos da variável em estudo. Por exemplo, na população de consumidores potenciais de um tipo de celular, podemos definir a variável:

$$X = \begin{cases} 1 & \text{se o consumidor compra um novo celular} \\ 0 & \text{se não compra um novo celular} \end{cases}$$

A *população* pode ser vista como o conjunto $\{x_1, x_2, x_3, ..., x_N\}$ relativo aos valores de X associados a cada consumidor potencial do celular. E a *amostra* pode ser representada por $(X_1, X_2, ..., X_n)$, em que X_i é a variável aleatória que corresponde ao valor de X do i-ésimo indivíduo da amostra. Se a amostragem for aleatória simples e houver uma proporção p de indivíduos da população que planejam adquirir um novo celular, então, ao sortear um indivíduo dessa população, a probabilidade de ele ser um dos que vão comprar um novo celular também será igual a p. De maneira mais geral, podemos dizer:

> A distribuição de probabilidade de cada X_i ($i = 1, 2, ..., n$) da amostra é igual à distribuição de frequências relativa aos valores $x_1, x_2, x_3, ..., x_N$ da população. Essa distribuição é chamada de *distribuição da população*.

No presente contexto, dada uma variável de interesse X, definimos:

> *Parâmetro*: uma medida descritiva (média, variância, proporção etc.) dos valores: $x_1, x_2, x_3, ..., x_N$, relativos à população.[1]
>
> *Amostra aleatória simples*: conjunto de n (sendo $n \leq N$) variáveis aleatórias independentes $(X_1, X_2, ..., X_n)$, todas com a mesma distribuição de probabilidades (distribuição da população).

---

[1] A população também pode ser infinita ($N \to \infty$).

Distribuições amostrais e estimação de parâmetros 153

> *Estatística*: alguma medida descritiva (média, variância, proporção etc.) das variáveis aleatórias $X_1, X_2, ..., X_n$, associadas à amostra (ver Quadro 7.1).

QUADRO 7.1 Alguns parâmetros e estatísticas usuais

	Parâmetro	Estatística
Proporção	$p = \dfrac{\text{n}^{\underline{o}} \text{ de elementos com o atributo}}{N}$	$\hat{P} = \dfrac{\text{n}^{\underline{o}} \text{ de elementos com o atributo}}{n}$
Média	$\mu = \dfrac{1}{N}\sum_{i=1}^{N} x_i$	$\bar{X} = \dfrac{1}{n}\sum_{i=1}^{n} X_i$
Variância	$\sigma^2 = \dfrac{1}{N}\sum_{i=1}^{N}(x_i - \mu)^2$	$S^2 = \dfrac{1}{n-1}\sum_{i=1}^{n}(X_i - \bar{X})^2$

Os parâmetros podem ser escritos em termos da distribuição de probabilidade de cada variável aleatória X_i da amostra. Por exemplo, o parâmetro *média da população* pode ser expresso por:

$$\mu = \begin{cases} \sum_i x_i p_i & \text{se } X_i \text{ for discreta} \\ \int_{-\infty}^{+\infty} x f(x) dx & \text{se } X_i \text{ for contínua} \end{cases}$$

 EXEMPLO 7.1

Em um estudo sobre emissões de CO_2, a população foi definida como composta pelos quatro ônibus de uma pequena companhia de transporte urbano. Dos quatro ônibus, o primeiro examinado apresentava alto índice de emissão, enquanto os outros três estavam dentro dos padrões. Representaremos essa população por {1, 0, 0, 0}. O parâmetro de interesse é a *proporção p de veículos fora do padrão*. Considere as seguintes questões acerca desta população:
 a) calcular a proporção populacional, p;
 b) se for retirada uma amostra aleatória simples, com reposição, de tamanho $n = 2$, qual será o valor da proporção $\hat{P}$ de observações de ônibus fora dos padrões, na amostra?

Solução:
Para o item (a), a resposta é trivial, já que tem um ônibus fora dos padrões dentre os quatro, ou seja: $p = ¼$. Note que pela forma de representação da população, com uma variável do tipo 0 ou 1 para cada ônibus, a proporção pode ser calculada como uma média aritmética:

$$p = \frac{1+0+0+0}{4} = \frac{1}{4}$$

Já o item (b) não pode ser respondido, pois a proporção amostral ($\hat{P}$) é uma variável aleatória. Assim, não podemos dizer o que *vai* ocorrer, mas tão somente o que *pode* ocorrer.

c) Retificando o item (b): construir a distribuição de probabilidades da proporção amostral $\hat{P}$.

Solução:
Seja a variável aleatória X = *número de observações de ônibus com alto índice de emissão*. Como a amostragem é aleatória e com reposição, então X possui distribuição binomial com parâmetros n = 2 e p = 0,25 (ver Capítulo 5). A proporção amostral é dada por:

$$\hat{P} = \frac{X}{n} = \frac{X}{2}$$

que pode assumir os valores 0, 0,5 ou 1, dependendo do valor assumido por X: 0, 1 ou 2, respectivamente. A seguir, a função de probabilidade de $\hat{P}$, a qual é equivalente à de X (binomial de parâmetros n = 2 e p = 0,25):

x	$\hat{P}$	$p(\hat{P}) = p(x)$
0	0,0	0,5625
1	0,5	0,3750
2	1,0	0,0625

Essa é a *distribuição amostral da proporção* relativa ao Exemplo 7.1, que apresenta os possíveis resultados de uma proporção, a qual é calculada sobre os elementos de uma amostra a ser extraída da população em estudo. De maneira geral, temos:

> Uma *estatística* é uma variável aleatória e a sua distribuição de probabilidades é chamada de *distribuição amostral*.

EXEMPLO 7.2

Seja a população dos quatro ônibus e a variável definida para cada ônibus:

X = *número de vezes que o ônibus teve um defeito grave*

Se os quatro ônibus tiveram, respectivamente, 2, 3, 4 e 5 defeitos graves, então a população, em termos da variável X, pode ser descrita pelo conjunto {2, 3, 4, 5}. Se for selecionado, aleatoriamente, um ônibus dessa população, então X é uma variável aleatória com função de probabilidade dada por:

Distribuições amostrais e estimação de parâmetros **155**

$$p(x) = \frac{1}{4}, \text{ para } x = 2, 3, 4 \text{ e } 5.$$

Essa distribuição da população tem os parâmetros valor esperado (média) e variância dados por:[2]

$$\mu = E(X) = \sum_i x_i p_i = \frac{1}{4} \times (2 + 3 + 4 + 5) = 3,5$$

$$\sigma^2 = V(X) = \sum_i (x_i - \mu)^2 p_i =$$

$$= (2 - 3,5)^2 \times \frac{1}{4} + (3 - 3,5)^2 \times \frac{1}{4} + (4 - 3,5)^2 \times \frac{1}{4} + (5 - 3,5)^2 \times \frac{1}{4} = 1,25$$

A Tabela 7.1 mostra a construção da distribuição amostral da média, considerando uma amostragem aleatória simples com $n = 2$ ônibus, extraída com reposição.

TABELA 7.1 Construção da distribuição de $\overline{X}$ (Exemplo 7.2)

Amostras possíveis	Valor de $\overline{X}$	Probabilidade
(2, 2)	2,0	$\frac{1}{16}$
(2, 3), (3, 2)	2,5	$\frac{2}{16}$
(2, 4), (3, 3), (4, 2)	3,0	$\frac{3}{16}$
(2, 5), (3, 4), (4, 3), (5, 2)	3,5	$\frac{4}{16}$
(3, 5), (4, 4), (5, 3)	4,0	$\frac{3}{16}$
(4, 5), (5, 4)	4,5	$\frac{2}{16}$
(5, 5)	5,0	$\frac{1}{16}$

O valor esperado e a variância da distribuição de $\overline{X}$ são:

$$E(\overline{X}) = 2\left(\frac{1}{16}\right) + 2,5\left(\frac{2}{16}\right) + 3\left(\frac{3}{16}\right) + 3,5\left(\frac{4}{16}\right) + 4\left(\frac{3}{16}\right) + 4,5\left(\frac{2}{16}\right) + 5\left(\frac{1}{16}\right) = 3,5$$

$$V(\overline{X}) = (2 - 3,5)^2 \times \frac{1}{16} + (2,5 - 3,5)^2 \times \frac{2}{16} + \ldots + (5 - 3,5)^2 \times \frac{1}{16} = 0,625$$

Observe que o valor esperado da distribuição amostral da média resultou em valor igual à média da população:

$$E(\overline{X}) = \mu = 3,5$$

Mas a variância da distribuição amostral da média é menor do que a variância da população, mais especificamente:

$$V(\overline{X}) = \frac{\sigma^2}{2} = \frac{1,25}{2} = 0,625$$

---

[2] Ao se referir à população, se o cálculo da variância for conforme apresentado no Capítulo 3, então o seu denominador deve ser N e não $N - 1$.

sendo que o valor 2 no denominador é o tamanho da amostra, *n*. Isto não foi coincidência, como veremos em breve. A Figura 7.2 mostra essas distribuições.

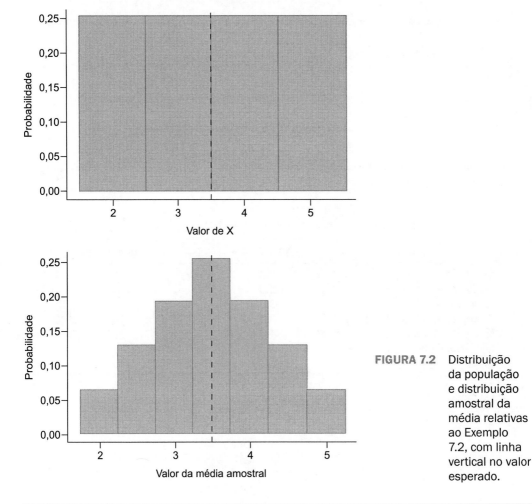

FIGURA 7.2 Distribuição da população e distribuição amostral da média relativas ao Exemplo 7.2, com linha vertical no valor esperado.

 EXEMPLO 7.3

Seja a população caracterizada pela nota em Matemática, *X*, de estudantes que fizeram a prova no Enem 2019.[3] É uma população de *N* = 3.709.686 estudantes. A distribuição populacional é apresentada na Figura 7.3, na forma de um histograma, sendo que a escala no eixo da ordenada foi ajustada para que a área total seja igual a um. A linha vertical indica a posição da média.

---

[3] Disponível em: https://www.gov.br/inep/pt-br/acesso-a-informacao/dados-abertos/microdados/enem. Acesso em: 15 nov. 2023. Foram excluídas as notas iguais a zero, porque são estudantes que devem ter deixado de fazer a prova.

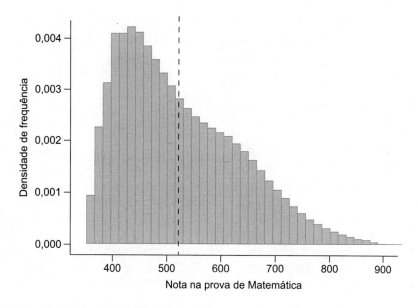

FIGURA 7.3 Distribuição das notas de Matemática, Enem 2019.

Essa população tem média e variância iguais a:

$$\mu = E(X) = 523{,}22$$

$$\sigma^2 = V(X) = 11.842{,}17$$

Vamos planejar a seleção aleatória e sem reposição de $n = 1.000$ estudantes e estudar essa distribuição amostral. Neste caso, é impraticável extrair todas as amostras possíveis, então, com auxílio do computador, extraímos 20.000 amostras aleatórias simples. Para cada amostra, calculamos a média amostral, cujo histograma é apresentado na Figura 7.4; a linha vertical indica a posição da média da distribuição.

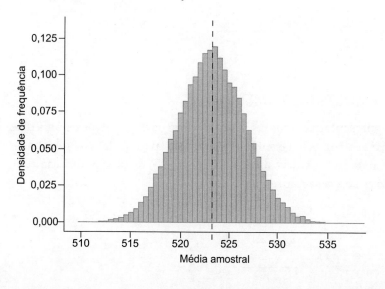

FIGURA 7.4 Distribuição das médias de 20.000 amostras aleatórias simples de tamanho $n = 1.000$.

158 Capítulo 7

Desprezando a pequena diferença por termos considerado 20.000 amostras e não todas as amostras possíveis de tamanho $n = 1.000$, a média e a variância da distribuição amostral da média, calculadas com base nas médias das 20.000 amostras, são:

$$E(\bar{X}) = 523,22$$

$$V(\bar{X}) = 11,95$$

Observe que neste exemplo ocorreram as igualdades aproximadas: $E(\bar{X}) = \mu$ e $V(\bar{X}) = \sigma^2/n$. Além disso, o histograma da Figura 7.4 sugere que a distribuição amostral da média é bem representada por uma distribuição normal, mesmo considerando que a amostragem tenha sido feita de uma distribuição assimétrica. Esses resultados teóricos serão formalizados na próxima seção.

EXERCÍCIOS DA SEÇÃO

1. Considere um estudo sobre o consumo de combustível da população de quatro ônibus de uma pequena companhia de transporte urbano. O consumo dos ônibus (km/l), X, em condições padrões de teste, é: 3,8, 3,9, 4,0 e 4,1. Uma amostra de dois ônibus será sorteada, com reposição.

   a) Calcule a média e a variância da população.

   b) Construa a distribuição para o *consumo médio* da amostra.

   c) Calcule o valor esperado e a variância da distribuição amostral.

   d) Aplique as seguintes expressões nos resultados do item (a) e confira com os resultados do item (c): $E(\bar{X}) = \mu$ e $V(\bar{X}) = \sigma^2/n$.

2. Refaça o Exercício 1 considerando amostragem sem reposição. A verificação da variância, item (d), deve ser com a expressão:

$$V(\bar{X}) = \frac{\sigma^2}{n} \times \frac{N-n}{N-1}$$

7.2 DISTRIBUIÇÃO AMOSTRAL DA MÉDIA

Na seção anterior, foram apresentadas algumas relações sobre os parâmetros de uma distribuição amostral da média baseadas em exemplos. Agora, vamos abordar isto de maneira mais formal. Seja uma amostra aleatória simples $(X_1, X_2, ..., X_n)$ de uma população com média μ e variância σ^2. Considere a seguinte estatística:

$$\bar{X} = \frac{1}{n}\sum_{i=1}^{n} X_i$$

Distribuições amostrais e estimação de parâmetros **159**

A distribuição de $\bar{X}$ (*distribuição amostral da média*) apresenta as seguintes propriedades:

a) O valor esperado é igual à média da população, ou seja:

$$E(\bar{X}) = \mu$$

b) A variância é inferior à variância populacional e a relação é dada por:

$$V(\bar{X}) = \frac{\sigma^2}{n}$$

se a população for infinita ou se a amostragem for *com* reposição. Na prática, essa expressão também pode ser usada de modo aproximado se N for muito grande, digamos $N > 20n$. Por outro lado, se a população for finita e a amostragem for *sem* reposição (o que é usual), então a variância da distribuição amostral da média é dada por:

$$V(\bar{X}) = \frac{\sigma^2}{n} \times \frac{N-n}{N-1}$$

c) (***Teorema central do limite***) Se a amostra for razoavelmente *grande*, então a distribuição amostral da média pode ser aproximada pela *distribuição normal*. Em geral, para $n \geq 30$, a aproximação já é razoável se a distribuição da população não tiver forma muito diferente de uma normal.

d) Se a população tem distribuição normal, então a média de uma amostra aleatória simples dessa população também terá distribuição normal, independentemente do tamanho da amostra.

Essas propriedades foram ilustradas nos exemplos da seção anterior. As propriedades (a) e (b) também podem ser provadas com as propriedades do valor esperado e da variância enunciadas no Capítulo 5. Prova da propriedade (a):

$$E(\bar{X}) = E\left(\frac{1}{n}\sum_{i=1}^{n} X_i\right) = \frac{1}{n}\sum_{i=1}^{n} E(X_i) = \frac{n\mu}{n} = \mu$$

Prova da propriedade (b) para o caso de população infinita: como as variáveis aleatórias de uma amostragem aleatória simples são independentes, temos:

$$V(\bar{X}) = V\left(\frac{1}{n}\sum_{i=1}^{n} X_i\right) = \frac{1}{n^2}\sum_{i=1}^{n} V(X_i) = \frac{n\sigma^2}{n^2} = \frac{\sigma^2}{n}$$

160 Capítulo 7

É importante observar que as propriedades se referem às variâncias e não aos desvios-padrão. Se o desvio-padrão for apresentado como medida de variabilidade, basta lembrar que a variância é igual ao quadrado do desvio-padrão.

EXERCÍCIOS DA SEÇÃO

3. Em certo processo de soldagem a arco, planeja-se manter a temperatura média do arco elétrico em pelo menos 10.000 °C a cada 64 medidas independentes de temperatura. Suponha que essas medidas caracterizam uma amostra aleatória simples do processo. Após milhares de medidas de temperatura, pode-se afirmar que a temperatura média do processo é de 11.000 °C e o desvio-padrão de 4.000 °C. Sob essas condições, qual é a probabilidade de uma amostra aleatória simples de 64 medidas acusar temperatura abaixo de 10.000 °C?

4. Existem vários algoritmos computacionais que permitem gerar números aleatórios (ou, mais apropriadamente, números *pseudoaleatórios*) no intervalo [0, 1], com distribuição uniforme. Seja uma amostra aleatória simples formada pela geração independente de 100 números pseudoaleatórios em [0, 1], representada por $(X_1, X_2, ..., X_{100})$. Seja $\bar{X}$ a média aritmética simples desses 100 números.

   a) Qual é o valor esperado e a variância de X_1?
   b) Qual é a probabilidade de X_1 assumir um valor no intervalo [0,47; 0,53]?
   c) Qual é o valor esperado e a variância de $\bar{X}$?
   d) Qual é a distribuição de probabilidade de $\bar{X}$?
   e) Qual é a probabilidade de $\bar{X}$ assumir um valor no intervalo [0,47; 0,53]?

7.3 DISTRIBUIÇÃO AMOSTRAL DA PROPORÇÃO

Quando o interesse é estudar uma proporção, tal como a *proporção dos elementos que têm certo atributo de interesse*, a população pode ser vista como dividida em dois subgrupos:

1) elementos que *têm* o atributo; e
2) elementos que *não têm* o atributo, como mostra a Figura 7.5.

A distribuição da população pode ser representada por uma variável aleatória de Bernoulli (tipo "0-1"), com função de probabilidade:

x	$p(x)$
0	$q = 1 - p$
1	p

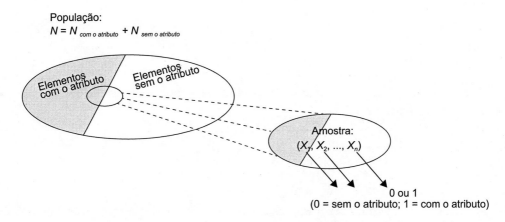

FIGURA 7.5 Esquema de uma amostragem aleatória simples ao observar a presença de certo atributo.

Como vimos no Capítulo 5, o valor esperado e a variância de uma distribuição desse tipo são dados, respectivamente, por:

$$E(X) = p$$
$$V(X) = pq$$

Representando as observações amostradas por:

$$X_i = \begin{cases} 1 & \text{se o } i\text{-ésimo elemento tem o atributo} \\ 0 & \text{se o } i\text{-ésimo elemento não tem o atributo} \end{cases}$$

observamos que:

$$\bar{X} = \frac{1}{n}\sum_{i=1}^{n} X_i = \frac{1}{n} \times (\text{número de elementos com o atributo}) = \hat{P}$$

ou seja, a proporção é igual à média aritmética para variáveis do tipo "0-1". Assim, as propriedades da distribuição amostral da média também são aplicadas à distribuição amostral da proporção. Usando as notações próprias da proporção, temos:

a) O valor esperado da proporção amostral é igual à proporção da população:

$$\boxed{E(\hat{P}) = p}$$

b) A variância da proporção amostral é dada por:

$$V(\hat{P}) = \frac{p(1-p)}{n}$$

Se a população for finita de tamanho N, então deve-se aplicar a mesma correção discutida na seção anterior, ou seja:

$$V(\hat{P}) = \frac{p(1-p)}{n} \times \frac{N-n}{N-1}$$

c) Se o tamanho da amostra for razoavelmente *grande*, então a distribuição amostral da proporção pode ser aproximada pela *distribuição normal*.[4]

Outra maneira de abordar a distribuição amostral da proporção é a partir da distribuição binomial. Sendo X definida como o *número de elementos com o atributo de interesse em uma amostra aleatória simples*, temos a relação:

$$\hat{P} = \frac{X}{n}$$

em que X tem distribuição binomial de parâmetros n e p.[5]

Em suma, a distribuição exata de uma proporção amostral é uma binomial.[6] Para n grande, vale aproximação à normal. Neste caso, a correção de continuidade (Seção 6.5) é recomendável.

EXERCÍCIOS DA SEÇÃO

5. Uma empresa fabricante de pastilhas para freios efetua um teste para controle de qualidade de seus produtos. Supondo que 1 % das pastilhas fabricadas pelo processo atual apresenta desempenho deficiente quanto ao nível de desgaste, qual é a probabilidade, em uma amostra aleatória simples com 10.000 pastilhas, de serem encontradas 85 ou menos pastilhas com problemas?

6. Sabe-se que 50 % dos edifícios construídos em uma grande cidade apresentam problemas estéticos relevantes em menos de cinco anos após a entrega da obra. Considerando a seleção de uma amostra aleatória simples com 200 edifícios com cinco anos, qual é a probabilidade de menos de 90 deles apresentarem problemas estéticos relevantes? (Considere que não tenha havido obras de reparo nos edifícios selecionados.)

---

[4] Para a proporção amostral, em que a variável observada é do tipo "0-1", a aproximação é razoável para $n \geq 100$.

[5] No caso de amostragem sem reposição em população finita, a distribuição de X é hipergeométrica. Mas já vimos que se $N >> n$, a distribuição hipergeométrica se aproxima da binomial.

[6] Hipergeométrica se a amostragem for sem reposição em população finita.

7.4 ESTIMAÇÃO DE PARÂMETROS

Nesta seção, estudaremos o problema de avaliar parâmetros populacionais com as informações que podem ser extraídas de uma amostra aleatória simples. É um processo indutivo, em que se generalizam resultados *da parte* (amostra) para *o todo* (população).

Por exemplo, podemos ter interesse em avaliar a resistência à tração, X, de um novo material. Contudo, X não é um número, mas sim uma variável aleatória, porque há uma infinidade de fatores não controláveis no processo de produção desse material, que provocarão variações na resistência. Então, o interesse pode estar na avaliação de *parâmetros populacionais*, como $\mu = E(X)$ e $\sigma^2 = V(X)$.

Medidas de resistência à tração (em *MPa*): $(X_1, X_2, ..., X_n)$, a serem realizadas de forma independente e sob as mesmas condições, constituem uma *amostra aleatória simples* de X. Cálculos podem ser feitos sobre essas medidas para *estimar* os parâmetros de interesse. Geralmente as estatísticas:

$$\bar{X} = \frac{1}{n}\sum_{i=1}^{n} X_i$$

$$S^2 = \frac{1}{n-1}\sum_{i=1}^{n}(X_i - \bar{X})^2$$

são usadas como *estimadores* dos parâmetros μ e σ^2, respectivamente.

De forma genérica, considere uma população caracterizada pela distribuição de certa variável aleatória X, com parâmetro θ. E seja $(X_1, X_2, ..., X_n)$ uma amostra aleatória simples de X.

> Uma *estatística T* é uma função dos elementos da amostra, isto é, $T = f(X_1, X_2, ..., X_n)$. Quando ela é usada para avaliar certo parâmetro θ, é também chamada de **estimador** de θ.

Observe que um estimador é uma variável aleatória, pois depende da amostra a ser selecionada. Realizada a amostragem, o estimador assume determinado valor (o resultado do cálculo), o qual denominamos *estimativa*.[7]

Em textos mais especializados de Estatística, são discutidos métodos para se construir bons estimadores. Os métodos mais usados são o de *mínimos quadrados* e o de *máxima verossimilhança*. Nesses textos também são discutidas propriedades desejáveis de um estimador, como *não tendenciosidade*, *consistência* e *eficiência*. Aqui, com foco em aplicações, vamos somente indicar o estimador mais usado para cada parâmetro de interesse.

É comum pensarmos em estimativas como valores. Por exemplo: "a resistência média à tração de um tipo de aço, μ, teve como estimativa $\bar{X} = 2.980$ MPa". Neste caso, estamos

---

[7] Neste texto, as estimativas serão representadas por letras minúsculas, contrastando com os estimadores, os quais serão representados por letras maiúsculas.

164 Capítulo 7

fazendo o que se chama de *estimativa pontual*. Contudo, é importante se ter informação sobre o erro que podemos estar cometendo por se basear em uma amostra e não em toda a população.

> O *erro amostral* é a diferença entre um estimador e o parâmetro que se pretende estimar. Na notação anterior: $E_A = T - \theta$.

Uma ideia do erro amostral que podemos estar cometendo ao fazer a estimativa com base em uma amostra efetivamente observada é por meio dos chamados *intervalos de confiança*, como será discutido nas próximas seções.

7.5 INTERVALO DE CONFIANÇA PARA PROPORÇÃO

Em muitas situações, o principal parâmetro de interesse é uma proporção p. Por exemplo:

> - a proporção de itens defeituosos em uma linha de produção;
> - a proporção de consumidores que vão comprar certo produto;
> - a proporção de mensagens lidas pelo destinatário etc.

Seja uma população caracterizada por uma variável aleatória X, que assume o valor 0 ou 1, conforme o elemento tenha ou não o atributo em estudo. Por exemplo, nas peças que saem de uma linha de produção, o valor 0 pode identificar peça boa e o valor 1, peça defeituosa. Para um elemento tomado ao acaso, seja $p = P(X = 1) =$ *probabilidade de sair peça defeituosa*. O parâmetro p também representa a *proporção de elementos com o atributo, na população*. A população, neste exemplo, pode ser considerada infinita.

> O estimador natural de p (proporção da população) é a proporção da amostra, simbolizada por $\hat{P}$.

Seja uma amostra aleatória simples de tamanho n: $(X_1, X_2, ..., X_n)$, sendo cada X_i com a mesma distribuição de uma variável aleatória X de Bernoulli (tipo "0-1"). A proporção amostral pode ser calculada com base nos elementos dessa amostra por:

$$\hat{P} = \frac{1}{n}\sum_{i=1}^{n} X_i$$

O que se pode dizer sobre o erro amostral da proporção, ou seja, da diferença $\hat{P} - p =$?

Com a amostra efetivamente observada, podemos calcular a estimativa $\hat{P}$, mas não temos como avaliar o erro amostral, porque o parâmetro p tem valor desconhecido. Por outro lado, conhecendo a distribuição amostral de $\hat{P}$, é possível se ter uma ideia do erro que estamos cometendo por estarmos analisando apenas uma amostra e não toda a população. Podemos avaliar um *erro máximo provável*, E, por meio da distribuição amostral, de tal forma que a probabilidade $P(|\hat{P} - p| \leq E)$ seja grande.

Conforme vimos na Seção 7.3, em se tratando de população infinita e tamanho da amostra, n, grande, a distribuição amostral de $\hat{P}$ é aproximadamente normal com parâmetros média e desvio-padrão dados por:

$$\mu_{\hat{p}} = E(\hat{P}) = p$$

$$\sigma_{\hat{p}} = DP(\hat{P}) = \sqrt{\frac{p(1-p)}{n}}$$

A Figura 7.6 mostra essa distribuição com sombreado nas regiões em que a amostra levaria a proporções amostrais distantes do verdadeiro parâmetro p (distância maior que E).

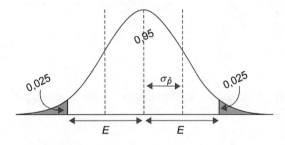

FIGURA 7.6 Distribuição amostral da proporção e indicação do erro amostral máximo com probabilidade 0,95.

No gráfico, a probabilidade de ocorrência de uma proporção nas regiões sombreadas foi delimitada em 0,025 + 0,025 = 0,05; em consequência, temos probabilidade de 0,95 de encontrar uma amostra que gere uma proporção $\hat{P}$ na região não sombreada. Então:

$$P\{|\hat{P} - p| \leq E\} = 0,95$$

$$\Rightarrow P\{-E \leq \hat{P} - p \leq E\} = 0,95$$

$$\Rightarrow P\left\{-E \leq \frac{\hat{P} - p}{\sigma_{\hat{p}}} \leq E\right\} = 0,95$$

$$\Rightarrow P\left\{-\frac{E}{\sigma_{\hat{p}}} \leq Z \leq \frac{E}{\sigma_{\hat{p}}}\right\} = 0,95$$

sendo Z normal padrão. Usando a Tabela 1 ou o Excel, podemos obter:

$$z = 1,96 = \frac{E}{\sigma_{\hat{p}}}$$

Ou seja, o erro máximo, com probabilidade de 95 %, é dado por:

$$\boxed{E = 1,96 \times \sigma_{\hat{p}}}$$

166 Capítulo 7

Observada efetivamente a amostra, e chamando de $\hat{P}$ a proporção obtida nesta amostra, podemos definir um *intervalo de confiança* para p, com *nível de confiança* de 95 %, por:

$$IC(p, 95\ \%) = \hat{p} \pm (1,96)\sigma_{\hat{p}}$$

Entende-se, pela notação usada, o intervalo de $\hat{p} - (1,96)\sigma_{\hat{p}}$ até $\hat{p} + (1,96)\sigma_{\hat{p}}$.

Como o desvio-padrão da distribuição amostral de $\hat{P}$, $\sigma_{\hat{p}}$, é usado para avaliar o erro de uma estimativa, então ele será chamado de *erro-padrão* de $\hat{P}$. Em geral, esse erro-padrão não pode ser calculado, porque depende do parâmetro desconhecido p. Se a amostra for grande, podemos usar em seu lugar uma estimativa do erro-padrão, dada por:

$$s_{\hat{p}} = \sqrt{\frac{\hat{p}(1 - \hat{p})}{n}}$$

Se a amostra for grande, a diferença entre $s_{\hat{p}}$ e $\sigma_{\hat{p}}$ pode ser considerada desprezível, e um *intervalo de confiança* para p, com nível de confiança aproximado de 95 %, pode ser obtido por:

$$IC(p, 95\ \%) = \hat{p} \pm (1,96) \times s_{\hat{p}}$$

Cabe observar que se a população for finita, de tamanho N, a estimativa do erro-padrão de $\hat{P}$ deve ser calculada por:

$$s_{\hat{p}} = \sqrt{\frac{\hat{p}(1 - \hat{p})}{n}} \times \sqrt{\frac{N - n}{N - 1}}$$

Se a amostra for pequena, a obtenção do intervalo de confiança (IC) deve ser feita com a distribuição binomial, cujo processo é bem mais complicado e não será tratado neste texto.

Em suma, embora p seja um parâmetro populacional desconhecido, é possível, com base em uma amostra aleatória simples, construir um intervalo que deve conter p com alto nível de confiança. É bastante usual o nível de 95 %, mas o intervalo pode ser construído com um nível γ qualquer, bastando obter o valor de z_{γ} na distribuição normal padrão, conforme mostra a Figura 7.7.

Com z_{γ} obtido adequadamente, seja pela Tabela 1 do Apêndice, seja pela função *INV. NORMP* do Excel, calculamos o intervalo de confiança para p, com nível de confiança γ, por:

$$IC(p,\gamma) = \hat{p} \pm z_\gamma \times s_{\hat{p}}$$

Outra forma de apresentação do IC é enfatizando o limite inferior e o limite superior do intervalo, como se segue:

$$IC(p,\gamma) = \left[\hat{p} - z_\gamma s_{\hat{p}}, \hat{p} + z_\gamma s_{\hat{p}}\right]$$

γ	0,800	0,900	0,950	0,980	0,990	0,995	0,998
z_γ	1,282	1,645	1,960	2,326	2,576	2,807	3,090

FIGURA 7.7 Valores de z_γ para alguns níveis de confiança.

EXEMPLO 7.4

Uma loja virtual, com cadastro de dezenas de milhares de clientes, pretende avaliar a proporção p de clientes que leem suas mensagens de ofertas. Para isso, foram enviadas mensagens para 500 clientes, selecionados aleatoriamente, oferecendo uma oferta. Com um sistema apropriado, foi observado se o destinatário leu a mensagem ou simplesmente a deletou. Esse sistema verificou que 100 destinatários leram a mensagem e 400 deletaram sem ler. Construa um intervalo de 95 % de confiança para o parâmetro p.

Solução:

Proporção da amostra: $\hat{p} = \dfrac{100}{500} = 0,20$

Estimativa do erro-padrão de $\hat{P}$:

$$s_{\hat{p}} = \sqrt{\dfrac{\hat{p}(1-\hat{p})}{n}} = \sqrt{\dfrac{0,2(0,8)}{500}} = 0,01789$$

Valor de z_γ para $\gamma = 0,95$: $z_{0,95} = 1,96$
Assim:

$$IC(p,\gamma) = \hat{p} \pm z_\gamma \times s_{\hat{p}} = 0,20 \pm (1,96)(0,01789)$$

$$IC(p, 95\%) = 0,200 \pm 0,035 = [0,165; 0,235]$$

Concluindo: o intervalo [0,165; 0,235] contém o valor da probabilidade de o cliente ler a mensagem, com 95 % de confiança. Ou, ainda, em uma linguagem menos técnica: com 95 % de confiança, a porcentagem de clientes que leem a mensagem é de 20 %, podendo ter um erro de 3,5 pontos percentuais para mais ou para menos.

EXEMPLO 7.5

Na avaliação de dois sistemas computacionais, A e B, selecionaram 400 cargas de trabalho (tarefas) – supostamente uma amostra aleatória da infinidade de cargas de trabalho que poderiam ser submetidas a esses sistemas. O sistema A foi melhor que o B em 60 % dos casos. Construa intervalos de confiança para p (probabilidade de que, para uma carga de trabalho observada ao acaso, o sistema A seja melhor que o sistema B) usando os seguintes níveis de confiança:
a) de 95 %; e
b) de 99 %.

Solução:
a) Para o nível de confiança de 95 %, tem-se: z_γ = 1,96.

$$S_{\hat{p}} = \sqrt{\frac{\hat{p}(1-\hat{p})}{n}} = \sqrt{\frac{0,6(0,4)}{400}} = 0,0245$$

$$IC(p, 95\%) = \hat{p} \pm (1,96)s_{\hat{p}} = 0,6 \pm (1,96)(0,0245) = 0,600 \pm 0,048$$

ou, se preferir, em porcentagens:

$$IC(p, 95\%) = 60,0\% \pm 4,8\%$$

Concluímos, então, que o intervalo [0,552; 0,648] contém o parâmetro p, com nível de confiança de 95 %.
Para o nível de confiança de 99 %, tem-se: z_γ = 2,576, resultando em

$$IC(p, 99\%) = 0,6 \pm (2,576)(0,0245) = 0,600 \pm 0,063$$

Ou seja, o intervalo [0,537; 0,662] contém o parâmetro p, com nível de confiança de 99 %. Ver Figura 7.8.

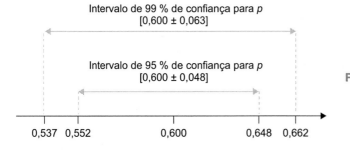

FIGURA 7.8 Amplitude de intervalos de confiança conforme o nível de confiança estabelecido.

Observe no exemplo anterior que, ao exigir maior nível de confiança, o intervalo de confiança aumenta em magnitude. Tente entender o motivo disso!

Para um *dado nível de confiança*, dizemos que uma estimativa é tão mais *precisa* quanto menor for a amplitude de seu intervalo de confiança. Note que, para um nível de confiança fixo, a amplitude do IC só depende do erro-padrão do estimador.

> Para um *dado nível de confiança*, a estimativa de um parâmetro é tão mais precisa quanto menor for o erro-padrão de seu estimador.

A forma natural de reduzir o erro-padrão do estimador e, portanto, aumentar a precisão da estimativa é a partir do aumento do tamanho da amostra, como será mais bem detalhado na Seção 7.7.

EXERCÍCIOS DA SEÇÃO

7. Em uma amostra aleatória simples com 200 edifícios com cinco anos, em certa cidade, 55 % apresentaram problemas estéticos relevantes após a entrega da obra. Construir um intervalo de confiança para a porcentagem de edifícios da cidade que apresentam problemas estéticos relevantes nos cinco primeiros anos. Use um nível de confiança de 95 %.

8. Uma empresa fabricante de pastilhas para freios efetua um teste para controle de qualidade de seus produtos. Selecionou-se uma amostra de 600 pastilhas, em que 18 apresentaram níveis de desgaste acima do tolerado. Construir um intervalo de confiança para a proporção de pastilhas com desgaste acima do tolerado, do atual processo industrial, com nível de confiança de 95 %. Interprete o resultado.

9. Uma loja virtual, com cadastro de 2.000 clientes, envia mensagens a 600 clientes oferecendo uma oferta especial. A empresa quer uma estimativa do parâmetro p, definido como a probabilidade de o cliente ir para a página da empresa para avaliar melhor a oferta após receber a mensagem. Dos 600 clientes que receberam a oferta, 150 foram para a página da empresa. Construir um intervalo de 90 % de confiança para p. Interprete o resultado.

7.6 INTERVALO DE CONFIANÇA PARA MÉDIA

Seja uma população, que, inicialmente, vamos considerar infinita ou bastante grande, caracterizada pela distribuição de uma variável aleatória X com os seguintes parâmetros: $E(X) = \mu$ e $V(X) = \sigma^2$. Por exemplo, X pode representar a resistência mecânica de um novo material em teste. Em razão de inevitáveis variações do processo, X é uma variável aleatória. É comum se ter interesse na resistência esperada $\mu = E(X)$.

Considere uma amostra aleatória simples $(X_1, X_2, ..., X_n)$ de X. Seja o estimador da média populacional, μ, dado pela média da amostra:

$$\bar{X} = \frac{1}{n}\sum_{i=1}^{n} X_i$$

que tem média e variância dadas por:

$$E(\bar{X}) = \mu$$

$$V(\bar{X}) = \frac{\sigma^2}{n}$$

> O desvio-padrão da distribuição amostral de $\bar{X}$ é mais conhecido como *erro-padrão* de $\bar{X}$, que, para população infinita ou bastante grande, é dado por:
>
> $$\sigma_{\bar{X}} = \frac{\sigma}{\sqrt{n}}$$

Conforme vimos na Seção 7.2, se a população tiver distribuição normal, a distribuição de $\bar{X}$ também será normal. Além disso, se a amostra for razoavelmente grande, a distribuição de $\bar{X}$ é aproximadamente normal, mesmo que a distribuição da população não seja. Desse modo,

$$Z = \frac{\bar{X} - \mu}{\sigma_{\bar{X}}}$$

tem distribuição normal padrão. Então, escolhendo z_γ em função do nível de confiança γ desejado, tal que $P\{-z_\gamma \leq Z \leq z_\gamma\} = \gamma$ (ver Figura 7.9), podemos escrever:

$$P\left\{-z_\gamma \leq \frac{\bar{X} - \mu}{\sigma_{\bar{X}}} \leq z_\gamma\right\} = \gamma$$

$$\Rightarrow P\{\bar{X} - z_\gamma \sigma_{\bar{X}} \leq \mu \leq \bar{X} + z_\gamma \sigma_{\bar{X}}\} = \gamma$$

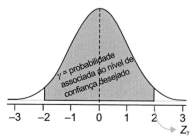
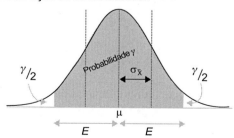

FIGURA 7.9 Esquema para obtenção de z_γ e distribuição de $\bar{X}$ com indicação do erro amostral máximo, E, com probabilidade γ.

Logo, a diferença máxima entre $\overline{X}$ e μ, com probabilidade γ, é dada por:

$$E = z_\gamma \sigma_{\overline{X}}$$

CASO 1: DESVIO-PADRÃO DA POPULAÇÃO, σ, CONHECIDO

Observada efetivamente a amostra, e chamando de $\overline{x}$ a média aritmética dos dados, podemos definir um intervalo de confiança para μ, com nível de confiança γ, por:

$$\boxed{IC(\mu, \gamma) = \overline{x} \pm z_\gamma \sigma_{\overline{X}}}$$

EXEMPLO 7.6

Em uma indústria de cerveja, a quantidade de cerveja inserida em latas tem se comportado como uma variável aleatória com média de 350 ml e desvio-padrão de 4,5 ml. Após alguns problemas na linha de produção, suspeita-se que houve alteração na média. Uma amostra de 81 latas acusou média $\overline{x}$ = 346 ml. Construa um intervalo de confiança para o novo valor da quantidade média μ de cerveja inserida em latas, com nível de confiança 95 %, supondo que não tenha ocorrido alteração no desvio-padrão do processo.

Solução:
Erro-padrão calculado por:

$$\sigma_{\overline{X}} = \frac{\sigma}{\sqrt{n}} = \frac{4,5}{\sqrt{81}} = 0,5$$

Nível de confiança $\gamma = 0,95 \Rightarrow z_\gamma = 1,96$

$$IC(\mu, 95\%) = \overline{x} \pm z_\gamma \sigma_{\overline{X}} =$$
$$= 346 \pm (1,96)(0,5) = 346 \pm 0,65 \text{ ml}$$

Interpretando: a quantidade média μ de cerveja inserida em latas, após os problemas na linha de produção, é 346 ml, tolerando, com 95 % de confiança, um erro de até 0,65 ml. Assim, o intervalo [345,35 ml; 346,65 ml] contém, com 95 % de confiança, o valor μ. Isto mostra que, estatisticamente, houve alteração na média do processo, pois o valor da média antiga (350 ml) não pertence ao intervalo.

Lembramos que, se a amostragem for sem reposição e a população não for muito grande ($N < 20n$), então o erro-padrão de $\overline{X}$ deve ser calculado com o fator de correção:

$$\boxed{\sigma_{\overline{X}} = \frac{\sigma}{\sqrt{n}} \times \sqrt{\frac{N-n}{N-1}}}$$

CASO 2: DESVIO-PADRÃO DA POPULAÇÃO, σ, DESCONHECIDO

Em geral, o desvio-padrão σ da população não é conhecido. Neste caso, vamos substituí-lo pelo desvio-padrão calculado com os dados da amostra, que pode ser determinado por uma das duas fórmulas a seguir, como visto no Capítulo 3:

$$s = \sqrt{\frac{1}{n-1}\sum_{i=1}^{n}(x_i - \bar{x})^2} = \sqrt{\frac{1}{n-1}\left\{\sum_{i=1}^{n}x_i^2 - \frac{\left(\sum_{i=1}^{n}x_i\right)^2}{n}\right\}}$$

Para compensar o erro adicional por usar o desvio-padrão da amostra, S, no lugar do desvio-padrão da população, σ, sugere-se usar a chamada distribuição *t de Student* em vez da distribuição normal padrão.[8] Nos casos em que a amostra for pequena, tal procedimento é válido se a população seguir uma distribuição aproximadamente normal.

DISTRIBUIÇÃO *t* DE STUDENT

A distribuição *t de Student* depende de um parâmetro conhecido como grau de liberdade (gl), e também tem forma de sino, mas é mais dispersa do que a normal padrão, especialmente se gl for pequeno. A Figura 7.10 mostra gráficos da distribuição *t* para diferentes valores de gl:

- gl = 3, representada pela curva em cinza-claro;
- gl = 5, curva em cinza-escuro; e
- gl → ∞, curva em preto. Neste caso, é a própria normal padrão.

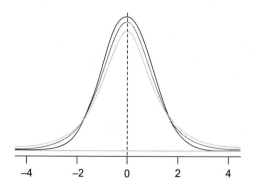

FIGURA 7.10 Gráficos de distribuições *t de Student* e normal padrão.

---

[8] Student era o pseudônimo de W.S. Gosset, funcionário da cervejaria Guiness no início do século XX, que desenvolveu a distribuição *t* supondo a população com distribuição normal.

Distribuições amostrais e estimação de parâmetros 173

A Figura 7.11 considera valores de t associados à P{−t ≤ T ≤ t} = 0,95, sendo T com distribuição *t de Student*, em função dos graus de liberdade, gl. Veja que, à medida que gl diminui, a distribuição tem caudas mais distantes do eixo X e o valor de t aumenta.

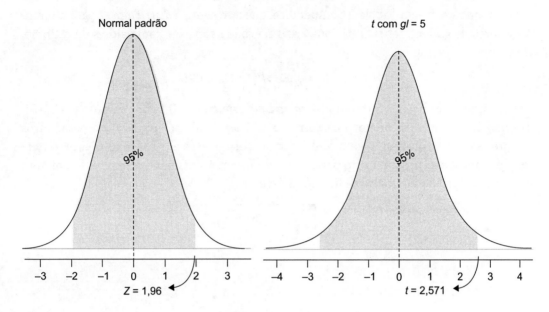

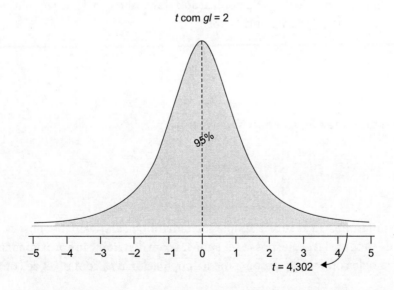

FIGURA 7.11 Valores de z e de t para a área interna de 0,95.

Para obter um valor de t, em função de uma área associada ao intervalo de −∞ a t, você pode usar a função inversa da distribuição acumulada. No Excel e no Calc é a função *INV.T*. Por exemplo, para gl = 5 (gráfico do meio da Figura 7.11), tem-se:

174 Capítulo 7

$$P(-t \le T \le t) = 0,95 \Rightarrow P(T \le t) = 0,975$$

$$\Rightarrow t = INV.T(0,975;5) = 2,571$$

Outra opção é usar a Tabela 2 do Apêndice, que apresenta a *distribuição t* para diferentes valores de gl. Essa tabela relaciona áreas na cauda superior com valores de *t*. Então, para o mesmo exemplo:

$$P(-t \le T \le t) = 0,95 \Rightarrow P(T > t) = 0,025$$

Entrando na linha gl = 5 e coluna *área na cauda superior* = 0,025, obtém-se *t* = 2,571. De maneira geral, o valor do parâmetro gl está associado ao número de parâmetros que precisamos estimar para obter os desvios no cálculo da variância. No presente contexto, precisamos estimar um único parâmetro, μ. Assim, no caso do intervalo de confiança para uma média, o cálculo do parâmetro gl deve ser:

$$\text{gl} = n - 1$$

IC PARA μ COM σ DESCONHECIDO

Na maioria dos casos, o desvio-padrão da população é desconhecido. Uma estimativa para o erro-padrão da média, $\sigma_{\bar{x}}$, pode ser obtida por:

$$s_{\bar{x}} = \frac{s}{\sqrt{n}}$$

Se a população for finita, de tamanho N, deve-se usar:

$$s_{\bar{x}} = \frac{s}{\sqrt{n}} \times \sqrt{\frac{N-n}{N-1}}$$

Com base em uma amostra aleatória simples de tamanho n, efetivamente observada de uma população de uma variável que possa ser suposta com distribuição aproximadamente normal, o intervalo de confiança para uma média populacional μ, com nível de confiança γ, é obtido por:

$$IC(\mu, \gamma) = \bar{x} \pm t_\gamma s_{\bar{x}}$$

EXEMPLO 7.7

Deseja-se avaliar a dureza esperada μ de um aço produzido sob um novo processo de têmpera. Uma amostra de dez corpos de prova do aço produziu os seguintes resultados de dureza, em HRC:

36,4 35,7 37,2 36,5 34,9 35,2 36,3 35,8 36,6 36,9

Supondo que medidas de dureza possam ser representadas por uma distribuição aproximadamente normal, construa um intervalo de confiança para μ, com nível de confiança de 95 %.

Solução:
Calculando as estatísticas para a amostra observada, temos:

$$\bar{x} = \frac{1}{n}\sum_{i=1}^{n} x_i = 36{,}15$$

$$s = \sqrt{\frac{1}{n-1}\left\{\sum_{i=1}^{n} x_i^2 - \left(\sum_{i=1}^{n} x_i\right)^2 \Big/ n\right\}} = 0{,}7352$$

$$s_{\bar{x}} = \frac{s}{\sqrt{n}} = 0{,}2325$$

Usando a Tabela 2 ou a função *INV.T* do Excel, para $\gamma = 0{,}95$ e gl $= n - 1 = 9$, tem-se o valor: $t_{0,95} = 2{,}262$. Assim:

$$IC(\mu, 95\ \%) = \bar{x} \pm t_{0,95} s_{\bar{x}} = 36{,}15 \pm 0{,}53$$

Ou seja, a dureza esperada do aço produzido pelo novo processo de têmpera é de 36,15 HRC, tolerando, com nível de confiança de 95 %, uma diferença de até 0,53 HRC para mais ou para menos.

 EXEMPLO 7.8

Da população dos estudantes que realizaram e tiveram nota na prova de Matemática do Enem 2019, foram extraídas 30 amostras aleatórias simples de tamanho $n = 400$ estudantes. Para cada amostra, foi calculado o IC (μ, 95 %), apresentado na Figura 7.12, assim como a média de toda a população, $\mu = 527{,}43$ (linha tracejada). Como as amostras são diferentes, os ICs também são diferentes, mas a quase totalidade deles contém a média da população, exceto o IC da amostra 19. Como esses ICs são construídos com nível de confiança de 95 %, é de se esperar que a cada 100 ICs construídos, cinco não contenham a verdadeira média. Na prática, examinamos apenas uma amostra e não conhecemos μ. Então, apresentamos a estimativa intervalar com um dado nível de confiança, em geral, 95 %.

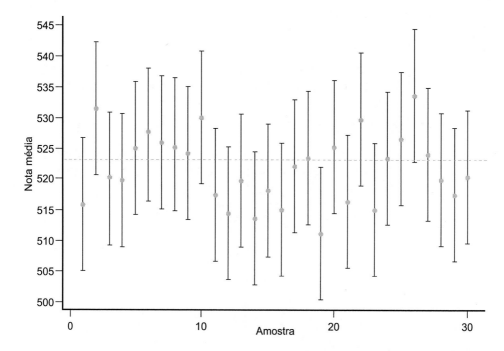

FIGURA 7.12 ICs baseados em 30 amostras de tamanho $n = 400$ da população das notas em Matemática do Enem 2019.

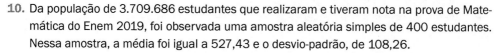

EXERCÍCIOS DA SEÇÃO

10. Da população de 3.709.686 estudantes que realizaram e tiveram nota na prova de Matemática do Enem 2019, foi observada uma amostra aleatória simples de 400 estudantes. Nessa amostra, a média foi igual a 527,43 e o desvio-padrão, de 108,26.

    a) Construa um intervalo de confiança para a nota média de todos os 3.709.686 estudantes, com nível de confiança de 95 %.

    b) No Exemplo 7.8, foi dada a média dessa população. O intervalo de confiança que você construiu contém essa média? Poderia não conter? Explique.

11. Uma fundição produz blocos para motor de caminhões. Estes blocos têm furos para as camisas e deseja-se verificar qual é o diâmetro *médio* no processo do furo. A empresa retirou uma amostra de 36 blocos e mediu os diâmetros de 36 furos (um em cada bloco). A amostra acusou média de 98,0 mm e desvio-padrão de 4,0 mm.

    a) Construa um intervalo de confiança para a média do processo. Adote nível de confiança de 99 %. Interprete o resultado.

    b) Se o processo deveria ter média 100 mm, há evidência, com 99 % de confiança, de que a média do processo não está no valor ideal? Explique.

7.7 TAMANHO MÍNIMO DE UMA AMOSTRA ALEATÓRIA SIMPLES

Antes de proceder uma amostragem, uma pergunta normalmente surge: Qual deve ser o tamanho mínimo n da amostra?

Não existe uma resposta geral, mas nesta seção apresentaremos a tecnologia de cálculo do tamanho mínimo de uma amostra aleatória simples, com o propósito final de se fazer uma estimativa de uma média ou de uma proporção com a amostra selecionada. Consideremos, inicialmente, a população infinita ou muito grande.

No processo de estimação de uma média μ, vimos que a magnitude da diferença entre $\bar{X}$ e μ não deve ser superior a:

$$E = z_\gamma \sigma_{\bar{X}} = \frac{\sigma}{\sqrt{n}}$$

com probabilidade γ. Isolando n dessa expressão, temos:

$$n = \frac{z_\gamma^2 \sigma^2}{E^2}$$

O tamanho da amostra pode ser calculado em função de uma dada precisão da estimativa a ser produzida com base na amostra a ser extraída. Essa precisão é expressa em termos de um *erro amostral máximo tolerado* E_0, considerando certo nível de confiança γ. Com o valor de γ, podemos obter o valor z_γ da distribuição normal, conforme discutido anteriormente. Daí, se conhecermos a variância da população, σ^2, podemos calcular o tamanho mínimo da amostra por:

$$n_0 = \frac{z_\gamma^2 \sigma^2}{E_0^2}$$

Dois casos a considerar:

› se a população for infinita ou bastante grande, então n é o menor inteiro maior que n_0;
› se a população for finita de tamanho N, então, considerando o fator de correção para população finita, n é o menor inteiro maior que:

$$n' = \frac{N \times n_0}{N + n_0 - 1}$$

A dificuldade operacional para calcularmos o tamanho da amostra é que o cálculo depende da variância populacional σ^2, normalmente desconhecida. Seguem algumas possibilidades para se ter uma avaliação de σ^2:

› por uma amostra preliminar (*amostra piloto*);

› por conhecimento prévio do processo em estudo; ou
› por argumentos teóricos.

AVALIAÇÃO DA VARIÂNCIA POR UMA AMOSTRAGEM PILOTO

Com a amostra piloto, podemos calcular a variância dos dados, s^2, e usá-la no lugar de σ^2. Neste caso, é melhor também usar t_γ em vez de z_γ.

 EXEMPLO 7.9

Considere que o pesquisador julgou o resultado encontrado no problema do Exemplo 7.7, sobre dureza esperada de um aço, pouco preciso. Suponha que ele tolera um erro amostral máximo de 0,3 HRC. Além disso, ele quer realizar as estimações com nível de confiança de 99 %. Qual deve ser o tamanho da amostra?

Solução:
No Exemplo 7.7, a estimativa da variância foi feita com uma amostra de n = 10 observações (gl = 9), encontrando: $s^2 = (0{,}7352)^2 = 0{,}5405$. Então:

$$n_0 = \frac{t_{0,99}^2 s^2}{E_0^2} = \frac{(3{,}250)^2 (0{,}5405)}{(0{,}3)^2} = 63{,}43$$

Como neste caso a população pode ser considerada infinita, o tamanho mínimo da amostra, n, é o menor inteiro maior que n_0, ou seja, precisamos de uma amostra de n = 64 corpos de prova para satisfazer à precisão desejada.

CASO ESPECIAL DA PROPORÇÃO

Já vimos que a proporção de um atributo de interesse pode ser vista como a média de uma variável aleatória que assume o valor 1 na presença do atributo e 0 em sua ausência (ensaio de Bernoulli). No Capítulo 5, calculamos o valor esperado e a variância desse tipo de variável:

$$\mu = E(X) = p$$

$$\sigma^2 = V(X) = p(1-p)$$

sendo p a probabilidade do atributo em estudo, satisfazendo $0 \leq p \leq 1$. A Figura 7.13 mostra a relação (parábola) de p com σ^2 para esse tipo de variável aleatória, indicando que σ^2 atinge o valor máximo quando $p = 1/2$, com o valor $\sigma^2 = 1/4$.

Com o exposto, podemos escrever o cálculo inicial do tamanho da amostra de modo a estimar uma proporção por:

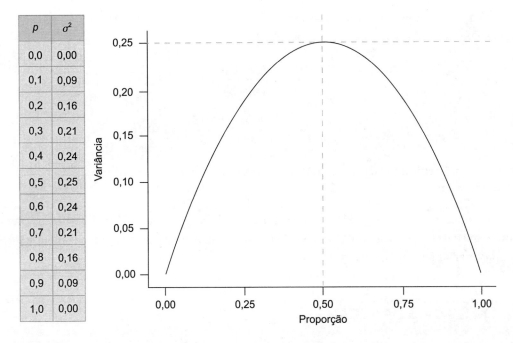

p	σ^2
0,0	0,00
0,1	0,09
0,2	0,16
0,3	0,21
0,4	0,24
0,5	0,25
0,6	0,24
0,7	0,21
0,8	0,16
0,9	0,09
1,0	0,00

FIGURA 7.13 Relação da variância, σ^2, de uma variável aleatória de Bernoulli com o seu parâmetro p.

$$n_0 = \frac{z_\gamma^2 \sigma^2}{E_0^2} = \frac{z_\gamma^2 p(1-p)}{E_0^2} \leq \frac{z_\gamma^2}{4 \times E_0^2}$$

Assim, se não houver informação melhor sobre p, podemos usar seu valor máximo, como indicado na última expressão. Se p for aproximadamente igual a 0,5, estaremos calculando adequadamente o tamanho da amostra. Se p estiver mais próximo de zero ou de um, ao usar a última expressão, estaremos superavaliando o tamanho da amostra, mas, de qualquer forma, garantindo a precisão estabelecida por E_0 e γ.

EXEMPLO 7.10

Os lotes de maçãs são vendidos por preços que dependem da qualidade. As do tipo A têm valor maior e há interesse em saber qual é a porcentagem de maçãs do tipo A, $100 \times p$, em cada lote. Como os lotes são grandes, com cerca de 1.000 maçãs, planeja-se fazer uma seleção aleatória em cada lote. Qual deve ser o tamanho da amostra em cada lote para que o erro não seja superior a seis pontos percentuais, com nível de confiança de 95 %?

Solução:
Temos, então, um problema de amostragem associado à estimativa de uma proporção com população de tamanho conhecido (N = 1.000) e precisão estabelecida por E_0 = 0,06 e γ = 0,95

180 Capítulo 7

(z_γ = 1,96). Como não temos nenhuma informação sobre p e, portanto, da variância da qualidade, vamos usar a cota superior para o cálculo de n_0:

$$n_0 \leq \frac{z_\gamma^2}{4 \times E_0^2} = \frac{(1,96)^2}{4 \times (0,04)^2} = 266,78$$

$$n' = \frac{N \times n_0}{N + n_0 - 1} = \frac{1.000 \times (266,78)}{1.000 + 266,78 - 1} = 210,76$$

Assim, é necessário examinar, em cada lote, 211 maçãs extraídas aleatoriamente.

O emprego de cota superior para o tamanho da amostra também é bastante usado quando se deseja usar a amostra para fazer estimativas de várias proporções, já que essa cota superior garante a precisão para qualquer valor de p.

EXERCÍCIOS DA SEÇÃO

12. Um pesquisador precisa determinar o tempo médio gasto para perfurar três orifícios em uma peça de metal. Qual deve ser o tamanho da amostra para que a média amostral esteja a menos de 15 s da média populacional? Por experiência prévia, pode-se supor o desvio-padrão em torno de 40 s. Considere, também, que a estimação será realizada com nível de confiança de 95 %.

13. Seja a construção de um plano para garantir a qualidade dos parafusos vendidos em caixas com 100 unidades. Um dos requisitos é controlar o comprimento médio dos parafusos. Quantos parafusos deve-se examinar em cada caixa, para garantir que a média da amostra ($\overline{X}$) não difira do comprimento médio dos parafusos (μ) em mais que 0,8 mm? Considere que a estimação será realizada com nível de confiança de 95 %. Análises feitas na linha de produção indicam desvio-padrão em torno de 2 mm.

14. Considerando o Exercício 13, mas supondo caixas com 1.000 parafusos. Qual é o tamanho da amostra necessário?

15. Com o objetivo de avaliar a confiabilidade de um novo sistema de transmissão de dados, torna-se necessário verificar a proporção de *bits* transmitidos com erro em cada lote de 100 Mb. Considere que seja tolerável um erro amostral máximo de 2 %, e que em sistemas similares a taxa de erro é de 10 %. Qual deve ser o tamanho da amostra?

    a) Use γ = 0,95.

    b) Use γ = 0,99.

Distribuições amostrais e estimação de parâmetros **181**

EXERCÍCIOS COMPLEMENTARES

16. Seja a geração de uma amostra de 81 números aleatórios no intervalo [0, 10], com distribuição uniforme. Seja a amostra representada por $(X_1, X_2, ..., X_{81})$ e a média da amostra: $\bar{X} = (X_1 + X_2 + ... + X_{81})/81$. Qual é a probabilidade de:

   a) X_1 ser menor que quatro? (X_1 denota o primeiro número gerado.)

   b) $\bar{X}$ ser menor que quatro?

17. Um profissional de computação observou que o seu sistema gasta entre 20 e 24 segundos para realizar determinada tarefa. Além disso, o tempo gasto, X, pode ser razoavelmente representado pela seguinte função de densidade:

$$f(x) = \begin{cases} \dfrac{x}{4} - 5 & \text{para } 20 \leq x < 22 \\ 6 - \dfrac{x}{4} & \text{para } 22 \leq x < 24 \\ 0 & \text{para } x \notin [20, 24] \end{cases}$$

   a) Em uma rodada particular, qual é a probabilidade de o sistema gastar menos que 23 segundos?

   b) Em 30 rodadas, qual é a probabilidade de o sistema gastar, em média, menos que 22,2 segundos por rodada?

18. Usando um algoritmo computacional apropriado, você decide gerar 121 números aleatórios com distribuição exponencial de parâmetro $\lambda = 0{,}5$ e calcular a média dessa amostra.

   a) Qual é a probabilidade de o primeiro valor gerado, X_1, estar no intervalo [1, 3]?

   b) Qual é a probabilidade de a média dos 121 valores gerados estar no intervalo [1,8; 2,2]?

19. Uma fundição produz blocos para motores de caminhões. Os furos para as camisas devem ter diâmetro de 100 mm, com tolerância de 5 mm. Para verificar qual é o diâmetro médio no processo, a empresa vai retirar uma amostra com 36 blocos e medir os diâmetros de 36 furos (um furo em cada bloco). Suponha que o desvio-padrão (populacional) dos diâmetros seja conhecido e igual a 3 mm.

   a) Qual é o desvio-padrão da distribuição da média amostral?

   b) Qual é a probabilidade de a média amostral diferir da média populacional em mais que 0,5 mm (para mais ou para menos)?

   c) Qual é a probabilidade de a média amostral diferir da média populacional em mais que 1 mm (para mais ou para menos)?

   d) Se alguém afirmar que a média amostral não se distanciará da média populacional em mais que 0,98 mm, qual é a probabilidade de essa pessoa acertar?

   e) Se alguém afirmar que a média amostral não se distanciará da média populacional em mais do que 1,085 mm, qual é a probabilidade de essa pessoa errar?

182 Capítulo 7

20. Sob condições normais, realizaram-se dez observações sobre o tempo de resposta de uma consulta a certo banco de dados. Os resultados, em segundos, foram:

| 28 | 35 | 43 | 23 | 62 | 38 | 34 | 27 | 32 | 37 |

Construa um intervalo de confiança para o tempo médio de uma consulta, sob condições normais. Use $\gamma = 0,99$.

21. Fixados certos parâmetros de entrada, o tempo de execução de um algoritmo foi medido 12 vezes, obtendo-se os seguintes resultados, em minutos:

| 15 | 12 | 14 | 15 | 16 | 14 | 16 | 13 | 14 | 11 | 15 | 13 |

a) Apresente o intervalo de 95 % de confiança para o tempo médio de execução do algoritmo.

b) Considerando as 12 mensurações como uma amostra piloto, avalie o número de mensurações (tamanho da amostra) necessário para garantir um erro máximo de 15 segundos (0,25 minuto)? Use $\gamma = 0,95$.

22. Uma empresa tem 2.400 funcionários que usam o refeitório. Deseja-se extrair uma amostra para verificar o grau de satisfação dos funcionários com relação à qualidade da comida no refeitório. Em uma amostra piloto, extraída de forma aleatória, com $n_0 = 31$ funcionários, o grau de satisfação teve nota média de 6,5 e desvio-padrão de 2,0, em uma escala de 0 a 10.

a) Determine o tamanho mínimo da amostra, supondo amostragem aleatória simples, com erro máximo de 0,3 unidade e nível de confiança de 95 %.

b) Considere que a amostra planejada no item anterior tenha sido realizada, resultando em uma média de 5,20 e desvio-padrão de 1,80 ponto. Construa o intervalo de 95 % de confiança para o parâmetro μ.

c) Considerando o resultado do item anterior, você diria, com nível de confiança de 95 %, que a nota média seria superior a cinco se a pesquisa fosse aplicada a todos os 2.400 funcionários? Justifique.

d) Realizada a amostra planejada no item (a), suponha que 70 funcionários atribuíram notas iguais ou superiores a cinco. Apresente um intervalo de 95 % de confiança para a porcentagem de funcionários de toda a empresa que atribuiriam notas iguais ou superiores a cinco.

23. Com os dados históricos sobre a temperatura do pasteurizador de um laticínio, sabe-se que a variância é aproximadamente igual a 1,8. Planeja-se fazer uma amostragem para avaliar o valor médio da temperatura do pasteurizador. Suponha que as observações serão feitas sob as mesmas condições e de forma independente. Qual deve ser o tamanho da amostra, para garantir um erro máximo de 0,3 °C, com nível de confiança de 95 %?

24. Planeja-se extrair uma amostra aleatória simples dos 2.000 funcionários de uma empresa, para avaliar a satisfação com o trabalho. A satisfação será avaliada por meio de um questionário com vários itens em uma escala de 1 a 5. Pretende-se avaliar o valor médio

Distribuições amostrais e estimação de parâmetros **183**

de cada item. Qual deve ser o tamanho da amostra para garantir um erro máximo de 0,2 unidade, com nível de confiança de 95 %?

Nota: observe que não foi fornecida a variância, então sugerimos que você use como variância o valor teórico que se obtém ao supor probabilidade igual para cada nível da escala (valores inteiros de 1 a 5). É razoável supor que esse valor seja maior do que a variância de qualquer item, porque, na prática, a tendência é que as respostas se concentrem em torno de algum nível, resultando em variância menor.

25. Em uma pesquisa para estudar a preferência do eleitorado em uma eleição presidencial, qual deve ser o tamanho de uma amostra aleatória simples para garantir, com nível de confiança de 95 %, um erro amostral não superior a dois pontos percentuais (para mais ou para menos)?

26. Um analista de sistemas está avaliando o desempenho de um novo programa de análise numérica. Forneceu como entrada do programa 14 operações similares e obteve os seguintes tempos de processamento (em milissegundos):

12,0	13,5	16,0	15,7	15,8	16,5	15,0
13,1	15,2	18,1	18,5	12,3	17,5	17,0

a) Calcule a média e o desvio-padrão da amostra do tempo de processamento.

b) Construa um intervalo de confiança para o tempo médio de processamento, com nível de confiança de 95 %.

c) Qual deve ser o tamanho da amostra para garantir um erro amostral máximo de 0,5 milissegundo, na estimação do tempo médio de processamento, com nível de confiança de 99 %?

27. Uma unidade fabril da Intel produziu 500.000 chips *Core i7* em certo período. São selecionados, aleatoriamente, 400 chips para teste.

a) Supondo que 20 chips não tenham a velocidade de processamento esperada (chips não adequados), construa o intervalo de confiança para a proporção de chips adequados. Use nível de confiança de 95 %.

b) Verifique se essa amostra é suficiente para obter um intervalo de 99 % de confiança, com erro amostral máximo de 0,5 %, para a proporção de chips adequados. Caso contrário, qual deveria ser o tamanho da amostra?

8

TESTES DE HIPÓTESES

No capítulo anterior, aprendemos a fazer estimativas de parâmetros populacionais com base em dados de uma amostra. Muitas vezes, não temos tanto interesse nos valores dos parâmetros, mas sim se esses satisfazem certas condições. Por exemplo, um processo funciona com taxa média de falha de 4 %. Com algumas mudanças, podemos ter como hipótese que a taxa média de falha vai diminuir. Com base em uma amostra, queremos avaliar se há evidência de que essa hipótese é verdadeira. Isto pode ser feito com os chamados *testes de hipóteses* ou *testes de significância*.

8.1 HIPÓTESES

Seguem alguns exemplos de hipóteses que podem ser avaliadas por testes estatísticos:

a) Substituindo o processador A pelo processador B, o tempo de resposta de um computador é alterado.

b) Aumentando a dosagem de cimento, aumenta a resistência do concreto.

c) Certa campanha publicitária produz efeito positivo nas vendas.

d) A implementação de um programa de melhoria da qualidade em uma empresa prestadora de serviços melhora a satisfação de seus clientes.

Para verificar, do ponto de vista estatístico, a veracidade de uma hipótese, precisamos de dados, observados adequadamente em termos do problema em questão. No que concerne aos quatro exemplos citados anteriormente, podemos:

186 Capítulo 8

a) realizar um experimento, produzindo uma amostra de tempos de resposta em máquina com o processador A; e outra amostra de tempos de resposta na mesma máquina, mas com o processador B;

b) medir a resistência em uma amostra de corpos de prova com a dosagem d_1 de cimento; e outra amostra de medidas de resistência em corpos de prova com a dosagem d_2 $(d_2 > d_1)$;

c) verificar as vendas antes e depois da campanha publicitária;

d) avaliar os quantitativos de reclamações antes e depois do programa de melhoria da qualidade.

Levando em conta o planejamento da pesquisa, as hipóteses podem ser abordadas de forma mais específica, descritas em termos de *parâmetros* populacionais. Com relação aos quatro exemplos citados, temos:

a) o *tempo médio* de resposta em máquina com o processador A *é diferente* da média dos tempos de resposta na máquina com o processador B;

b) a *resistência esperada* do concreto com a dosagem d_2 de cimento *é maior* do que a resistência esperada com a dosagem d_1;

c) a *média* de vendas depois da campanha publicitária *é maior* do que a média de vendas antes da campanha publicitária;

d) a *probabilidade* de reclamação após a realização do programa de melhoria da qualidade *é menor* do que antes da realização do programa.

Observe que, nos três primeiros casos, as hipóteses estão descritas em termos da comparação de duas *médias* (*valores esperados* de uma variável quantitativa), enquanto no caso (d) a hipótese está descrita em termos da comparação de duas probabilidades (ou *proporções esperadas*). No exemplo (a), queremos verificar se há *diferença* entre as duas condições em estudo, enquanto nos demais exemplos especificamos na hipótese qual parâmetro deve ser maior. Essas diferenças dependem do problema em questão e de como o experimento será realizado.

Dado um problema de teste de hipóteses, precisamos formular as chamadas hipóteses nula e alternativa. A *hipótese nula* ou *hipótese de trabalho* (H_0) é aquela aceita como verdadeira até prova estatística em contrário. É o ponto de partida para a análise. Em geral, ela é formulada em termos de uma *igualdade*, representando o contrário do que queremos provar.

Quando os dados mostrarem evidência suficiente de que a hipótese nula (H_0) não é verdadeira, o teste a rejeita, aceitando em seu lugar a chamada *hipótese alternativa* (H_1). Em geral, a hipótese alternativa é formulada em termos de *desigualdades* ($\neq$, < ou >). Ela geralmente corresponde ao que se quer provar, ou seja, corresponde à própria hipótese de pesquisa formulada em termos de parâmetros.

Consideremos, novamente, os quatro exemplos especificando em termos de parâmetros as hipóteses nula e alternativa:

a) $H_0: \mu_A = \mu_B$ e $H_1: \mu_A \neq \mu_B$

em que: μ_A é o tempo médio (ou tempo esperado) de resposta com o processador A; e μ_B é o tempo médio (ou tempo esperado) de resposta com o processador B.

b) $H_0: \mu_2 = \mu_1$ e $H_1: \mu_2 > \mu_1$

em que: μ_1 é a resistência esperada do concreto com a dosagem d_1 de cimento; e μ_2 é a resistência esperada do concreto com a dosagem d_2 de cimento.

c) $H_0: \mu_2 = \mu_1$ e $H_1: \mu_2 > \mu_1$

em que: μ_1 é o valor médio das vendas antes da campanha publicitária; e μ_2 é o valor médio das vendas depois da campanha publicitária.

d) $H_0: p_2 = p_1$ e $H_1: p_2 < p_1$

em que: p_1 é a probabilidade de reclamação antes do programa de melhoria da qualidade; e

p_2 é a probabilidade de reclamação depois do programa de melhoria da qualidade.

A decisão de aceitar H_0 ou H_1 é feita com base em amostras extraídas adequadamente das populações envolvidas. No caso (d), por exemplo, podemos observar uma amostra aleatória de n_1 clientes atendidos antes do programa de melhoria da qualidade; e outra amostra aleatória de n_2 clientes atendidos depois de implantado o programa. É natural que as proporções de reclamações nas duas amostras ($\hat{p}_1$ e $\hat{p}_2$) sejam diferentes, mesmo que a hipótese nula ($H_0: p_2 = p_1$) seja verdadeira, pois sempre existe o efeito aleatório na seleção das amostras.

A aplicação de um teste estatístico (ou teste de significância) serve para verificar se os dados fornecem evidência suficiente para que possamos adotar como verdadeira a hipótese alternativa (H_1), precavendo-nos, *com baixa probabilidade de erro*, de que as diferenças observadas nos dados não são meramente casuais.

8.2 IDEIAS BÁSICAS DE UM TESTE ESTATÍSTICO

Considere o seguinte problema: verificar se certa moeda, usada em um jogo de azar, é viciada.

Seja p a probabilidade de cara dessa moeda. Podemos formular as hipóteses da seguinte maneira:

$H_0: p = 0,5$ (*a moeda é honesta*); e

$H_1: p \neq 0,5$ (*a moeda é viciada*).

Suponha, inicialmente, H_0 como verdadeira. Esta hipótese somente vai ser rejeitada em favor de H_1 se houver evidência suficiente que a contradiga. A existência desta possível evidência será verificada a partir de um conjunto de observações do problema em estudo.

No presente exemplo, o conjunto de observações (amostra) consistirá nos resultados de uma série de lançamentos imparciais e independentes dessa moeda.

Em cada lançamento da moeda, observamos um resultado: *cara* ou *coroa*. Ao observar uma amostra de n lançamentos, podemos computar o valor da estatística:

Y = número de caras nos n lançamentos

A estatística Y poderá ser usada na definição de um critério de decisão: aceitar H_0 ou rejeitar H_0 em favor de H_1. Neste contexto, a estatística Y é chamada de *estatística do teste*.

Considere, agora, uma amostra a ser observada de $n = 14$ lançamentos independentes e imparciais dessa moeda.

Pelas características deste experimento, temos que Y tem distribuição binomial com $n = 14$ e, se H_0 for verdadeira, então $p = 0,5$. Esta função de probabilidades, que no caso será chamada de *distribuição do teste* e ilustrada na Figura 8.1, será a referência para analisarmos quão razoável é o resultado obtido no experimento em termos da hipótese H_0.

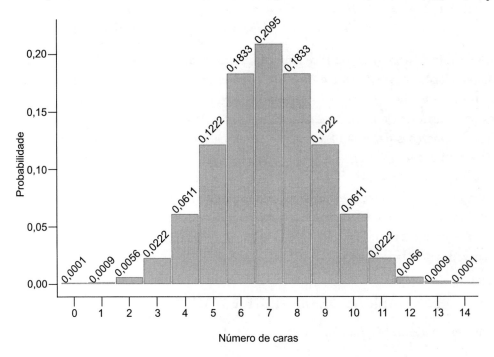

FIGURA 8.1 Distribuição da estatística do teste sob H_0: referência para avaliar a veracidade da hipótese em termos do resultado observado.

Note que em 14 lançamentos o valor esperado de caras, se H_0 for verdadeira, é:

$$\mu = np = 14 \times 0,5 = 7$$

Contudo, estamos diante de um fenômeno aleatório. Embora, neste exemplo, os resultados em torno do valor esperado sejam mais prováveis, pode ocorrer qualquer valor inteiro de 0 a 14, conforme mostra a Figura 8.1.

Considere, agora, a realização do experimento. Suponha que tenha ocorrido uma sequência de caras e coroas, resultando em $y = 13$ caras, ou seja, temos o resultado de Y associado a uma amostra efetivamente observada.

Observando a Figura 8.2, verificamos que esse resultado é pouco provável para uma moeda honesta (H_0). Podemos dizer que a probabilidade de ocorrer um resultado *tão ou mais estranho* para uma moeda honesta do que esse que ocorreu é:[1]

$$p(13) + p(14) + p(1) + p(0) = 0{,}002$$

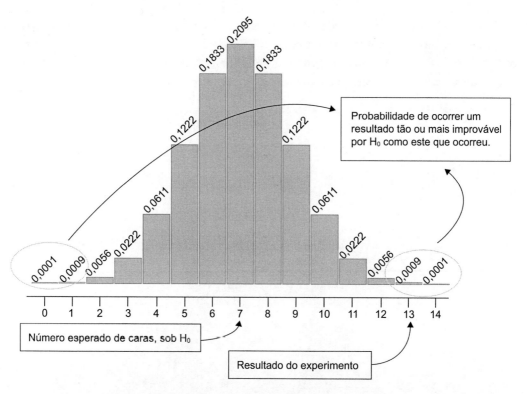

FIGURA 8.2 Resultado observado, $y = 13$ caras, na distribuição do teste.

Esse valor é conhecido como *valor-p*, que no nosso exemplo foi bastante pequeno, igual a 0,002, indicando que a cada 1.000 realizações desse experimento, esperam-se apenas duas com resultado tão distante do esperado por H_0 como esse que efetivamente ocorreu. Isto sugere que a hipótese nula, H_0, não deve ser aceita. Concluímos, estatisticamente, que *os dados observados mostram evidência suficiente para rejeitar H_0*. Há evidência de que a moeda é viciada!

---

[1] Lembre-se de que, no Capítulo 5, aprendemos a calcular probabilidades de um experimento binomial.

Observe que uma prova estatística não é uma prova matemática, há sempre um risco de se estar tomando a decisão errada. No presente exemplo, considerando a amostra em que observamos 13 caras em 14 lançamentos, o risco de se tomar decisão errada ao rejeitar H_0 é de 0,002.

> O *valor-p* é a probabilidade de a estatística do teste acusar um resultado tão ou mais improvável do que o resultado que efetivamente ocorreu, na suposição de H_0 ser verdadeira.

Considere, agora, outra moeda. Vamos testar as mesmas hipóteses com base em 14 lançamentos independentes e imparciais. Mas para essa moeda foi observada uma sequência de caras e coroas que resultou em $y = 9$ caras. A Figura 8.3 ilustra a área que corresponde ao *valor-p* associado a este resultado.

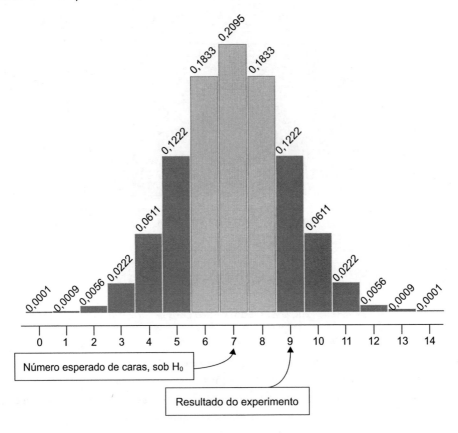

FIGURA 8.3 Resultado observado, $y = 9$ caras, na distribuição do teste.

Neste experimento, o cálculo do *valor-p* é obtido agregando as probabilidades dos resultados iguais ou mais distantes do esperado com relação àquele que efetivamente ocorreu. Então:

$$valor\text{-}p = p(9) + p(10) + p(11) + p(12) + p(13) + p(14) +$$
$$+ p(5) + p(4) + p(3) + p(2) + p(1) + p(0) = 0{,}4240$$

Assim, dado o resultado de nove caras em 14 lançamentos, a probabilidade condicional de ocorrer um resultado tão ou mais distante do valor esperado por H_0 com relação àquele que ocorreu é de 0,4240. Ou seja, o resultado que efetivamente ocorreu não é improvável para uma moeda honesta, como ilustrado na Figura 8.3; o teste, então, aceita H_0.

Não há evidência suficiente para afirmar que a moeda é viciada!

O *valor-p* aponta o quão improvável foi o resultado observado na amostra à luz de H_0. Logo, quanto menor for o *valor-p*, maior a evidência para rejeitar H_0. O *valor-p* é a probabilidade de rejeitar H_0 quando verdadeira, condicionada ao resultado observado na amostra. Por exemplo, se afirmássemos que a moeda é viciada com a evidência de $y = 9$ caras em 14 lançamentos, estaríamos incorrendo em uma probabilidade de 0,4240 de fazermos uma afirmação errada.

Na metodologia dos testes de hipóteses, antes de observar a(s) amostra(s), devemos estabelecer as hipóteses H_0 e H_1, assim como definir o *nível de significância do teste*.

> O *nível de significância do teste*, designado pela letra grega α, é a probabilidade de incorrer no erro de rejeitar H_0, quando H_0 é verdadeira.

É comum adotar um nível de significância de 5 %, isto é, $\alpha = 0{,}05$. Quando desejamos maior segurança ao afirmar H_1, podemos adotar níveis de significância menores, como $\alpha = 0{,}01$. Estabelecido o nível de significância α e calculado o *valor-p* associado à amostra efetivamente observada, temos:

$valor\text{-}p \leq \alpha \Rightarrow$ o teste rejeita H_0 em favor de H_1

$valor\text{-}p > \alpha \Rightarrow$ o teste aceita H_0

Para entendermos os erros associados a um teste de hipóteses, precisa ficar claro que estamos avaliando uma afirmação (hipótese) sobre a população. Esta hipótese pode ou não ser verdadeira, mas nunca saberemos com certeza sobre a realidade da população, já que conhecemos apenas uma amostra. O que fazemos é tomar uma decisão, considerando evidências na amostra. Antes de observarmos a amostra, mas estabelecidas as hipóteses e o nível de significância α, o Quadro 8.1 mostra as possibilidades.

QUADRO 8.1 Tipos de erros na decisão de um teste de hipóteses

Realidade (desconhecida)	Decisão do teste	
	Aceita H_0	Rejeita H_0
H_0 verdadeira	Decisão correta (probab. $= 1 - \alpha$)	Erro tipo I (probab. $= \alpha$)
H_0 falsa	Erro tipo II (probab. $= \beta$)	Decisão correta (probab. $= 1 - \beta$)

192 Capítulo 8

Conforme o esquema do Quadro 8.1, os erros tipos I e II podem ocorrer segundo as seguintes probabilidades condicionais:

$P(erro\ tipo\ I) = P(rejeitar\ H_0 \mid H_0\ é\ verdadeira) = \alpha$
$P(erro\ tipo\ II) = P(aceitar\ H_0 \mid H_0\ é\ falsa) = \beta$

Usando os eventos complementares, temos as probabilidades de decisão correta:

$P(aceitar\ H_0 \mid H_0\ é\ verdadeira) = 1 - \alpha$
$P(rejeitar\ H_0 \mid H_0\ é\ falsa) = 1 - \beta$

Como α é fixado *a priori*, se o teste rejeita H_0 em favor de H_1, o risco de estarmos tomando a decisão errada (erro tipo I) fica limitado pelo nível de significância α adotado. Assim, temos certa garantia da veracidade de H_1. Em outras palavras, quando o teste rejeita H_0, podemos afirmar que H_1 é verdadeira, levando em conta o nível de significância do teste.

Por outro lado, se o teste aceita H_0, não temos muito controle do risco de estarmos tomando a decisão errada (erro tipo II), pois a probabilidade β, em geral, não é conhecida. Neste caso, costumamos dizer apenas que os dados estão em conformidade com a hipótese nula. Isto não implica que H_0 seja realmente a hipótese verdadeira, mas que os dados não mostram evidência suficiente para rejeitá-la. Sobre isso, R. A. Fisher, considerado o pai da estatística experimental, escreveu:

> A hipótese nula pode ou não ser impugnada pelos resultados de um experimento. Ela nunca pode ser provada, mas pode ser desaprovada no curso da experimentação.

Em razão do exposto, usamos uma linguagem mais enfática para descrever as conclusões quando o teste rejeita H_0 (p. ex., *os dados provaram estatisticamente que a moeda é viciada*) e uma linguagem mais amena quando o teste aceita H_0 (p. ex., *a moeda é considerada honesta, pois os dados não mostraram evidência de que ela é viciada*).

EXERCÍCIOS DA SEÇÃO

1. Seja p a probabilidade de cara de certa moeda. Sejam H_0: $p = 0,5$ e H_1: $p \neq 0,5$. Lança-se 12 vezes esta moeda, observando-se o número de caras. Obtenha o *valor-p* para cada um dos seguintes resultados:

   a) 1 cara;

   b) 4 caras;

   c) 11 caras.

2. Adotando o nível de significância de 5 %, qual é a conclusão em cada item do Exercício 1?

3. É possível, para uma mesma amostra, rejeitar H_0 no nível de significância de 5 %, mas aceitá-la no nível de 1 %? E o inverso? Exemplifique.

Testes de hipóteses **193**

4. Para verificar as hipóteses de seu trabalho, um pesquisador fez vários testes estatísticos (um para cada hipótese de pesquisa), adotando para cada teste o nível de significância de 5 %. Responda aos seguintes itens:

   a) Em um dado teste, o valor *p* foi igual a 0,0001. Qual deve ser a conclusão (decide-se pela hipótese nula ou pela alternativa)? Qual é o risco de o pesquisador estar tomando a decisão errada, considerando a evidência da amostra?

   b) Em outro teste, o *valor-p* foi de 0,25. Qual deve ser a conclusão? Neste caso, você consegue avaliar o risco de o pesquisador estar tomando a decisão errada? Explique.

   c) Em outros dois testes, os *valores-p* foram 0,0001 e 0,01, respectivamente. Qual a conclusão em cada caso? Em qual dos testes o pesquisador deve estar mais convicto na decisão? Por quê?

8.3 ABORDAGEM CLÁSSICA

Nesta abordagem, antes de observar a amostra, mas considerando o planejamento do experimento, montamos uma regra de decisão em termos da estatística do teste, do nível de significância α e da distribuição do teste sob H_0. Depois, observamos a amostra e tomamos a decisão em função da regra previamente construída.

Retomamos o experimento de lançar 14 vezes a moeda para testar as hipóteses:

$H_0: p = 0,5$ (*a moeda é honesta*); e
$H_1: p \neq 0,5$ (*a moeda é viciada*).

A regra de decisão para um dado α é construída com base na equação:

$P(erro\ tipo\ I) = P(rejeitar\ H_0 \mid H_0\ é\ verdadeira) = \alpha$

Se H_0 é verdadeira, como dito na condicionante, a distribuição do número de caras Y é binomial com $n = 14$ e $p = 0,5$. Como no presente caso a distribuição do teste é discreta, não existe um valor de α que satisfaz exatamente à equação $P(erro\ tipo\ I) = \alpha$. Então, a regra é construída com o maior α que satisfaz:

$P(erro\ tipo\ I) = P(rejeitar\ H_0 \mid H_0\ é\ verdadeira) \leq \alpha$

A região de rejeição de H_0 deve estar nas extremidades desta distribuição e de forma simétrica, já que a distribuição é simétrica. Considerando o teste com nível de significância de $\alpha = 0,05$, a Figura 8.4 mostra uma divisão entre rejeitar H_0 e aceitar H_0. Observe que pela regra da figura:

$P(erro\ tipo\ I) = p(0) + p(1) + p(2) + p(14) + p(13) + p(12) = 0,0129 < 0,05$

Mas se incluirmos mais um valor de cada lado da distribuição, então:

$P(erro\ tipo\ I) = p(0) + p(1) + p(2) + p(3) + p(14) + p(13) + p(12) + p(11) =$
$= 0,0574 > 0,05$

Logo, como ilustra a Figura 8.4, a regra de decisão do teste deve ser:

› *Rejeita H_0 em favor de H_1 ⇔ ocorrem 0, 1, 2, 12, 13 ou 14 caras.*

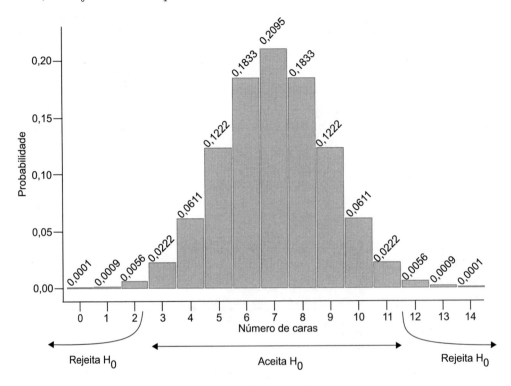

FIGURA 8.4 Regra de decisão baseada em Y = *número de caras em 14 lançamentos da moeda*, com $\alpha = 0,05$.

Na maioria das vezes, a distribuição do teste é contínua, então a regra de decisão é feita com a relação exata: $P(erro\ tipo\ I) = \alpha$.

A abordagem clássica é mais fácil quando o trabalho é realizado sem a ajuda do computador, usando apenas as tabelas estatísticas. Além disso, esta abordagem é fundamental para estudarmos os possíveis erros de decisão de um teste estatístico. Por outro lado, quando usamos algum *software* estatístico, o sistema usualmente já calcula a estatística do teste e o *valor-p*, de modo que a abordagem discutida na Seção 8.2 torna-se mais fácil. Devemos observar que a decisão de aceitar ou rejeitar H_0 será a mesma, independentemente da abordagem utilizada.

EXERCÍCIOS DA SEÇÃO

5. Sobre o exemplo discutido nesta seção, qual é a regra de decisão se o nível de significância for igual a 0,10?

Testes de hipóteses **195**

6. Para testar as hipóteses H_0: $p = 0,5$ e H_1: $p \neq 0,5$; sendo p a probabilidade de cara da moeda que está sendo testada em dez lançamentos independentes e imparciais. Qual é a regra de decisão se o nível de significância for igual a 0,05?

7. Ainda com relação ao mesmo tipo de teste com a moeda, mas com 100 lançamentos independentes e imparciais. Faça uma regra de decisão, com nível de significância de 0,05, com base em uma estatística com distribuição normal padrão.

8.4 TESTES UNILATERAIS E BILATERAIS

No exemplo discutido na seção anterior, o teste rejeita H_0: $p = 0,5$, em favor de H_1: $p \neq 0,5$, quando ocorre um valor suficientemente pequeno ou grande de caras, ou seja, rejeita H_0 em ambos os lados da distribuição, um *teste bilateral*.

Existem situações em que pretendemos rejeitar H_0 somente em um dos lados da distribuição. Por exemplo, suspeitamos que a moeda tende a dar mais caras do que coroas. Neste caso, sendo p a probabilidade de ocorrer cara, o teste pode ser formulado da seguinte maneira:

H_0: $p = 0,5$ (*a moeda é honesta*); e
H_1: $p > 0,5$ (*a moeda tende a dar mais caras do que coroas*).

Com essas hipóteses, só faz sentido rejeitar H_0, em favor de H_1, se na amostra ocorrer um número significativamente maior de caras do que de coroas, resultando no que chamamos de *teste unilateral*. Assim, nos testes unilaterais, o *valor-p* é computado em apenas um dos lados da distribuição de referência. Analogamente, na abordagem clássica, a regra só aponta para a rejeição de H_0 em apenas um dos lados.

> Enfatiza-se que a escolha entre teste *unilateral* e *bilateral* se dá em termos do problema em questão, que reflete na escolha de uma hipótese alternativa com sinal "$\neq$", que leva a um teste bilateral; ou com sinal "$>$" ou "$<$", que leva a um teste unilateral à direita ou à esquerda, respectivamente. Essa escolha é baseada no problema em estudo e não nos dados da amostra.

Voltamos ao problema de verificar se certa moeda, usada em um jogo de azar, *tende a dar mais cara do que coroa*. Sendo p a probabilidade de cara dessa moeda, a hipótese alternativa deve ser H_1: $p > 0,5$. A Figura 8.5 esquematiza a obtenção do *valor-p* considerando que tenham ocorrido $y = 9$ caras nos 14 lançamentos independentes e imparciais dessa moeda.

Fazendo o cálculo:

$$\text{valor-}p = p(9) + p(10) + p(11) + p(12) + p(13) + p(14) = 0,2120$$

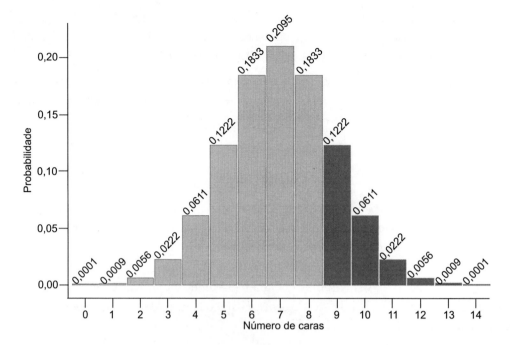

FIGURA 8.5 Esquema para obtenção do *valor-p* em um teste unilateral à direita.

 EXEMPLO 8.1

Com o objetivo de testar se a diferença de aroma em sorvete de morango é percebida por degustadores, efetuou-se um experimento em que, para cada um dos oito degustadores, foram dadas, em ordem aleatória e sem identificação, duas amostras de sorvete: uma com odor mais forte e outra normal. As amostras de sorvete foram elaboradas de forma tão similar quanto possível, com exceção da intensidade de odor, por ser a característica em estudo.

Chamando de *p* a probabilidade de o degustador acusar corretamente a amostra de sorvete com odor mais intenso, as hipóteses são:

H_0: *p* = 0,5 (o degustador *chuta* a resposta, isto é, o odor mais intenso não é detectado);
H_1: *p* > 0,5 (há tendência de o degustador perceber o sorvete que tem odor mais intenso).

Os resultados do experimento mostraram que, dos oito degustadores, seis indicaram corretamente o sorvete de odor mais intenso. Então, usando a distribuição binomial de parâmetros *n* = 8 e *p* = 0,5, temos:

$$\text{valor-}p = p(6) + p(7) + p(8) = 0{,}1094 + 0{,}0313 + 0{,}0039 = 0{,}1446$$

Se adotado o nível de significância usual de 0,05, a hipótese nula não pode ser rejeitada. Portanto, concluímos que os dados não mostram evidência suficiente de que a diferença de odor em sorvetes de morango seja percebida pelos degustadores.

EXERCÍCIOS DA SEÇÃO

8. Adotando um nível de significância de 0,05, como deve ser a regra de decisão do Exemplo 8.1?

9. Para cada um dos itens a seguir, apresente as hipóteses nula e alternativa, indicando qual é a abordagem (unilateral ou bilateral) mais adequada.

   a) Um método de treinamento tende a aumentar a produtividade dos funcionários.

   b) A velocidade de um veículo em um percurso é, em média, menor do que o valor anunciado.

   c) Dois métodos de treinamento tendem a produzir resultados diferentes na produtividade.

10. Seja p a probabilidade de cara de certa moeda. Sejam H_0: $p = 0,5$ e H_1: $p < 0,5$. Lança-se essa moeda 12 vezes de forma imparcial, observando o número de caras. Qual é o *valor-p* e a decisão do teste no nível de significância de 5 % se ocorrer:

    a) 1 cara?   b) 4 caras?   c) 6 caras?

11. Sejam 11 lançamentos de uma moeda. Considerando as hipóteses H_0: a moeda é honesta; H_1: a moeda tende a dar mais cara do que coroa; e o nível de significância de 1 %, apresente a regra de decisão em termos da estatística Y = número de coroas.

12. Para testar se uma criança tem algum conhecimento sobre determinado assunto, elaboraram-se 12 questões do tipo certo-errado. A criança acertou 11. Qual é a conclusão no nível de significância de 0,05?

13. Para testar se um sistema especialista adquiriu algum conhecimento sobre determinado assunto, elaboraram-se 12 questões, cada uma com quatro alternativas de resposta. O sistema acertou cinco.

    a) Formule as hipóteses em termos do parâmetro p = probabilidade de acerto de uma questão.

    b) Qual é o número esperado de acertos sob H_0?

    c) Qual é o *valor-p*?

    d) Qual é a conclusão no nível de significância de 5 %?

8.5 TESTE DE UMA PROPORÇÃO

O teste de uma proporção é aplicado em situações nas quais queremos verificar se a proporção esperada (ou probabilidade) de algum atributo na população pode ser igual a certo valor p_0. No caso de o problema sugerir um teste bilateral, as hipóteses terão a forma:

$$H_0: p = p_0 \quad \text{e} \quad H_1: p \neq p_0$$

No caso de o problema sugerir um teste unilateral, a hipótese alternativa seria $p > p_0$ (unilateral à direita) ou $p < p_0$ (unilateral à esquerda), dependendo do problema em questão.

198 Capítulo 8

Considere que a amostragem ou o experimento garanta as suposições de um experimento binomial. Se a amostra for grande e p não muito próximo de zero ou de um, então podemos fazer o teste usando a distribuição normal.[2]

Seja a proporção do atributo de interesse, na amostra observada:

$$\hat{p} = \frac{y}{n} = \frac{\text{número de elementos com o atributo de interesse}}{n}$$

O cálculo da estatística do teste pode ser feito padronizando a proporção amostral, ou seja, subtraindo o seu valor esperado e dividindo pelo seu desvio-padrão:

$$z = \frac{\hat{p} - p_0}{\sqrt{\dfrac{p_0(1 - p_0)}{n}}} = \frac{y' - np_0}{\sqrt{np_0(1 - p_0)}}$$

em que:

p_0 = proporção esperada (ou probabilidade) do atributo, segundo H_0;

n = tamanho da amostra;

y' = número de elementos com o atributo de interesse na amostra, com a recomendação de uso da correção de continuidade; e

$\hat{p}$ = proporção de elementos com o atributo de interesse, na amostra.

Para proceder a correção de continuidade, fazemos:

$$y' = y - 0,5 \quad \text{se } y > np_0$$
$$y' = y + 0,5 \quad \text{se } y < np_0$$

A Figura 8.6 ilustra o processo de realização deste teste usando a abordagem do *valor-p*.

Conforme vimos no Capítulo 6, a obtenção do *valor-p* pela distribuição normal padrão pode ser feita, por exemplo, pela Tabela 1 do Apêndice, ou usando a função *DIST. NORMP.N* do Excel ou Calc. Ressaltamos que nos testes unilaterais a escolha do lado da distribuição vem do sinal ">" ou "<" da hipótese alternativa.

Assim, como discutido nas seções anteriores, a decisão do teste com base no *valor-p* e no nível de significância, α, predefinido é:

valor-p $\leq \alpha \Rightarrow$ o teste rejeita H_0 em favor de H_1;

valor-p $> \alpha \Rightarrow$ o teste aceita H_0.

Na abordagem clássica, primeiro se constrói a regra de decisão. Esta regra é baseada em um valor crítico, z_c, obtido pela inversa da distribuição acumulada normal padrão e pelo nível de significância, α, predefinido (ver Figura 8.7).

---

[2] Com o auxílio do computador, podemos fazer o teste usando a distribuição binomial como mostrado nas seções anteriores, mesmo quando n for grande.

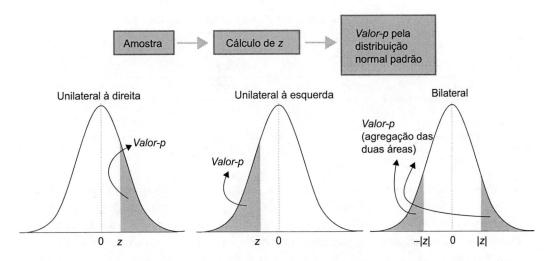

FIGURA 8.6 Esquema para obter o *valor-p* em testes estatísticos com o modelo normal padrão.

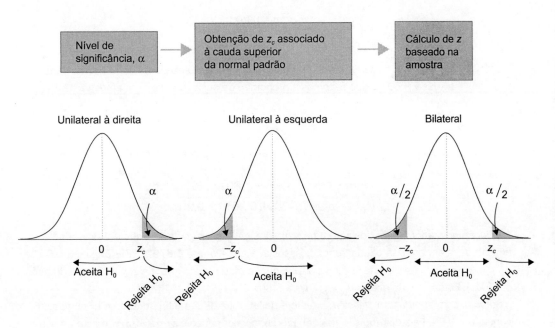

FIGURA 8.7 Esquema de realização do teste com base em regra de decisão com o modelo normal padrão.

A Tabela 8.1 mostra alguns valores críticos da normal padrão, z_c, para diferentes níveis de significância em testes uni e bilaterais.

TABELA 8.1 Valores usuais de z_c em função do nível de significância, α, adotado

Teste bilateral para α =	0,20	0,10	0,05	0,02	0,01	0,005
Teste unilateral para α =	0,10	0,050	0,025	0,01	0,005	0,0025
Valor crítico: z_c =	1,282	1,645	1,960	2,326	2,576	2,807

EXEMPLO 8.2

Em uma indústria cerâmica, algumas peças são classificadas em nível inferior (tipo B) quando apresentam algum defeito leve, mesmo que este não prejudique sua utilização. A gerência considera satisfatório até 20 % de peças tipo B. Uma amostra de 200 peças foi examinada e a classificação mostrou 50 classificadas como tipo B. Verifique, pelo teste de uma proporção, no nível de significância de 0,01, se há evidência de que o processo produtivo esteja produzindo peças tipo B com probabilidade maior que 20 %.

Formulação das hipóteses: como estamos procurando evidência de que a proporção populacional é *superior* a 20 %, é natural realizar um teste unilateral à direita. Sendo p a probabilidade de uma peça ser classificada no tipo B, temos:

$$H_0: p = 0,20$$
$$H_1: p > 0,20$$

Cálculo da estatística do teste: como foi observada uma amostra de $n = 200$ peças, da qual foram encontradas $y = 50$ do tipo B, temos a proporção de peças do tipo B na amostra:

$$\hat{p} = \frac{50}{200} = 0,25$$

Correção de continuidade: como $y > np_0 = 40$, então $y' = y - 0,5 = 49,5$. De onde:

$$z = \frac{y' - np_0}{\sqrt{np_0(1-p_0)}} = \frac{49,5 - (200)(0,20)}{\sqrt{(200)(0,20)(1-0,20)}} = 1,679$$

Solução pela abordagem do valor-p: pela distribuição normal padrão (Tabela 1 do Apêndice), verificamos que a área na cauda superior associada ao valor $z = 1,679 \cong 1,68$ é igual a 0,047. Como o teste é unilateral, este já é o *valor-p*, o qual é maior que o nível de significância adotado ($\alpha = 0,01$). Então, o teste aceita H_0. Ver Figura 8.8(a).

Solução pela abordagem clássica: o teste é unilateral à direita e foi adotado o nível de significância $\alpha = 0,01$. Pela distribuição normal padrão, o valor crítico é $z_c = 2,326$.[3] Como a amostra

---

[3] Neste caso, precisamos associar a área da cauda superior a um valor de z (inversa do complemento da distribuição acumulada em z_c). Pelo Excel, seria 1 – INV.NORMP.N(0,01). Pela tabela, precisamos encontrar a área na cauda superior (parte interna da tabela) o mais próxima possível de 0,01 e associar o valor de z nas margens da tabela, o que resultaria em $z_c = 2,33$.

acusou o valor z = 1,679, o qual é menor que o valor crítico (região de aceitação), o teste aceita H₀. Ver Figura 8.8(b).

Conclusão: o teste mostra que não há evidência de que o processo produtivo tenha probabilidade superior a 20 % de produzir peças do tipo *B*, considerando nível de significância de 0,01.

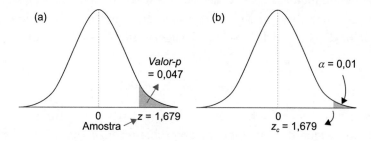

FIGURA 8.8 Ilustração do uso da distribuição normal padrão para o teste do Exemplo 8.2: (a) abordagem do *valor-p* e (b) abordagem clássica.

EXERCÍCIOS DA SEÇÃO

14. Seja *p* a probabilidade de coroa de certa moeda. Com o objetivo de testar H₀: *p* = 0,5 contra H₁: *p* > 0,5, efetuaram-se 50 lançamentos desta moeda, obtendo-se 32 coroas. Use a aproximação para a distribuição normal.

    a) O teste rejeita H₀ no nível de significância de 5 %?
    b) E se estivéssemos trabalhando com o nível de significância de 1 %?

15. Para testar se um sistema computacional "inteligente" adquiriu algum conhecimento sobre determinado assunto, elaboraram-se 60 questões do tipo certo-errado. O sistema acertou 40. Qual é a conclusão no nível de significância de 5 %? Use a aproximação para a distribuição normal.

16. Um experimento computacional foi repetido 40 vezes. O sistema A mostrou-se superior ao sistema B em 24 das 40 repetições. Há evidência suficiente para dizer que os sistemas têm desempenhos diferentes? Use α = 0,05 e a aproximação para a distribuição normal.

17. Um fabricante garante que 95 % de seus itens estão dentro das especificações. Um comprador examinou uma amostra aleatória de 50 itens e verificou que apenas 84 % estavam dentro das especificações. Há evidência de que o nível de qualidade é menor do que o alegado pelo fabricante? Use α = 0,01 e a aproximação para a distribuição normal.

8.6 TESTE DE UMA MÉDIA

Nas engenharias e na informática é comum termos medidas (variáveis numéricas) de desempenho e de qualidade de produtos e processos, por isto o interesse maior costuma ser no valor esperado ou média dessas variáveis. O teste de uma média é aplicável nas situações em que queremos verificar se o valor esperado (ou valor médio) de uma variável é igual a certo valor μ_0. No caso de o problema sugerir um teste bilateral, as hipóteses terão a forma:

$$H_0: \mu = \mu_0 \quad e \quad H_1: \mu \neq \mu_0$$

No caso de teste unilateral, a hipótese alternativa seria $\mu > \mu_0$ (unilateral à direita) ou $\mu < \mu_0$ (unilateral à esquerda), dependendo do problema em estudo. Consideraremos duas situações:

Variância conhecida: quando existe informação externa aos dados sobre a variância populacional da variável em estudo, σ^2; e

Variância desconhecida: quando não há informação além da amostra e a variância é estimada com os dados da amostra, S^2.

CASO DE VARIÂNCIA CONHECIDA

Seja uma amostra aleatória simples $(X_1, X_2, ..., X_n)$ de uma população com distribuição aproximadamente normal ou que a amostra seja razoavelmente grande para valer o teorema central do limite.[4] O cálculo da estatística do teste com a amostra efetivamente observada é realizado por:

$$z = \frac{(\bar{x} - \mu_0)\sqrt{n}}{\sigma}$$

em que:

μ_0 = média populacional conforme especificado por H_0;

n = tamanho da amostra;

σ = desvio-padrão populacional; e

$\bar{x}$ = média da amostra.

O processo de realização do teste é análogo ao teste de uma proporção descrito na seção anterior, em que pode ser usada a abordagem do *valor-p*, ilustrada na Figura 8.6, ou a abordagem clássica, conforme esquema da Figura 8.7.

---

[4] Para populações não muito diferentes da normal, basta $n \geq 30$ para valer a aproximação normal.

EXEMPLO 8.3

Na indústria cerâmica, avalia-se sistematicamente a resistência de amostras de massas cerâmicas, após o processo de queima. Dessas avaliações, sabe-se que certo tipo de massa tem resistência mecânica aproximadamente normal, com média de 53 MPa e desvio-padrão de 4 MPa. Após a troca de alguns fornecedores de matérias-primas, deseja-se verificar se houve alteração na qualidade. Uma amostra de 15 corpos de prova de massa cerâmica acusou média igual a 50 MPa. Qual é a conclusão no nível de significância de 5 %?

Formulação das hipóteses: realizaremos um teste bilateral, porque antes de a amostra ser observada, não tínhamos expectativa de que a resistência seria maior ou menor que 53 MPa. Assim:

$$H_0: \mu = 53 \text{ MPa}$$
$$H_1: \mu \neq 53 \text{ MPa}$$

Cálculo da estatística do teste:

$$z = \frac{(\bar{x} - \mu_0)\sqrt{n}}{\sigma} = \frac{(50-53)\sqrt{15}}{\sqrt{16}} = -2,90$$

Solução pela abordagem do valor-p: usando a tabela normal padrão (Tabela 1 do Apêndice), encontramos área na cauda superior igual a 0,0019 associada ao $|z|$ = 2,90. Como o teste é bilateral, o *valor-p* deve ser o dobro de 0,0019 para também incluir a área do lado esquerdo. Assim, *valor-p* = 2 (0,0019) = 0,0038, que é menor do que α = 0,05. Portanto, o teste rejeita H_0 em favor de H_1.[5] Ver Figura 8.9.

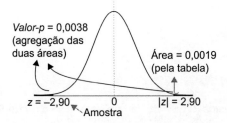

FIGURA 8.9 Ilustração pela abordagem do *valor-p*.

Solução pela abordagem clássica: para o nível de significância de 0,05, a tabela normal padrão leva ao valor crítico z_c = 1,96. Como a amostra acusou o valor z = –2,90, sendo $|z| > z_c$, o teste rejeita H_0 em favor de H_1 (Figura 8.10).[6]

Conclusão: o teste estatístico mostra que há evidência de redução na resistência média da massa cerâmica no nível de significância de 5 %.

---

[5] Pelo Excel ou Calc que tem a função da distribuição acumulada da normal, o *valor-p* seria obtido por 2*DIST.NORMP.N(−2,90;1) = 0,00373. Note que o cálculo com a tabela tem imprecisão na quarta decimal.

[6] Para obter o valor crítico pelo Excel ou Calc, fazemos 1 − INV.NORMP.N(0,025).

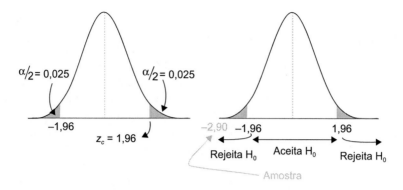

FIGURA 8.10 Ilustração pela abordagem clássica com a distribuição normal padrão.

CASO DE VARIÂNCIA DESCONHECIDA

Situação mais comum é quando não se tem informação sobre a variância populacional, σ^2. Então, usamos, em seu lugar, a variância da amostra, S^2. Neste caso, dada a amostra, o cálculo da estatística do teste é feito por:

$$t = \frac{(\bar{x} - \mu_0)\sqrt{n}}{s}$$

em que:
μ_0 = valor da média populacional especificada por H_0;
n = tamanho da amostra;
$\bar{x}$ = média da amostra; e
s = desvio-padrão da amostra.[7]

No teste t para variância populacional desconhecida, a distribuição de referência é a t de Student com gl = n − 1 graus de liberdade.

Para a validade do teste, supõe-se que os dados provenham de uma distribuição aproximadamente normal, em especial quando $n < 30$.

A realização do teste é feita de maneira análoga aos casos anteriores, mas usando t no lugar de z.

---

[7] Lembre-se de que o desvio-padrão é a raiz quadrada positiva da variância.

EXEMPLO 8.4

O tempo para transmitir 10 MB em determinada rede de computadores tem distribuição aproximadamente normal, com média 7,4 s. Depois de algumas mudanças na rede, acredita-se em uma redução no tempo de transmissão de dados. Foram realizados dez ensaios independentes com um arquivo de 10 MB e anotados os tempos de transmissão, em segundos:

| 6,8 | 7,1 | 5,9 | 7,5 | 6,3 | 6,9 | 7,2 | 7,6 | 6,6 | 6,3 |

Existe evidência suficiente de que o tempo médio de transmissão foi reduzido? Use nível de significância de 1 %.

Formulação das hipóteses:

$$H_0: \mu = 7,4 \text{ s}$$
$$H_1: \mu < 7,4 \text{ s}$$

Cálculo da estatística do teste: como não há informação sobre a variância da população, vamos estimá-la pela variância da amostra. Fazendo os cálculos com as dez observações, resulta na média $\bar{x} = 6,82$ e desvio-padrão $s = 0,5514$ (variância $s^2 = 3.040$). Daí, o cálculo da estatística do teste:

$$t = \frac{(\bar{x} - \mu_0)\sqrt{n}}{s} = \frac{(6,82 - 7,4)\sqrt{10}}{0,5514} = -3,33$$

Graus de liberdade: $gl = n - 1 = 9$.

Abordagem do valor-p: se você tem disponível o Excel ou o Calc, pode usar a distribuição acumulada *t de Student* com gl = 9 no ponto t = –3,33. Isto corresponde à área da cauda inferior da função de densidade da *t de Student*, coerente com a hipótese alternativa que tem o sinal de "<". Assim:

valor-p = DIST.T(–3,33;9;1) = 0,0044

Como o *valor-p* é menor que o nível de significância adotado, $\alpha = 0,01$, então o teste rejeita H_0 em favor de H_1.

Usando a Tabela 2 do Apêndice, podemos obter o *valor-p* de maneira aproximada. Como a tabela fornece áreas na cauda superior da distribuição, usaremos o valor absoluto de *t*, ou seja: | t | = 3,33. A Figura 8.11 mostra o processo. Veja que na linha com gl = 9, o valor | t | = 3,33 está entre 3,250 e 3,690, associados às áreas 0,005 e 0,0025, respectivamente. Então, 0,0025 < *valor-p* < 0,005, ou seja, é possível verificar que *valor-p* < 0,01 e ter a decisão do teste.

Abordagem clássica: o teste é unilateral e foi adotado um nível de significância $\alpha = 0,01$. Usando a tabela da distribuição *t*, verificamos que na coluna com área na cauda superior igual a 0,01 e linha gl = 9, tem-se o valor crítico $t_c = 2,821$. Como a amostra acusou | t | = 3,33, o qual está na região de rejeição, o teste rejeita H_0 em favor de H_1 (Figura 8.12).

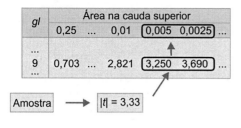

FIGURA 8.11 Ilustração de como obter o intervalo que contém o *valor-p* pela Tabela 2 do Apêndice.

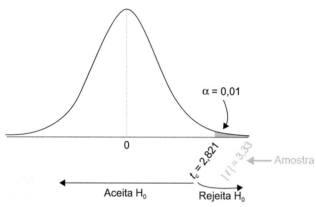

FIGURA 8.12 Ilustração pela abordagem clássica com a distribuição *t* de Student.

No Excel ou Calc, o valor crítico deste exemplo pode ser obtido pela função inversa da distribuição acumulada *t* por *INV.T*(0,01; 9), que corresponde ao lado esquerdo na densidade de probabilidade de *t*.

Conclusão: com o resultado do teste estatístico, chegamos à conclusão, no nível de significância de 1 %, que houve redução no tempo médio de transmissão com as alterações na rede de computadores.

EXERCÍCIOS DA SEÇÃO

18. Em certo banco de dados, o tempo para a realização das buscas tem média de 53 s e desvio-padrão de 14 s, com distribuição razoavelmente simétrica. Depois de realizadas algumas modificações no sistema, observou-se que, em 30 consultas, o tempo médio caiu para 45 s. Há evidência de melhora? Admita que as 30 observações possam ser consideradas uma amostra aleatória e que não houve alteração na variância. Use $\alpha = 0,01$.

19. Certo tipo de pneu dura, em média, 50.000 km. O fabricante investiu em uma nova composição de borracha para pneus. Vinte pneus fabricados com essa nova composição duraram, em média, 55.000 km, com desvio-padrão de 4.000 km. Supondo que a durabilidade dos pneus segue uma distribuição aproximadamente normal, verifique se os dados provam estatisticamente que os novos pneus são mais duráveis. Use $\alpha = 0,01$.

8.7 TESTE DE UMA VARIÂNCIA

Muitas vezes, há interesse em verificar possíveis alterações na variabilidade do produto ou processo. O teste pode ser feito com as hipóteses:

$$H_0: \sigma^2 = \sigma_0^2 \quad \text{e} \quad H_1: \sigma^2 \neq \sigma_0^2$$

Dependendo do problema, o teste deve ser unilateral, com a hipótese alternativa da forma $\sigma^2 > \sigma_0^2$ (unilateral à direita) ou $\sigma^2 < \sigma_0^2$ (unilateral à esquerda).

A estatística do teste é calculada por:

$$q^2 = \frac{(n-1)s^2}{\sigma_0^2}$$

em que:
σ_0^2 = variância conforme a hipótese nula;
n = tamanho da amostra; e
s^2 = variância da amostra.

> Desde que os dados possam ser assumidos provenientes de uma distribuição normal, a distribuição de referência para o teste é a chamada distribuição *qui-quadrado* com gl = $n - 1$.

Um cuidado adicional é que o valor esperado da distribuição qui-quadrado é igual aos seus graus de liberdade, gl, e essa distribuição não é simétrica, ou seja, a relação entre a área na cauda e o valor da abscissa precisa ser feita em cada lado da distribuição na construção da regra de decisão. A Tabela 3 do Apêndice fornece a relação entre q e a área na cauda superior da distribuição. Alternativamente, podemos usar o Excel ou o Calc, que têm a função de distribuição acumulada qui-quadrado: *DIST.QUIQUA*, e a inversa desta função: *INV.QUIQUA*.

EXEMPLO 8.5

O tempo, em segundos, para transmitir 10 MB em determinada rede de computadores tem supostamente distribuição normal com média 7,4 e variância 1,3. Com as mudanças realizadas no processo, há evidência suficiente de que houve alteração da variabilidade no tempo de transmissão de dados? Use nível de significância de 0,05. Os dados foram apresentados no Exemplo 8.4.

Formulação das hipóteses:

$$H_0: \sigma^2 = 1,3$$
$$H_1: \sigma^2 \neq 1,3$$

Cálculo da estatística do teste: como a amostra de dez observações produziu variância amostral: s² = 0,3040, temos:

$$q^2 = \frac{(n-1)s^2}{\sigma_0^2} = \frac{9(0,304)}{1,3} = 2,10$$

Graus de liberdade: gl = *n* − 1 = 9.

Abordagem do valor-p: note que a amostra levou a um valor de q^2 abaixo do valor esperado da distribuição de referência. Usando o Excel, verificamos que o valor de q^2 está associado à área na cauda inferior da distribuição qui-quadrado com gl = 9:

$$DIST.QUIQUA(2,1; 9; 1) = 0,010$$

Alternativamente, usando a Tabela 3 e entrando na linha correspondente a gl = 9, vemos o valor 2,09 ≅ 2,10, associado à área na cauda superior de 0,99, ou seja, área na cauda inferior igual a 0,01. Como o teste é bilateral, precisamos considerar, também, a mesma área do lado superior da densidade desta distribuição. Então:

$$\text{valor-p} \cong 2(0,010) = 0,020 < \alpha = 0,05$$

Portanto, o teste rejeita H_0 em favor de H_1.

Abordagem clássica: como neste exemplo o teste é bilateral, para construir a regra de decisão, precisamos obter os pontos críticos (χ_{c1}^2 e χ_{c2}^2), os quais separam áreas iguais a 0,025 em cada cauda da distribuição (ver Figura 8.13). Usando a Tabela 3, obtemos χ_{c1}^2 = 2,70 (associado à área na cauda superior de 0,975) e χ_{c2}^2 = 19,02 (associado à área na cauda superior de 0,025). Ou, pelo Excel, em termos das caudas inferiores:

$$\chi_{c1}^2 = INV.QUIQUA(0,025; 9) = 2,70$$

$$\chi_{c2}^2 = INV.QUIQUA(0,975; 9) = 19,02$$

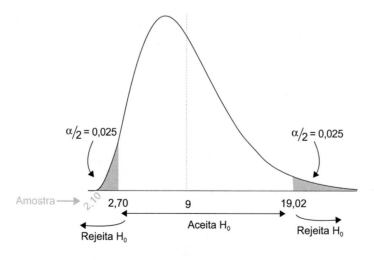

FIGURA 8.13 Regra de decisão de um teste bilateral usando o modelo qui-quadrado com gl = 9.

Conclusão: com o resultado do teste estatístico, chegamos à conclusão, para um nível de significância de 5 %, que houve mudança na variância do tempo de transmissão; e essa mudança foi no sentido de variância menor.[8]

EXERCÍCIOS DA SEÇÃO

20. Usuários de uma rede de transmissão de energia elétrica têm reclamado da alta variação na tensão (desvio-padrão de 12 V). A empresa encarregada da transmissão de energia elétrica na região instalou novos transformadores. O desvio-padrão calculado sobre 30 observações independentes foi de 8 V e a distribuição de frequências dos valores da amostra sugere distribuição normal. Há evidência de redução da variância da tensão? Use $\alpha = 0{,}05$.

21. Com respeito ao Exercício 18, suponha que nas 30 observações o desvio-padrão do tempo para a realização das buscas no banco de dados foi de 12 s. Há evidência de alteração na variância? Use $\alpha = 0{,}01$.

8.8 PODER DE UM TESTE E TAMANHO DA AMOSTRA

Como discutido anteriormente, em um teste de hipóteses, temos as seguintes possibilidades:

Realidade (desconhecida)	Decisão do teste Aceita H_0	Decisão do teste Rejeita H_0
H_0 verdadeira	Decisão correta (probab. = $1 - \alpha$)	Erro tipo I (probab. = α)
H_0 falsa	Erro tipo II (probab. = β)	Decisão correta (probab. = $1 - \beta$)

Fixado o nível de significância α e construída a regra de decisão do teste, podemos estudar o erro tipo II por:

$$P(\text{erro tipo II}) = P(\text{aceitar } H_0 \mid H_0 \text{ é falsa}) = \beta$$

Vamos retornar ao Exemplo 8.3, em que tínhamos as hipóteses:

$$H_0: \mu = 53 \text{ e } H_1: \mu \neq 53$$

---

[8] Um dos objetivos no desenvolvimento de produtos e processos é a redução da variância, o que indica melhoria da qualidade.

e, com base na estatística:

$$Z = \frac{(\bar{X} - \mu_0)\sqrt{n}}{\sigma}$$

construímos a regra de decisão no nível de significância de 5 %, conforme mostra a Figura 8.14.

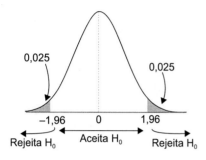

FIGURA 8.14 Regra de decisão do teste do Exemplo 8.3 com base na distribuição normal padrão.

A regra de decisão também pode ser colocada diretamente em termos da média amostral, $\bar{X}$, que sob H_0 tem distribuição normal com média e desvio-padrão dados por:

$$E(\bar{X}) = \mu_0$$

$$DP(\bar{X}) = \frac{\sigma}{\sqrt{n}}$$

Fazendo a operação inversa da padronização, temos a seguinte relação entre o valor crítico da normal padrão, z_c, e o valor crítico da distribuição da média amostral, $\bar{x}_c$:

$$\bar{x}_c = \mu_0 \pm z_c \frac{\sigma}{\sqrt{n}}$$

No Exemplo 8.3, temos: $n = 15$, $\sigma = 4$ e $\alpha = 0{,}05$. Então, os valores críticos da regra de decisão em termos de $\bar{X}$ são:

$$\bar{x}_{c1} = 53 - 1{,}96 \frac{4}{\sqrt{15}} = 50{,}975$$

$$\bar{x}_{c2} = 53 + 1{,}96 \frac{4}{\sqrt{15}} = 55{,}024$$

A Figura 8.15 mostra a regra de decisão diretamente em termos da média amostral.

Vamos considerar como exemplo de cálculo da probabilidade de erro tipo II que a verdadeira média seja $\mu = 56$, portanto H_1 é a hipótese verdadeira. Neste caso, a probabilidade de se cometer o erro tipo II é dada por:

$$\beta = P(\text{aceitar } H_0 \mid \mu = 56)$$

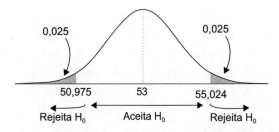

FIGURA 8.15 Regra de decisão do teste do Exemplo 8.3 em termos da distribuição de $\bar{X}$.

Pela regra de decisão mostrada na Figura 8.14:

$$\beta = P\{50{,}975 \leq \bar{X} \leq 55{,}024 \mid \mu = 56\} =$$

$$= P\left\{\frac{(50{,}975-56)\sqrt{15}}{4} \leq \frac{(\bar{X}-56)\sqrt{n}}{\sigma} \leq \frac{(55{,}024-56)\sqrt{15}}{4}\right\} =$$

$$= P\{-4{,}865 \leq Z \leq -0{,}945\} = F_Z(-0{,}945) - F_Z(-4{,}865) \cong 0{,}17$$

em que F_Z é a função de distribuição acumulada da normal padrão. Tem-se, então, que se $\mu = 56$, a probabilidade de se cometer o erro tipo II pela regra de decisão estabelecida é de 0,17.

> Definimos *poder de um teste estatístico* como a probabilidade de o teste rejeitar H_0 quando H_0 é falsa, ou seja, *poder do teste* = $1 - \beta$.

No Exemplo 8.3, se na realidade $\mu = 56$, o poder de o teste detectar que H_0 é falsa é dado por:

$$1 - \beta = 1 - 0{,}17 = 0{,}83$$

como ilustrado na Figura 8.16.

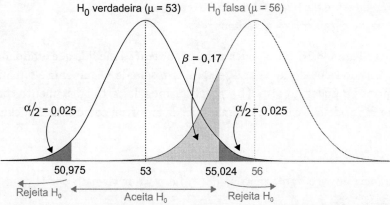

FIGURA 8.16 Ilustração do poder do teste do Exemplo 8.3, considerando $\alpha = 0{,}05$ e $\mu = 56$.

A hipótese alternativa é mais geral (H$_1$: $\mu \neq 53$) e calculamos o poder do teste apenas no ponto particular $\mu = 56$. Então, para cada valor de $\mu \neq 53$, o poder do teste $(1 - \beta)$ terá um valor diferente. Ou seja, o poder de um teste é, na verdade, uma função do parâmetro μ, como ilustra a Figura 8.17. Nesta figura, a curva em preto é para $n = 15$ e a curva em cinza é para $n = 30$. O poder do teste no ponto 56 é 0,83 para $n = 15$; e é 0,98 para $n = 30$.

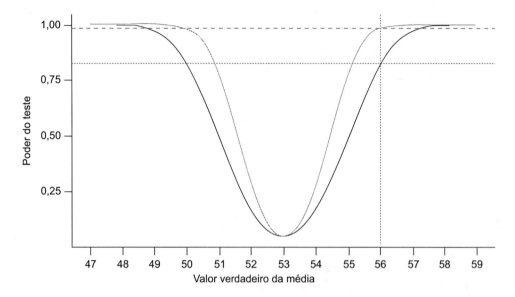

FIGURA 8.17 Curvas de poder do teste do Exemplo 8.3 para $n = 15$ e $n = 30$, considerando $\alpha = 0,05$.

Para o teste de uma média, o poder do teste depende:

› da magnitude da diferença entre a verdadeira média e a média especificada pela hipótese nula, ou seja, $|\mu - \mu_0|$;
› do tamanho da amostra n;
› do tipo de teste (se bilateral ou unilateral); e
› do nível de significância α adotado.

Observe na Figura 8.16 que o poder do teste aumenta à medida que o verdadeiro parâmetro se distancia do valor alegado por H$_0$ e, também, quando se aumenta o tamanho da amostra. Se fixarmos o poder do teste $(1 - \beta)$ em termos de certo afastamento com relação ao alegado por H$_0$, podemos calcular o tamanho n da amostra, como será explicitado a seguir.

TESTE PARA MÉDIA COM VARIÂNCIA CONHECIDA

Seja a distância entre a verdadeira média (μ) e o valor alegado por H$_0$, em unidades de desvio-padrão:

$$d = \frac{|\mu - \mu_0|}{\sigma}$$

A probabilidade do erro tipo II pode ser calculada, em testes bilaterais, por:

$$\beta = F_Z\left(z_{\alpha/2} - d\sqrt{n}\right) - F_Z\left(-z_{\alpha/2} - d\sqrt{n}\right)$$

em que:
F_Z = função de distribuição acumulada normal padrão; e
$z_{\alpha/2}$ = abscissa da normal padrão que deixa $\alpha/2$ de área na cauda superior.

O tamanho mínimo da amostra que garante poder igual a $1 - \beta$, em testes bilaterais, é dado aproximadamente por:

$$n \cong \left(\frac{z_{\alpha/2} + z_\beta}{d}\right)^2$$

com z_β sendo a abscissa da normal padrão que deixa β como área na cauda superior.

Para teste unilateral, a probabilidade β e o tamanho mínimo da amostra são dados por:

$$\beta = F_Z\left(z_\alpha - d\sqrt{n}\right)$$

$$n \cong \left(\frac{z_\alpha + z_\beta}{d}\right)^2$$

EXEMPLO 8.6

As especificações de um tipo de lâmpada afirmam que elas resistem, em média, à tensão nominal de 127 V, com desvio-padrão de 10 V. Um comprador desconfia desta afirmação e resolve fazer um teste estatístico considerando as hipóteses H_0: $\mu = 127$ e H_1: $\mu < 127$, no nível de significância de 5 %. O comprador considera bastante grave se as lâmpadas resistirem, em média, apenas 120 V ou menos. Por isto, se $\mu = 120$, ele quer que o teste detecte que H_0 é falsa com 90 % de probabilidade. Mas ele também não deseja testar muitas lâmpadas, porque o teste é destrutivo, causando perda financeira. Qual é o tamanho mínimo da amostra?

Solução:

$$d = \frac{|\mu - \mu_0|}{\sigma} = \frac{|127 - 120|}{10} = 0{,}7$$

$$n \cong \left(\frac{z_\alpha + z_\beta}{\delta d}\right)^2 = \left(\frac{1{,}645 + 1{,}282}{0{,}7}\right)^2 = 17{,}48$$

Logo, o tamanho mínimo da amostra deve ser $n = 18$ lâmpadas.

TESTE PARA MÉDIA COM VARIÂNCIA DESCONHECIDA

Podemos calcular, aproximadamente, o tamanho mínimo da amostra pelas expressões apresentadas no caso anterior, substituindo a abscissa z por t da distribuição t *de Student* com gl = $n - 1$. Contudo, para o cálculo do tamanho da amostra, não se tem o valor de n para obter gl. Uma alternativa é fazer a amostragem em dois estágios, ou seja:

> retira-se, primeiramente, uma amostra piloto de tamanho n_0;
> calcula-se o desvio-padrão desta amostra (s_0);
> obtém-se d com s_0 no lugar de σ;
> calcula-se o tamanho n da amostra usando gl = $n_0 - 1$; e
> completa-se a amostragem com mais $n - n_0$ observações (supondo $n > n_0$, pois, em caso contrário, a amostra piloto já seria suficiente). Ver Exercício 23.

O cálculo correto, porém, envolve a chamada *distribuição t não central* que não será tratada neste texto. A Figura 8.18 apresenta a função poder do teste do Exemplo 8.3 considerando que não se conhece a variância da população, portanto essa variância é estimada com os próprios dados da amostra. Considerou-se que a variância calculada com a amostra foi de $s^2 = 16$.

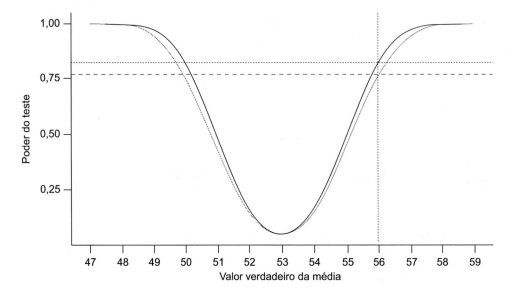

FIGURA 8.18 Curvas de poder de testes do Exemplo 8.3 considerando variância conhecida (curva em preto) e variância estimada pela amostra (curva em cinza).

No ponto $\mu = 56$, o poder do teste baixou de 0,83 para 0,77 quando foi necessário estimar a variância com a própria amostra em análise.

TESTE PARA UMA PROPORÇÃO

Em testes bilaterais (H_0: $p = p_0$ e H_1: $p \neq p_0$), o tamanho da amostra para garantir poder igual a $(1 - \beta)$ é dado por:

$$n = \left(\frac{z_{\alpha/2}\sqrt{p_0(1-p_0)} + z_\beta \sqrt{p(1-p)}}{p - p_0} \right)^2$$

Se o teste for unilateral, o cálculo é feito por:

$$n = \left(\frac{z_\alpha \sqrt{p_0(1-p_0)} + z_\beta \sqrt{p(1-p)}}{p - p_0} \right)^2$$

EXEMPLO 8.7

Uma indústria de cerâmicas admite que até 4 % de seus itens podem conter defeitos leves. Um grande comprador resolve testar a garantia do fabricante considerando as hipóteses H_0: $p = 0{,}04$ e H_1: $p > 0{,}04$. Qual deve ser o tamanho mínimo da amostra para garantir um poder de 90 % no teste se a verdadeira proporção for de 0,08?

$$n = \left(\frac{z_\alpha \sqrt{p_0(1-p_0)} + z_\beta \sqrt{p(1-p)}}{p - p_0} \right)^2 =$$

$$= \left(\frac{(1{,}645)\sqrt{0{,}04(0{,}96)} + (1{,}282)\sqrt{0{,}08(0{,}92)}}{0{,}08 - 0{,}04} \right)^2 = 280{,}69$$

Logo, o tamanho mínimo da amostra deve ser $n = 281$.

EXERCÍCIOS DA SEÇÃO

22. Certa rede de computadores transmite dados a uma velocidade média de 200 MB/s, com desvio-padrão de 30 MB/s. Algumas alterações estão sendo realizadas com o objetivo de aumentar a velocidade de transmissão de dados. Qual deve ser o tamanho mínimo da amostra para detectar um aumento na média de 0,5 σ com probabilidade de 0,9? Use nível de significância de 1 %.

23. As embalagens de óleo de cozinha devem conter 900 ml de conteúdo líquido. Deseja-se fazer uma pesquisa com determinada marca para verificar se, em média, o conteúdo líquido não é menor do que o valor estipulado. Com nível de significância de 5 %, qual é o tamanho de amostra necessário para identificar, com probabilidade de 0,9, a capacidade média inferior a 892 ml? Considere que já foi realizada uma pesquisa preliminar com oito unidades, obtendo desvio-padrão igual a 10 ml. Suponha que a capacidade de óleo nas latas tenha distribuição normal.

216 Capítulo 8

EXERCÍCIOS COMPLEMENTARES

24. Com o objetivo de se verificar se certa moeda está viciada, decide-se lançá-la várias vezes de forma imparcial e sempre sob as mesmas condições. Use a aproximação normal quando possível.

    a) Se em oito lançamentos obteve-se duas caras (e 6 coroas), qual é a conclusão no nível de significância de 5 %?

    b) Se em 80 lançamentos obteve-se 20 caras (e 60 coroas), qual é a conclusão no nível de significância de 5 %?

25. Seja uma prova de múltipla escolha em que cada questão tenha quatro alternativas de resposta. Considere as hipóteses:

    H_0: O candidato responde tudo ao acaso.

    H_1: O candidato conhece a matéria e tenta responder corretamente as questões.

    Adotando nível de significância de 5 %, faça a regra de decisão do teste estatístico considerando:

    a) que a prova tenha dez questões;

    b) que a prova tenha 90 questões.

    Em qual dos itens é possível usar a aproximação para a distribuição normal?

26. No passado, os centros de processamentos de dados (CPDs) eram muito barulhentos por causa das impressoras de impacto. Padrões técnicos exigiam que o nível de ruído em CPDs fossem, no máximo, 70 dB. Foram analisados 16 CPDs, obtendo-se os seguintes valores de ruído:

78	73	68	65	72	64	77	80	82	78	65	72	61	79	58	65

Suponha que o nível de ruído tenha distribuição aproximadamente normal.

    a) Calcule a intensidade de ruído média e o desvio-padrão para esses 16 CPDs.

    b) Suponha que os 16 CPDs analisados são uma amostra aleatória de CPDs do país. Para verificar se na média os CPDs atendem aos padrões técnicos, como você construiria as hipóteses?

    c) Você pode concluir que a intensidade de ruído média dos CPDs nos horários críticos é superior ao especificado? Faça o teste adequado para um nível de significância de 5 %.

    d) Sob o ponto de vista dos que trabalham nos CPDs, qual é o pior erro? Explique.

    e) Se a verdadeira intensidade de ruído média dos CPDs fosse de 73 dB, qual é probabilidade de você tomar uma decisão errada no teste do item (c)? Suponha que o verdadeiro desvio-padrão seja 7 dB.

27. Um cliente de uma torrefação de café suspeita que os pesos dos pacotes, que deveriam ser de 500 g, não estão corretos. Resolveu, então, retirar uma amostra aleatória de 16 pacotes e medir o peso (em gramas):

510	495	498	500	501	499	503	500
495	492	499	499	497	495	499	501

Suponha que o peso dos pacotes de café tenha distribuição aproximadamente normal.

a) Calcule o peso médio e o desvio-padrão dos elementos da amostra.

b) O cliente tem razão na suspeita? Use $\alpha = 0,05$.

c) Pode-se afirmar, com nível de significância de 10 %, que a variância do processo é superior a 10?

28. O tempo médio de vida de um tipo de lâmpada é de 5.000 horas e o desvio-padrão, de 1.200 horas, segundo o fabricante. Considere que o tempo de vida dessas lâmpadas segue, aproximadamente, uma distribuição normal. Um possível comprador resolve retirar uma amostra aleatória de 15 lâmpadas. Testando-as, obteve média de 4.700 horas.

a) Adotando nível de significância de 5 %, há evidência de que a afirmação do fornecedor é falsa, no sentido de afirmar uma média maior do que a realidade?

b) Assumindo um risco de 5 % para o fornecedor, a amostra retirada é suficiente para que o comprador tenha um risco de 10 % de que a média do tempo de vida esteja 200 horas abaixo do especificado? Qual deveria ser o valor de n?

c) Se o tempo de vida médio real fosse de 4.700 horas, qual é a probabilidade de se tomar uma decisão errada no item (a)?

29. O controle estatístico de um processo estabeleceu que pelo menos 80 % dos produtos têm de estar com certo padrão de qualidade. Para verificar a validade desta afirmação, coleta-se uma amostra de 400 produtos, obtendo-se uma proporção de 76 % em conformidade com o padrão de qualidade.

a) Com nível de significância de 1 %, há evidência de que o processo esteja em desacordo com o esperado?

b) Se o percentual real de itens satisfazendo o padrão de qualidade for 74 %, qual é a probabilidade de se tomar uma decisão errada no item (a)?

c) Suponha que se queira identificar, com 95 % de probabilidade, a falsidade de H_0, quando a proporção de itens no padrão for, na realidade, igual a 74 %. Considerando que o teste será realizado com 1 % de significância, qual é o tamanho de amostra necessário?

30. O resíduo da queima de carvão mineral (cinza) pode ser usado na composição do cimento pozolânico. Deseja-se verificar se a substituição da verdadeira rocha pozolânica por cinza de carvão reduz a resistência à compressão do cimento após 28 dias de hidratação. Suponha que esse cimento com a verdadeira rocha pozolânica tem, após 28 dias de hidratação, resistência média de 40 MPa e desvio-padrão de 4 MPa, seguindo uma distribuição aproximadamente normal.

a) Quantos corpos de prova devem ser usados para que seja detectada, com 95 % de probabilidade, uma redução média de 3 MPa?

b) Se foi feito um estudo experimental com o tamanho de amostra calculado no item (a), encontrando $\bar{x} = 39,2$ e $s = 6$ MPa, pode-se dizer que houve redução na resistência média? Use $\alpha = 0,05$ e considere que pode ter ocorrido alteração da variância do processo.

c) Houve aumento na variabilidade? Use $\alpha = 0,05$.

9

COMPARAÇÃO ENTRE TRATAMENTOS

É comum o interesse em comparar dois ou mais *tratamentos*, por exemplo, dois processos de têmpera na produção de aço, três tipos de cimento e cola para fixar azulejos, dois sistemas computacionais para a informatização de um processo. Para realizar as comparações, podemos planejar experimentos com amostras submetidas a cada tratamento. Em cada ensaio, observamos uma *resposta* adequada. Por exemplo, no caso do aço, a resposta pode ser a resistência mecânica; no cimento e cola, o grau de aderência; no sistema computacional, o tempo de resposta; e assim por diante. Em muitos casos, observa-se mais de uma resposta, mas aqui trataremos sempre uma por vez.

Na comparação dos tratamentos, é natural o interesse em verificar se há evidência de diferenças entre os efeitos dos tratamentos, o que pode ser feito mediante testes estatísticos. Neste capítulo, apresentaremos *testes paramétricos*, os quais se caracterizam por suporem certa distribuição de probabilidades para a variável resposta. Em consequência, a comparação entre os efeitos dos tratamentos pode ser feita em termos dos parâmetros da suposta distribuição de probabilidades. Vamos nos restringir à comparação de parâmetros de distribuições normais, com ênfase em testes de médias.

9.1 AMOSTRAS INDEPENDENTES E EM BLOCOS

Na comparação entre g tratamentos, muitas vezes o experimento pode ser conduzido dividindo-se aleatoriamente as unidades experimentais em g grupos, sendo cada grupo submetido a um tratamento – *projeto de experimento completamente aleatorizado*. Como resultado da aplicação desse projeto, temos g *amostras independentes*.

Alternativamente, podemos construir h blocos de unidades experimentais relativamente similares. Se em cada bloco tivermos g unidades experimentais, alocamos, por sorteio, todos os g tratamentos em cada bloco – *projeto de experimento em blocos aleatorizados*. No caso de $g = 2$, o resultado da aplicação desse projeto leva ao que se chama *dados pareados*.

EXEMPLO 9.1

Considere o problema de comparar dois materiais (A e B) para sola de tênis, em termos do grau de desgaste após certo período de uso.[1] Seguem dois projetos de experimentos alternativos:

Projeto I – Um grupo de indivíduos usa tênis com solas feitas com o material A; e outro grupo usa tênis com solas feitas com o material B, conforme ilustra a Figura 9.1.

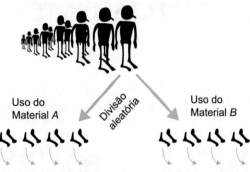

FIGURA 9.1 Esquema de planejamento de experimento completamente aleatorizado com $g = 2$ grupos.

Esquema dos dados provenientes do Projeto I, sendo X_1 as medidas associadas ao material A e X_2 ao material B:

Indivíduo*	X_1	Indivíduo	X_2
1	x_{11}	5	x_{21}
7	x_{12}	2	x_{22}
4	x_{13}	8	x_{23}
6	x_{14}	3	x_{24}

*Ordem de acordo com o sorteio na divisão aleatória.

Projeto II – Fabricam-se, para a realização do experimento, pares de tênis com os dois tipos de sola, isto é, um dos pés com o material A e o outro com o material B. Em cada par, o material usado em cada pé (direito ou esquerdo) é decidido por sorteio (ver Figura 9.2).

---

[1] Baseado em exemplo do livro de Box, Hunter e Hunter (2005).

FIGURA 9.2 Esquema de planejamento de experimento em blocos aleatorizados, com $g = 2$ tratamentos e $h = 5$ blocos (pares, neste caso).

Esquema dos dados provenientes do Projeto II:

Par de pés	X_1	X_2
1	x_{11}	x_{21}
2	x_{12}	x_{22}
3	x_{13}	x_{23}
4	x_{14}	x_{24}
5	x_{15}	x_{25}

Observe que os dados resultantes do Projeto I não induzem nenhuma relação entre as linhas: x_{11} e x_{21} são medidas de indivíduos diferentes, por isto as amostras de X_1 e X_2 são ditas *independentes*. Já no Projeto II, as amostras são *pareadas*, os valores de uma linha provêm do mesmo indivíduo. Em razão desse pareamento, a informação da diferença entre os materiais pode ser avaliada em cada indivíduo. Por exemplo, para o indivíduo 1, pode-se calcular a diferença entre x_{11} e x_{21}, de modo a fornecer a informação da diferença entre esses materiais no indivíduo 1.

Para a análise dos resultados do Projeto II, a Figura 9.3 ilustra duas situações:

a) quando desconsideramos os pares, tratando os dados como se fossem duas amostras independentes; e
b) quando analisamos os pares.

Observe na Figura 9.3 que, ao olharmos os dados de forma pareada, vemos que nos cinco pares o material *A* teve maior nível de desgaste do que o material *B*. Por outro lado, se observarmos as amostras de forma independente, as diferenças entre os dois materiais ficaram ofuscadas pelas diferenças entre os indivíduos.

Em suma, para o particular problema, o Projeto II destaca melhor uma possível diferença entre os materiais. Em geral, quando é possível formar blocos de unidades relativamente similares, temos um projeto de experimento melhor.

Na prática, porém, nem sempre temos liberdade de escolher o projeto de experimento mais adequado, seja por questões financeiras, seja porque os grupos já estão naturalmente

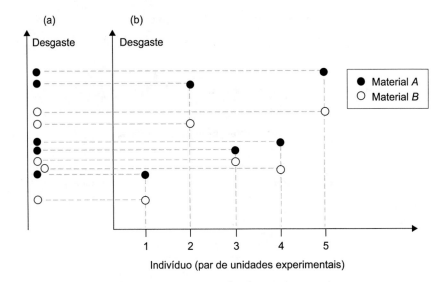

FIGURA 9.3 Diagrama de pontos de dados visto de forma pareada (à direita) e de forma independente (à esquerda).

divididos, como no caso de comparar alguma característica entre homens e mulheres (amostras independentes). Ou, ainda, quando queremos comparar o efeito de certo evento, em que é natural observar as unidades experimentais antes e depois do evento, resultando em dados pareados.

9.2 TESTE *t* PARA DUAS AMOSTRAS

O chamado *teste t* é apropriado para comparar dois conjuntos de dados quantitativos, em termos de seus valores médios. Mais especificamente:

$$H_0: \mu_1 = \mu_2 \quad \text{e} \quad H_1: \mu_1 \neq \mu_2$$

em que μ_1 é o valor esperado da resposta da população 1, e μ_2 é o valor esperado da resposta da população 2.

Na abordagem unilateral, a hipótese alternativa pode ser do tipo $\mu_1 > \mu_2$ ou $\mu_1 < \mu_2$.

9.2.1 Amostras pareadas

Veremos, inicialmente, como testar essas hipóteses com base em uma amostra de dados pareados.

 EXEMPLO 9.2

Considere o problema de verificar se um novo algoritmo de busca em um banco de dados é mais rápido que o algoritmo atualmente usado. Para comparar os dois algoritmos, planeja-se realizar

Comparação entre tratamentos **223**

uma amostra aleatória de dez buscas experimentais (ensaios). Em cada ensaio, uma dada busca é realizada pelos dois algoritmos e o tempo de resposta de cada algoritmo anotado. Observamos que, em cada ensaio, os dois algoritmos são usados em condições idênticas, caracterizando dez pares de observações. Vamos realizar um teste estatístico com nível de significância de 0,05.

Conforme o problema colocado, as hipóteses devem ser:

H_0: em média, os dois algoritmos são *igualmente* rápidos; e
H_1: em média, o algoritmo novo é *mais* rápido do que o algoritmo em uso.

Chamando de μ_1 o valor esperado da distribuição de probabilidade do tempo X_1 de resposta do algoritmo novo; e μ_2 o valor esperado da distribuição de probabilidade do tempo X_2 de resposta do algoritmo atualmente usado, as hipóteses são assim descritas em termos dos parâmetros:

$$H_0: \mu_1 = \mu_2 \quad e \quad H_1: \mu_1 < \mu_2$$

Definindo as diferenças em cada par de observações por:

$$D = X_2 - X_1$$

e sendo μ_D o valor esperado de D, as hipóteses podem ser descritas também como:

$$H_0: \mu_D = 0 \quad e \quad H_1: \mu_D > 0$$

Assim, trabalhando com as diferenças em cada par, o teste t para dados pareados recai no teste de uma média, conforme discutido na Seção 8.6. Considere, agora, que o experimento tenha sido realizado, obtendo-se os dados dispostos na Tabela 9.1.

TABELA 9.1 Tempos de resposta dos algoritmos de busca 1 (novo) e 2 (atual), em dez ensaios pareados

Ensaio	X_1	X_2	D
1	22	25	3
2	21	28	7
3	28	26	-2
4	30	36	6
5	33	32	-1
6	33	39	6
7	26	28	2
8	24	33	9
9	31	30	-1
10	22	27	5

Dada a amostra, calculamos a estatística do teste por:

$$t = \frac{\bar{d} \times \sqrt{n}}{s_d}$$

em que:
n = tamanho da amostra (número de pares);
$\bar{d}$ = média das diferenças observadas; e
s_d = desvio-padrão das diferenças observadas.

Supondo que os valores de D provenham de distribuição aproximadamente normal, o teste pode ser realizado com a distribuição t *de Student* com gl = $n - 1$ graus de liberdade.

 EXEMPLO 9.2 (continuação)

$$n = 10$$

$$\bar{d} = \frac{1}{n}\sum_i d_i = 3{,}4$$

$$s_d = \sqrt{\frac{1}{n-1} \times \left[\sum_i d_i^2 - \frac{\left(\sum_i d_i\right)^2}{n}\right]} = \sqrt{\frac{246 - \frac{34^2}{10}}{9}} = 3{,}81$$

E, portanto,

$$t = \frac{\bar{d} \times \sqrt{n}}{s_d} = \frac{3{,}4 \times \sqrt{10}}{3{,}81} = 2{,}82$$

Abordagem do valor-p: como n = 10, temos gl = 9 graus de liberdade. Como o teste é unilateral à direita em virtude da hipótese alternativa H_1: $\mu_D > 0$, devemos obter a área na cauda superior da distribuição t *de Student*, com base no intervalo [2,82; ∞). Usando a função de distribuição acumulada do Excel, temos:

valor-p = 1 − *DIST.T*(2,82; 9; 1) = 0,010

Usando a Tabela 2 do Apêndice, podemos obter o *valor-p* de forma aproximada. Devemos encontrar um valor tabelado na linha correspondente a gl = 9 o mais próximo possível do valor calculado t = 2,82, conforme mostra a Figura 9.4.

A Tabela 2 do Apêndice apresenta alguns cortes em termos da probabilidade na cauda superior. No presente caso, tivemos sorte de encontrar na linha correspondente aos graus de liberdade corretos do Exemplo 9.1 um valor de t praticamente igual ao calculado na amostra, associado à área (*valor-p*) de 0,01. Na maior parte das vezes, o uso da Tabela 2 só permite afirmar que o *valor-p* está em um dado intervalo, como será visto nos próximos exemplos.

Considerando o nível de significância de 5 % ($\alpha = 0{,}05$), o teste conclui que os dados mostram evidência suficiente de que H_0 é *falsa* (pois, *valor-p* < α), detectando, então, que o algoritmo novo é, em média, mais rápido do que o algoritmo atualmente em uso.

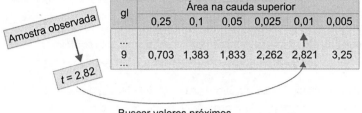

FIGURA 9.4 Uso da tabela da distribuição *t de Student* para obter o *valor-p*, considerando teste unilateral à direita, gl = 9 e *t* igual a 2,82.

Abordagem clássica: neste caso, busca-se o valor crítico t_c, que deixa área $\alpha = 0{,}05$ na cauda superior da distribuição *t de student* com gl = 9. Usando a Tabela 2, encontramos na linha correspondente a gl = 9 e área na cauda superior igual a 0,05 o valor crítico $t_c = 1{,}833$. Alternativamente, pelo Excel, usamos a função inversa da distribuição acumulada *t de Student* para a probabilidade 0,95:

$$t_c = INV.T(0{,}95;\ 9) = 1{,}833$$

A regra de decisão é apresentada na Figura 9.5. Como os dados produziram o valor $t = 2{,}82$ e, portanto: $t > t_c$, então o teste rejeita H_0 no nível de significância de 5 %, provando estatisticamente que o algoritmo novo é, em média, mais rápido do que o algoritmo atualmente em uso.

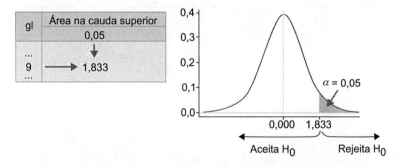

FIGURA 9.5 Uso da tabela da distribuição *t de Student* para construir a regra de decisão.

Cabe observar que o uso da *distribuição t* como referência para o cálculo do *valor-p* e do valor crítico para este teste baseia-se na suposição de que a variável resposta segue uma distribuição normal. Então, recomenda-se fazer uma análise exploratória, como um diagrama de pontos, com os valores calculados da diferença *D* para verificar se não há forte assimetria ou valores discrepantes, o que invalidaria o *teste t*.

9.2.2 Amostras independentes

Neste tópico, apresentaremos como realizar o *teste t* quando as amostras são independentes.

EXEMPLO 9.3

Desejamos verificar se os catalisadores A e B têm efeitos diferentes no rendimento de certa reação química. As hipóteses são:

H_0: em média, os dois catalisadores são *iguais* em termos de rendimento; e
H_1: em média, os dois catalisadores são *diferentes* em termos de rendimento.

Vamos fazer o teste ao nível de significância de 0,05. Sejam μ_1 o valor esperado da distribuição de probabilidade do rendimento da reação, X_1, quando se usa o catalisador A; e μ_2 o valor esperado da distribuição de probabilidade do rendimento da reação, X_2, quando se usa o catalisador B. Com esses parâmetros, as hipóteses podem ser assim descritas:

$$H_0: \mu_1 = \mu_2 \quad \text{e} \quad H_1: \mu_1 \neq \mu_2$$

Para testar essas hipóteses, realizamos dez ensaios com cada catalisador, em ordem aleatória. A Tabela 9.2 mostra os resultados do experimento e a Figura 9.6 apresenta o diagrama de pontos de cada amostra.

TABELA 9.2 Rendimentos (%) de uma reação química em função do catalisador

Catalisador A (X_1)	Catalisador B (X_2)
45 51 50 62 43	45 35 43 59 48
42 53 50 48 55	45 41 43 49 39

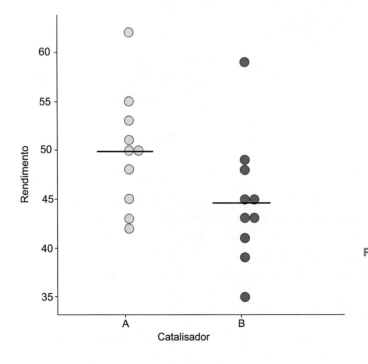

FIGURA 9.6 Diagrama de pontos dos resultados do experimento com indicação da média de cada amostra.

De maneira geral, considera-se uma amostra aleatória simples de X_1: $(x_{11}, x_{12}, ..., x_{1n1})$ e uma amostra aleatória simples de X_2: $(x_{21}, x_{22}, ..., x_{2n2})$.

A análise descritiva das amostras sugere que o catalisador A é melhor, mas precisamos fazer um teste estatístico apropriado para verificar se essa diferença entre as médias amostrais não pode ser explicada por mero acaso.

ESTATÍSTICA DO TESTE

Dadas as duas amostras, a estatística do teste toma como base a diferença entre as médias: $\bar{x}_1 - \bar{x}_2$. Mas leva também em consideração o número de elementos em cada amostra e a variabilidade interna das amostras. Quanto maiores as amostras, maior a evidência de uma possível diferença real. Por outro lado, se há muita variabilidade, uma diferença entre as médias pode ficar ofuscada com a variabilidade interna das amostras. Veja os casos hipotéticos da Figura 9.7: entre as amostras G1 e G2 parece evidente a diferença entre as populações que geraram as amostras. Por outro lado, entre as amostras G3 e G4, apesar de terem a mesma diferença entre as médias amostrais, já não parece tão evidente que essas amostras vieram de distribuições populacionais com médias diferentes.

Sejam:

n_1: tamanho da amostra 1 n_2: tamanho da amostra 2
$\bar{x}_1$: média da amostra 1 $\bar{x}_2$: média da amostra 2
s_1^2: variância da amostra 1 s_2^2: variância da amostra 2

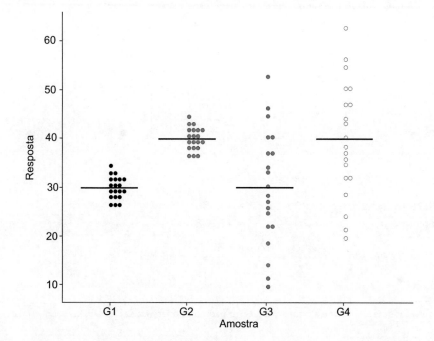

FIGURA 9.7   Importância de se considerar a variância interna dos grupos.

A variabilidade interna das amostras é dada pela *variância agregada*, s_a^2, definida como a média ponderada das duas variâncias da seguinte forma:

$$s_a^2 = \frac{(n_1-1)s_1^2 + (n_2-1)s_2^2}{n_1+n_2-2} = \frac{\sum_i (x_{1i}-\bar{x}_1)^2 + \sum_i (x_{2i}-\bar{x}_2)^2}{n_1+n_2-2}$$

O denominador da variância agregada é o número de graus de liberdade, ou seja, a soma do número de elementos das duas amostras, descontando duas unidades em função de duas médias que estão sendo estimadas:

$$gl = n_1 + n_2 - 2$$

Finalmente, o cálculo da estatística t é feito por:

$$t = \frac{\bar{x}_1 - \bar{x}_2}{s_a \times \sqrt{\dfrac{1}{n_1} + \dfrac{1}{n_2}}}$$

em que s_a é a raiz quadrada da variância agregada.[2]

Se as duas amostras são de mesmo tamanho, isto é, $n_1 = n_2 = n$, então as expressões para o cálculo da estatística t podem ser simplificadas como se segue:

$$s_a^2 = \frac{s_1^2 + s_2^2}{2}$$

$$t = (\bar{x}_1 - \bar{x}_2) \times \sqrt{\frac{n}{2s_a^2}}$$

EXEMPLO 9.3 (continuação)

Amostra 1: $n = 10$, $\bar{x}_1 = 49{,}900$ e $s_1^2 = 35{,}656$
Amostra 2: $n = 10$, $\bar{x}_2 = 44{,}700$ e $s_2^2 = 42{,}233$

Variância agregada: $s_a^2 = \dfrac{s_1^2 + s_2^2}{2} = \dfrac{35{,}656 + 42{,}233}{2} = 38{,}945$

---

[2] O denominador da estatística t é a estimativa do erro-padrão da diferença das duas médias amostrais, ou seja:

$EP(\bar{x}_1 - \bar{x}_2) = s_a \times \sqrt{\dfrac{1}{n_1} + \dfrac{1}{n_2}}$.

Resultado da estatística do teste:

$$t = (\bar{x}_1 - \bar{x}_2) \times \sqrt{\frac{n}{2S_a^2}} = (49{,}90 - 44{,}70) \times \sqrt{\frac{10}{2(38{,}94)}} = 5{,}2 \times \sqrt{0{,}1284} = 1{,}86$$

Graus de liberdade: gl = 2n − 2 = 2(10) − 2 = 18.

Para o uso da distribuição *t de Student*, há três suposições que precisam ser válidas, pelo menos aproximadamente.

SUPOSIÇÕES BÁSICAS PARA A APLICAÇÃO DO TESTE:

1) as observações devem ser independentes;
2) as variâncias populacionais devem ser iguais nos dois grupos; e
3) os dois conjuntos de dados devem provir de distribuições normais.

A suposição (1) refere-se ao planejamento do experimento, enquanto as suposições (2) e (3) às variáveis nas populações em estudo. Observamos que o teste *t* é razoavelmente robusto às suposições (2) e (3), isto é, o teste somente deixará de ser válido se houver violações fortes destas suposições, como a presença de valores discrepantes, distribuições muito assimétricas ou uma variância muito superior à outra. Uma análise exploratória, tal como um diagrama de pontos para cada amostra, é recomendada para avaliar essas suposições.[3]

Distribuição de referência. Se as médias populacionais forem iguais (H_0 verdadeira) e as suposições básicas puderem ser admitidas, então o *valor-p* e a regra de decisão podem ser feitos baseados na distribuição *t de Student* com gl = $n_1 + n_2 - 2$ graus de liberdade.

EXEMPLO 9.3 (continuação)

Abordagem do valor-p: as amostras produziram o valor *t* = 1,86 e temos, em função dos tamanhos das amostras, gl = 18. Neste exemplo, o teste é bilateral em razão do sinal de diferente (≠) na hipótese alternativa. Então, o *valor-p* corresponde à área da distribuição *t de Student*, com base na união dos intervalos (−∞; −1,86] e [1,86; ∞). Pela simetria da distribuição, podemos obter a área associada ao intervalo (−∞; −1,86] e multiplicá-la por dois. Usando a função de distribuição acumulada do Excel, temos:

valor-p = 2 × DIST.T(−1,86; 18; 1) = 2 × 0,03965 = 0,079

---

[3] Neste capítulo, vamos estudar um teste de igualdade de variâncias e, no capítulo seguinte, um teste de aderência à distribuição normal, procedimentos que podem ser realizados para garantir a validade do *teste t*. Há, também, uma variação do *teste t* que não precisa supor variâncias populacionais iguais.

Alternativamente, podemos obter o *valor-p* de forma aproximada pela Tabela 2 do Apêndice, conforme mostra a Figura 9.8.

Como os cortes das áreas de distribuição mostrados na tabela não coincidem com o valor calculado $t = 1,86$, tomamos as duas áreas associadas a valores de t em torno desse valor. A Figura 9.8 mostra que a área associada ao intervalo [1,86; ∞) está entre 0,025 e 0,05. Como o teste é bilateral, multiplicamos por dois, portanto: $0,05 <$ *valor-p* $< 0,10$.

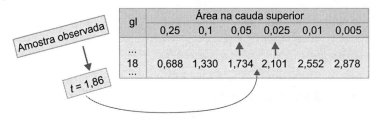

FIGURA 9.8 Uso da tabela da distribuição t *de Student* com gl = 18 para obter a área associada ao intervalo [1,86; ∞).

Considerando que o *valor-p* é maior que o nível de significância adotado ($\alpha = 0,05$), o teste não rejeita H_0, ou seja, não há evidência suficiente para garantir, no nível de significância de 5 %, que os catalisadores produzem rendimentos médios diferentes.

Abordagem clássica: mesmo antes de realizar o experimento, podemos buscar na tabela da distribuição t *de Student* com gl = 18 o valor crítico t_c, o qual deixa uma área igual a $\alpha = 0,05/2 = 0,025$ em cada cauda da distribuição. Lembrando que consideramos os dois lados da distribuição porque o teste é bilateral. Pela Tabela 2, temos $t_c = 2,101$, levando à regra de decisão ilustrada na Figura 9.9.

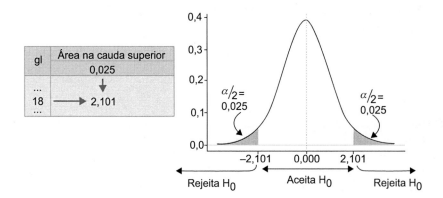

FIGURA 9.9 Regra de decisão para o Exemplo 9.3.

Como os dados produziram o valor $t = 1,86$, o qual pertence à região de aceitação, então o teste aceita H_0 no nível $\alpha = 0,05$. Não há evidência suficiente para garantir, no nível de significância de 5 %, que os catalisadores produzem efeitos diferentes.

Comparação entre tratamentos **231**

EXERCÍCIOS DA SEÇÃO

1. Uma cervejaria estuda a possibilidade de alterar o rótulo de uma de suas marcas, usando formas e cores mais vivas. Para avaliar se existe vantagem em alterar o rótulo, a empresa levou a cabo uma pesquisa de marketing. Enlatou a cerveja com o rótulo tradicional e com o rótulo novo. A pesquisa foi feita em oito estabelecimentos comerciais. Em quatro deles, extraídos por sorteio, colocou-se o produto com o rótulo novo e, nos outros quatro, manteve-se o produto com o rótulo tradicional. Após um mês, avaliou-se a quantidade vendida em cada estabelecimento. Os estabelecimentos que usaram o rótulo tradicional tiveram os seguintes resultados nas vendas (em milhares de unidades): 6, 5, 2, 2. Os estabelecimentos que usaram o rótulo novo tiveram os seguintes resultados nas vendas (em milhares de unidades): 4, 9, 5, 6. Os dados mostram evidência suficiente de que a quantidade esperada de vendas por estabelecimento é superior com o rótulo novo? Responda usando um teste estatístico apropriado no nível de significância de 5 %.

2. Para o mesmo problema do Exercício 1, planejou-se outro tipo de experimento. Com seis estabelecimentos comerciais dispostos a colaborar com a pesquisa, colocaram-se as cervejas com as duas embalagens (de rótulo tradicional e de rótulo novo). Tomou-se o cuidado para que em cada estabelecimento a apresentação das duas embalagens do produto fosse feita de forma idêntica. Os resultados das vendas mensais (em milhares de unidades), para cada estabelecimento e cada embalagem, foram os seguintes:

Estabelecimento:	1	2	3	4	5	6
Rótulo tradicional:	16	12	28	32	19	25
Rótulo novo:	20	11	33	40	21	31

Os dados mostram evidência suficiente de que a quantidade esperada de vendas por estabelecimento é superior com o rótulo novo? Responda usando um teste estatístico apropriado no nível de significância de 5 %.

3. Um produto fabricado por injeção de plástico é analisado em dois níveis de percentual de talco. Os dados a seguir apresentam os resultados da dureza (HRC), segundo o percentual de talco utilizado:

Baixo:	51,7	49,4	65,9	60,0	71,1	72,9	71,9	75,1
Alto:	75,2	76,0	63,7	69,6	67,1	69,1	52,8	57,6

Os resultados mostram evidência suficiente para afirmar que a dureza esperada do produto é diferente nos dois níveis de percentual de talco? Use $\alpha = 0,05$.

4. Deseja-se verificar se há alteração no rendimento médio de um processo de reação química, ao reduzir a temperatura de 80 °C para 70 °C. Realizaram-se 12 ensaios em cada temperatura, encontrando os seguintes resultados de rendimento (%):

232 Capítulo 9

> Temperatura 80 °C: média 40,61 e variância 12,86;
> Temperatura 70 °C: média 36,61 e variância 9,34.

Qual é a conclusão? Use $\alpha = 0,01$.

9.3 TAMANHO DE AMOSTRAS

No planejamento de um experimento para comparar dois tratamentos, surge a questão de qual deve ser o número n de ensaios para cada tratamento. Para respondê-la, vamos relembrar alguns conceitos. Quando o teste rejeita a hipótese de igualdade entre os tratamentos (H_0), concluindo que existem diferenças significativas entre eles, podemos estar cometendo o chamado erro tipo I: rejeitar H_0 quando verdadeira. Os testes são construídos com a probabilidade deste erro fixada em um nível bastante baixo, designada por α (nível de significância do teste), normalmente $\alpha = 0,05$. Por outro lado, quando o teste aceita H_0, pode ocorrer o chamado erro tipo II: aceitar H_0 quando falsa. A probabilidade de se cometer este erro é designada por β. É desejável que, quando a diferença entre as médias associadas aos tratamentos for grande, a probabilidade β seja pequena e, para que isto aconteça, a quantidade n de elementos em cada grupo deve ser suficientemente grande.

A discussão que se segue restringe-se ao problema de comparar duas amostras independentes em termos de médias. Sejam μ_1 e μ_2 as médias das duas populações em estudo e seja:

$$\delta = \frac{|\mu_1 - \mu_2|}{\sigma}$$

A quantidade δ é a diferença de magnitude entre as médias populacionais em unidades de desvios-padrão. Supomos aqui que as duas populações tenham o mesmo desvio-padrão.

Para avaliar a quantidade n de elementos em cada grupo, é necessário levantar o valor mínimo de δ_0 que seja tolerado, ou seja, se a diferença média das duas populações for menor ou igual a certo δ_0, é satisfatório que se considere as médias populacionais iguais. Em geral, é mais fácil raciocinar em termos da unidade em que está se medindo a variável resposta, mas, neste caso, torna-se necessário se ter uma avaliação do desvio-padrão σ.

O cálculo de n para este caso não é simples, por isto apresentamos na Figura 9.10 gráficos que relacionam o valor de δ_0 com o valor de n, considerando um nível de significância $\alpha = 0,05$ e três valores de β. São quatro painéis conforme o tipo de amostra (independente ou pareada) e a desigualdade da hipótese alternativa, o que acarreta teste bilateral ou unilateral.

Comparação entre tratamentos 233

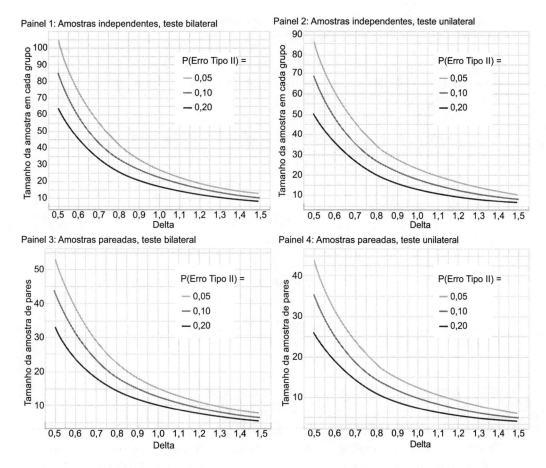

FIGURA 9.10 Tamanho da amostra n em função de δ_0, do tipo de teste, a forma da amostra e $\beta = P(erro\ tipo\ II)$.

Observar que, no caso de amostras pareadas, o tamanho da amostra pode ser menor, porque a informação da diferença entre os tratamentos está dentro de cada par. A variabilidade entre pares não afeta essa informação.

 EXEMPLO 9.4

Seja o problema de comparar dois catalisadores por meio de um teste bilateral com duas amostras independentes, como apresentado no Exemplo 9.3. No planejamento desse estudo, os engenheiros consideraram relevante o teste acusar diferença entre as médias se esta for igual ou maior que quatro unidades; e com base no conhecimento do processo sabe-se que o desvio-padrão do rendimento do processo químico não deve superar cinco unidades. Qual o tamanho mínimo da amostra de observações com cada catalisador para garantir, com probabilidade de 0,10, que o teste detecte diferença quando essa for igual ou superior a quatro unidades? Considere que se adote o nível de significância de 5 %.

Solução:
Passando a diferença para unidades de desvio-padrão, temos:

$$\delta = 4/5 = 0,8$$

Pelo esquema da Figura 9.11, observa-se que o número mínimo de ensaios para cada catalisador deve ser de, aproximadamente, $n = 34$.

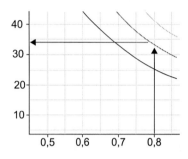

FIGURA 9.11 Uso do painel 1 da Figura 9.10 para obter o valor de n.

EXERCÍCIO DA SEÇÃO

5. No problema de comparação de dois tratamentos por um teste t, quantas observações são necessárias sob cada tratamento, de modo a garantir que o teste detecte com probabilidade de 0,80 uma diferença entre as médias de um desvio-padrão, considerando nível de significância de 0,05 e as seguintes condições do experimento e do teste:
   a) amostras independentes e teste bilateral?
   b) amostras independentes e teste unilateral?
   c) amostras pareadas e teste bilateral?
   d) amostras pareadas e teste unilateral?

9.4 TESTE *F* PARA DUAS VARIÂNCIAS

Considere o problema de verificar se duas populações, supostamente com distribuições normais, têm a mesma variância. Formulamos as hipóteses por:

$$H_0: \sigma_1^2 = \sigma_2^2 \quad \text{e} \quad H_1: \sigma_1^2 \neq \sigma_2^2$$

em que:

σ_1^2 = variância da população 1; e
σ_2^2 = variância da população 2.

A hipótese alternativa, H_1, também pode ser $\sigma_1^2 > \sigma_2^2$ caso se queira provar que a população 1 tenha variância maior. Por conveniência, vamos considerar sempre a população 1 aquela que, hipoteticamente por H_1, tem maior variância populacional.

O teste será apresentado para duas amostras independentes. Com as amostras das duas populações, de tamanhos n_1 e n_2, podemos calcular as variâncias amostrais. Se a hipótese alternativa tiver sinal de "$\neq$" (teste bilateral), vamos chamar de s_1^2 a variância amostral de maior valor ($s_1^2 > s_2^2$). A estatística do teste é calculada pela razão das duas variâncias amostrais:

$$f = \frac{s_1^2}{s_2^2}$$

Observe que a estatística f sempre será positiva e o teste sempre poderá ser feito do lado direito da chamada *distribuição F* com gl = $n_1 - 1$ no numerador e gl = $n_2 - 1$ no denominador, que é a distribuição de referência para este teste.[4] A Tabela 4 do Apêndice apresenta valores f_c que deixam as áreas de 0,05 e 0,025 na cauda superior dessa distribuição, o que permite fazer testes unilaterais e bilaterais com nível de significância de 0,05. Usando *software* ou aplicativo apropriado, o teste pode ser feito com outros níveis de significância.

Adotando a abordagem clássica dos testes estatísticos e estabelecendo o nível de significância α, podemos obter o valor crítico f_c. Para o teste bilateral, obter f_c tal que a área na cauda superior da distribuição seja igual a $\alpha/2$. Para o teste unilateral, obter f_c tal que a área na cauda superior seja igual a α. A regra de decisão é dada por:

> se $f < f_c$, então o teste aceita H_0;
> se $f \geq f_c$, então o teste rejeita H_0.

EXEMPLO 9.5

Considerando o problema do Exemplo 9.3, vamos verificar se os dois catalisadores *A* e *B* têm efeitos diferentes na variância do rendimento de uma reação química. Sendo σ_1^2 a variância do rendimento quando se usa o catalisador *A* e σ_2^2 a variância do rendimento quando se usa o catalisador *B*, as hipóteses são:

$$H_0: \sigma_1^2 = \sigma_2^2 \quad \text{e} \quad H_1: \sigma_1^2 \neq \sigma_2^2$$

Dados os resultados do experimento:

---

[4] O teste pode ser feito do lado direito da distribuição F, porque essa distribuição tem a propriedade de que $f_e = 1/f_d$, em que f_e é o valor de F que deixa área α do lado esquerdo e f_d é o valor de F que deixa área α do lado direito da distribuição. Como padronizamos em dar maior variância no numerador da estatística f, torna-se possível usar só o lado direito da distribuição.

236   Capítulo 9

> Amostra 1: $n_1 = 10$, $\bar{x}_1 = 49,900$ e $s_1^2 = 35,656$
> Amostra 2: $n_2 = 10$, $\bar{x}_2 = 44,700$ e $s_2^2 = 42,233$

No cálculo de f, demos maior variância no numerador, assim:

$$f = \frac{s_2^2}{s_1^2} = \frac{42,233}{35,656} = 1,18$$

Para obter o valor crítico f_c, no nível de significância de 5 %, devemos obter área igual a 2,5 % na cauda superior da distribuição F com gl = 9 no numerador e gl = 9 no denominador. Usando a Tabela 4, obtemos: $f_c = 4,03$. Alternativamente, podemos usar o Excel:

$$f_c = INV.F(0,975; 9; 9) = 4,026$$

Como $f < f_c$, o teste aceita H_0, ou seja, não há evidência de que haja diferença na variância do rendimento em função do catalisador utilizado.

Usando o Excel, também podemos fazer o teste pelo *valor-p*. Neste caso, usamos a função de distribuição acumulada F:

$$valor\text{-}p = 2 \times [1 - DIST.F(1,18; 9; 9; 1)] = 2 \times 0,405 = 0,81$$

Como o *valor-p* > 0,05, o teste aceita H_0 e, portanto, temos a mesma conclusão.[5]

EXERCÍCIO DA SEÇÃO

6. Uma empresa de comércio eletrônico tem um sistema computacional no qual o tempo de resposta para o cliente tem alta variabilidade. Depois de algumas modificações, acredita-se que essa variabilidade tenha diminuído. Uma amostra de seis observações independentes feitas antes das mudanças apresentou variância igual a 40 segundos. Outra amostra de 20 observações independentes feitas após as mudanças resultou em uma variância de dez segundos. Os dados mostram evidência de que a variabilidade diminuiu? Use $\alpha = 0,05$.

9.5   COMPARAÇÃO DE VÁRIAS MÉDIAS

Na Seção 9.2, aprendemos a testar a significância de duas médias por meio de testes t. Nesta seção, estudaremos um teste para verificar se há diferenças significantes entre as médias de g ($g \geq 2$) amostras independentes. Dessa forma, podemos comparar, por

---

[5] A multiplicação da área superior por dois é porque o teste é bilateral. Se quiser calcular primeiro separadamente cada área, você deve fazer:

$$[1 - DIST.F(1,18; 9; 9; 1)] + DIST.F(1/(1,18); 9; 9; 1)$$

exemplo, se dois ou mais algoritmos computacionais têm tempos médios de resposta ao usuário diferentes; e se dois ou mais catalisadores produzem resultados diferentes no rendimento médio da reação química.

A análise estatística para a comparação de g grupos independentes é tradicionalmente feita por uma análise de variância (ANOVA), acompanhada de um *teste F*.[6] As hipóteses são:

$$H_0: \mu_1 = \mu_2 = ... = \mu_g \quad \text{e} \quad H_1: \mu_i \neq \mu_j, \text{ para algum } i \neq j$$

em que μ_i representa o valor esperado da resposta sob o tratamento i ($i = 1, 2, ..., g$) (ver Figura 9.12).

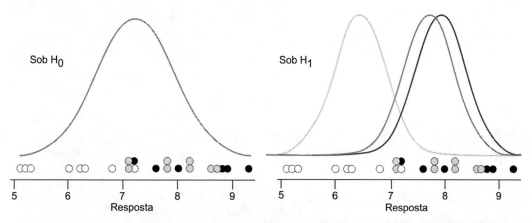

FIGURA 9.12 Suposições sobre as populações que geraram as observações em termos de H_0 e H_1.

Sendo μ o valor esperado da resposta se todos os grupos forem iguais (H_0 verdadeira), definimos o *efeito* do tratamento i como:

$$\tau_i = \mu_i - \mu$$

As hipóteses também podem ser apresentadas em termos dos efeitos por:

$$H_0: \tau_1 = \tau_2 = ... = \tau_g = 0 \quad \text{e} \quad H_1: \tau_i \neq 0, \text{ para algum } i = 1, 2, ..., g$$

Considerando n replicações sob cada tratamento (amostra de n elementos em cada grupo, totalizando $N = ng$ observações), podemos representar essas observações pelo seguinte modelo estatístico:

$$y_{ij} = \mu + \tau_i + e_{ij} \, (i = 1, 2, ..., g; j = 1, 2, ..., n)$$

---

[6] Para $g = 2$, o *teste F* é equivalente ao *teste t* bilateral.

238 Capítulo 9

em que:

y_{ij} = j-ésima observação do i-ésimo tratamento;
μ = valor esperado da resposta independentemente do tratamento;
τ_i = efeito do i-ésimo tratamento;
e_{ij} = efeito aleatório ou erro experimental, o qual é suposto com distribuição aproximadamente normal, média zero e variância constante.[7]

As observações, as somas e as médias por tratamento são representadas conforme o esquema a seguir:[8]

Replicação	Tratamento			
	1	**2**	**...**	**g**
1	y_{11}	y_{21}	...	y_{g1}
2	y_{12}	y_{22}	...	y_{g2}
...	...	...	...	...
n	y_{1n}	y_{2n}	...	y_{gn}
Soma	$y_{1.}$	$y_{2.}$	...	$y_{g.}$	$y_{...} = \sum_i y_{i.}$
Média	$\bar{y}_{1.}$	$\bar{y}_{2.}$	...	$\bar{y}_{g.}$	$\bar{y}_{...} = \dfrac{1}{g}\sum_i y_{i.}$

Considere a seguinte soma de quadrados:

$$SQ_{Tot} = \sum_{i=1}^{g}\sum_{j=1}^{n}\left(y_{ij} - \bar{y}_{..}\right)^2$$

Se H_0 for verdadeira e, portanto, todas as observações provêm de uma mesma população, então SQ_{Tot} é o numerador do cálculo da variância amostral de todas as $N = ng$ observações. Pode-se mostrar que a chamada soma de quadrados total (SQ_{Tot}) é decomposta na *soma de quadrados dos tratamentos* (SQ_{Trat}) e na *soma de quadrados do erro* (SQ_{Erro}) dadas por:

$$SQ_{Trat} = \sum_{i=1}^{g}\sum_{j=1}^{n}\left(\bar{y}_{i.} - \bar{y}_{..}\right)^2 = n\sum_{i=1}^{g}\left(\bar{y}_{i.} - \bar{y}_{..}\right)^2$$

$$SQ_{Erro} = \sum_{i=1}^{g}\sum_{j=1}^{n}\left(y_{ij} - \bar{y}_{i.}\right)^2$$

---

[7] Nessa modelagem, estamos tratando as observações como variáveis aleatórias, ou seja, y_{ij} ainda não foi efetivamente observada.

[8] Se os tamanhos das amostras forem diferentes, é necessário adequar a formulação apresentada nesta seção, substituindo n_i (tamanho da amostra no grupo i) por n e considerando pesos proporcionais ao tamanho das amostras ao agregar médias.

Os g desvios de médias de SQ_{Trat} são feitos com relação a uma única média amostral ($\bar{y}_{..}$). Por isso, dizemos que SQ_{Trat} tem $g - 1$ *graus de liberdade*. Enquanto os N desvios de SQ_{Erro} são feitos com relação a g médias amostrais ($\bar{y}_{i}$, $i = 1, 2, ..., g$) e, por isso, SQ_{Erro} tem $N - g$ *graus de liberdade*. A divisão das somas de quadrados pelos correspondentes graus de liberdade leva aos chamados *quadrados médios*. Assim:

$$QM_{Trat} = \frac{SQ_{Trat}}{gl_{Trat}} \quad e \quad QM_{Erro} = \frac{SQ_{Erro}}{gl_{Erro}}$$

Observe que QM_{Trat} é uma medida da variância *entre* as médias dos grupos, enquanto QM_{Erro} é uma medida da variância *dentro* dos grupos. Define-se a razão f por:

$$f = \frac{QM_{Trat}}{QM_{Erro}}$$

que pode ser interpretada como uma medida de discriminação entre os g grupos. Para testar a hipótese H_0: $\mu_1 = \mu_2 = ... = \mu_g$, usamos a *distribuição F*, com $gl = g - 1$ no numerador e $gl = N - g$ no denominador. Assim, estabelecido o nível de significância α para fazer o teste estatístico, obtemos na Tabela 4 do Apêndice o valor crítico f_c, que deixa área igual a α na cauda superior da distribuição. A regra de decisão é dada por:

> se $f < f_c$, então o teste aceita H_0;
> se $f \geq f_c$, então o teste rejeita H_0.

As somas de quadrados são mais facilmente calculadas conforme as expressões apresentadas no Quadro 9.1.

QUADRO 9.1 Cálculos básicos da ANOVA para comparar g médias de amostras independentes

Fonte de variação	Somas de quadrados	gl	Quadrados médios	Razão f
Entre	$SQ_{Trat} = \sum_{i=1}^{g} \dfrac{y_{i.}^2}{n} - \dfrac{y_{..}^2}{N}$	$g-1$	$QM_{Trat} = \dfrac{SQ_{Trat}}{gl_{Trat}}$	$f = \dfrac{QM_{Trat}}{QM_{Erro}}$
Dentro	$SQ_{Erro} = SQ_{Tot} - SQ_{Trat}$	$N-g$	$QM_{Erro} = \dfrac{SQ_{Erro}}{gl_{Erro}}$	
Total	$SQ_{Tot} = \sum_{i=1}^{g} \sum_{j=1}^{n} y_{ij}^2 - \dfrac{y_{..}^2}{N}$	$N-1$		

EXEMPLO 9.6

Considere o problema de comparar três tipos de rede de computadores, C_1, C_2 e C_3, em termos do tempo médio de transmissão de pacotes de dados entre duas máquinas. Realizou-se um experimento com oito replicações com cada tipo de rede, aleatorizando a ordem dos 24 ensaios e mantendo fixos os demais fatores controláveis (ver resultados na Tabela 9.3). Deseja-se testar as hipóteses:

H_0: os tempos esperados de transmissão *são iguais* para os três tipos de rede;
H_1: os tempos esperados de transmissão *não são todos iguais* (depende do tipo de rede).

TABELA 9.3 Resultados do experimento do Exemplo 9.6

Replicação	Tipo de rede		
	C_1	C_2	C_3
1	7,2	7,8	6,3
2	9,3	8,2	6,0
3	8,7	7,1	5,3
4	8,9	8,6	5,1
5	7,6	8,7	6,2
6	7,2	8,2	5,2
7	8,8	7,1	7,2
8	8,0	7,8	6,8
Soma	65,7	63,5	48,1
Média	8,21	7,94	6,01

Soma global dos valores: $y_{..} = 177,3$
Soma dos quadrados dos valores:

$$\sum_{i=1}^{g}\sum_{j=1}^{n} y_{ij}^2 = (7,2)^2 + (9,3)^2 + \ldots = 1.344,25$$

$$SQ_{Trat} = \sum_{i=1}^{g} \frac{y_{i.}^2}{n} - \frac{y_{..}^2}{N} = \frac{(65,7)^2 + (63,5)^2 + (48,1)^2}{8} - \frac{(177,3)^2}{24} = 22,99$$

$$SQ_{Total} = \sum_{i=1}^{g}\sum_{j=1}^{n} y_{ij}^2 - \frac{y_{..}^2}{N} = 1.344,25 - \frac{(177,3)^2}{24} = 34,45$$

$$SQ_{Erro} = SQ_{Total} - SQ_{Trat} = 34,45 - 22,99 = 11,46$$

Resultando no quadro da ANOVA:

Fonte da variação	SQ	gl	QM	f
Entre grupos	22,99	2	11,50	21,07
Dentro dos grupos	11,46	21	0,55	
Total	34,45	23		

Adotando $\alpha = 0,05$, temos o valor crítico $f_c = 3,47$ (Tabela 4 do Apêndice). Como o valor calculado ($f = 21,07$) é superior ao valor crítico, então o teste rejeita H_0, provando, estatisticamente, que há diferença entre os três tipos de rede, em termos do tempo médio de transmissão.

A seguir é apresentada a saída desta análise com o *software* R:

	Df	Sum Sq	Mean Sq	F value	Pr(>F)
Tipos_de_Rede	2	22,99	11,495	21,07	0,00000955
Residuals	21	11,46	0,546		

Observe que o valor da última coluna é o *valor-p* associado ao valor calculado de f, ou seja, se estiver fazendo esta análise com um *software* ou aplicativo apropriado, normalmente já se tem apresentado o *valor-p*, não necessitando usar a tabela F para a conclusão do teste.

ANÁLISE DOS RESÍDUOS

Vimos anteriormente as suposições sobre o termo de erro:

> distribuição normal; e
> variância constante.

Quando há fortes violações dessas suposições, o teste F não é válido. Essas suposições podem ser avaliadas por alguns gráficos feitos com os resíduos do modelo da ANOVA. O resíduo associado a cada observação é definido pela diferença entre o valor observado e a média do grupo, ou seja:

$$\hat{e}_{ij} = y_{ij} - \bar{y}_{i.} \ (i = 1, 2, ..., g; j = 1, 2, ..., n)$$

A Figura 9.13 apresenta os pontos dos pares ordenados $(\bar{y}_{i.}, e_{ij})$. Observa-se que a variabilidade dos resíduos é aproximadamente constante nos três grupos, não há tendência, por exemplo, de a variabilidade aumentar para grupos com médias maiores. Além disso, os resíduos se distanciam de forma aproximadamente simétrica em torno do zero, compatível com uma distribuição normal. Em suma, esse gráfico mostra que não há fortes violações das suposições do modelo.

Como foi apresentado no Capítulo 6, um gráfico mais específico para verificar a suposição de normalidade é o chamado gráfico de probabilidade normal. A Figura 9.14 mostra a análise dos resíduos por esse tipo de gráfico, além de um diagrama de pontos. Pelo gráfico de probabilidade normal, observa-se que os pontos se afastam um pouco de uma reta nas extremidades. Como os pontos não formam uma curva côncava ou convexa, então não parece ser uma questão de assimetria, mas de uma distribuição mais achatada do que a normal, o que também sugere o diagrama de pontos. Contudo, tal violação da distribuição normal não parece intensa suficiente para invalidar o teste F.

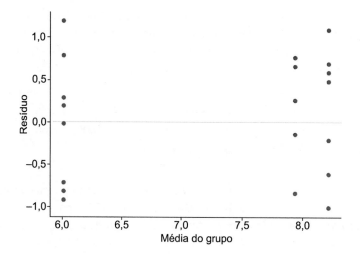

FIGURA 9.13 Diagrama de dispersão das médias dos grupos e resíduos: $(\bar{y}_{i.}, e_{ij})$.

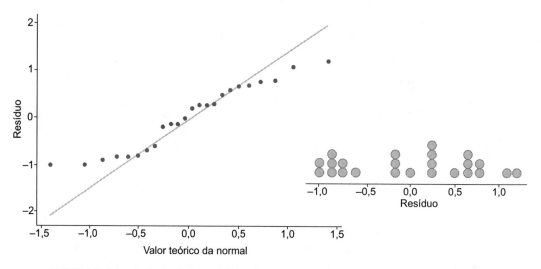

FIGURA 9.14 Gráfico de probabilidade normal e diagrama de pontos dos resíduos.

ESTIMAÇÃO DAS MÉDIAS

As médias aritméticas de cada grupo servem como uma estimativa pontual da resposta esperada de cada tratamento. Podemos, também, usar a abordagem de intervalos de confiança para efetuarmos uma inferência mais completa. O erro-padrão pode ser estimado a partir da variância conjunta das g amostras. Daí, o intervalo de confiança para o valor esperado da resposta sob o *i-ésimo* tratamento é dado por:

$$IC(\mu_i, \gamma) = \bar{y}_{i.} \pm t_\gamma \sqrt{\frac{QM_{Erro}}{n}}$$

em que t_γ é obtido na Tabela 2, em função do nível de confiança γ estabelecido e dos graus de liberdade: gl = $g(n - 1)$.

EXEMPLO 9.7

Retomemos o problema do Exemplo 9.6, em que estamos comparando três tipos de redes de computadores. Vamos fazer o intervalo de 95 % de confiança para o valor esperado do tempo de resposta de cada tipo de rede.

Graus de liberdade: gl = $N - g$ = 24 − 3 = 21.

Valor de t (Tabela 2): $t_{95\%}$ = 2,08. Então, para a rede C_1, temos:

$$IC(\mu_1, 95\ \%) = 8{,}21 \pm 2{,}08\sqrt{\frac{0{,}55}{8}} = 8{,}21 \pm 0{,}55$$

De forma análoga, temos para as redes C_2 e C_3:

$$IC(\mu_2, 95\ \%) = 7{,}94 \pm 0{,}55$$

$$IC(\mu_3, 95\ \%) = 6{,}01 \pm 0{,}55$$

A Figura 9.15 apresenta graficamente os intervalos de confiança para os três tipos de rede.

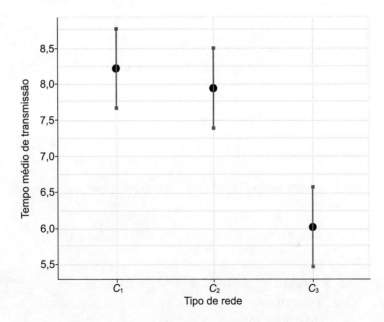

FIGURA 9.15 Médias com intervalos de confiança.

A Figura 9.15 sugere que as redes C_1 e C_2 podem ser consideradas com o mesmo tempo esperado de transmissão, pois seus intervalos de confiança se sobrepõem, indicando que a diferença entre as médias aritméticas pode ser meramente casual. Já a rede C_3 parece ser a causa de o teste F da

244 Capítulo 9

ANOVA ter rejeitado H_0, pois apresenta um intervalo de confiança para a média não sobreposto com os outros intervalos de confiança, evidenciando produzir tempo esperado de transmissão menor.[9]

Nesta seção, vimos como testar se vários grupos têm valores esperados diferentes, nos quais esses grupos se diferem por algum fator, como o tipo de rede de computadores (Exemplo 9.6).

PROJETOS EM BLOCOS COMPLETOS

No Capítulo 2, vimos que, muitas vezes, as unidades experimentais estão agrupadas em blocos relativamente homogêneos, como materiais vindos de diferentes fornecedores; materiais cerâmicos de diferentes fornadas; ensaios realizados por diferentes laboratoristas etc.

Quando estudamos amostras pareadas, estávamos considerando blocos de duas unidades. Vamos, agora, estender a análise para blocos com mais de duas unidades, mas examinando o caso mais simples em que é possível aplicar todos os tratamentos em unidades de mesmo bloco. Formalizando, sejam as unidades experimentais agrupadas em h blocos, de tal forma que todos os g tratamentos sejam realizados em cada bloco, produzindo as respostas conforme o esquema a seguir:

	Tratamento				
Bloco	**1**	**2**	**...**	**g**	**Soma**
1	y_{11}	y_{21}	...	y_{g1}	$y_{.1}$
2	y_{12}	y_{22}	...	y_{g2}	$y_{.2}$
...	...	...	...	...	...
h	y_{1h}	y_{2h}	...	y_{gh}	$y_{.h}$
Soma	$y_{1.}$	$y_{2.}$	...	$y_{g.}$	$y... = \sum_i y_{i.} = \sum_j y_{.j}$

Neste projeto, as observações podem ser influenciadas pelo tratamento, pelo bloco e pelo erro experimental. Assim:

$$y_{ij} = \mu + \tau_i + \beta_j + e_{ij} \ (i = 1, 2, ..., g; j = 1, 2, ..., h)$$

em que:

y_{ij} = observação do i-ésimo tratamento, no j-ésimo bloco;

μ = valor esperado da resposta independentemente do tratamento;

τ_i = efeito do i-ésimo tratamento;

β_j = efeito do j-ésimo bloco;

---

[9] Na literatura de Planejamento de Experimentos, o leitor encontra métodos mais específicos para comparar, simultaneamente, vários pares de médias após o *teste F* detectar que as médias não são todas iguais.

e_{ij} = efeito aleatório ou erro experimental, o qual é suposto com distribuição aproximadamente normal, média zero e variância constante.

Ao fazer a análise de variância, devemos excluir a variação decorrente dos blocos da variação do erro experimental. O Quadro 9.2 mostra os cálculos da ANOVA de um projeto em blocos completos não replicado.

QUADRO 9.2 Cálculos da ANOVA em um projeto em blocos completos não replicado

Fonte de variação	Somas de quadrados	gl	Quadrados médios	Razão f
Entre tratamentos	$SQ_{Trat} = \sum_{i=1}^{g} \frac{y_{i.}^2}{h} - \frac{y_{..}^2}{N}$	$g-1$	$QM_{Trat} = \frac{SQ_{Trat}}{gl_{Trat}}$	$f = \frac{QM_{Trat}}{QM_{Erro}}$
Entre blocos	$SQ_{Blocos} = \sum_{j=1}^{h} \frac{y_{.j}^2}{g} - \frac{y_{..}^2}{N}$	$h-1$	$QM_{Bloco} = \frac{SQ_{Bloco}}{gl_{Bloco}}$	
Erro	$SQ_{Erro} = SQ_{Tot} - SQ_{Trat} - SQ_{Bloco}$	$(g-1)(h-1)$	$QM_{Erro} = \frac{SQ_{Erro}}{gl_{Erro}}$	
Total	$SQ_{Tot} = \sum_{i=1}^{g}\sum_{j=1}^{h} y_{ij}^2 - \frac{y_{..}^2}{N}$	$N-1$		

EXEMPLO 9.8

Seja o problema de comparar três algoritmos de busca em um banco de dados. Realiza-se um experimento com seis buscas experimentais (blocos). Em cada um dos seis processos de busca, são usados separadamente os três algoritmos em estudo, sempre nas mesmas condições. São anotados os tempos de resposta ao usuário.

Hipóteses:

H_0: em média, os três algoritmos são igualmente rápidos;
H_1: em média, os três algoritmos não são igualmente rápidos.

Resultados do experimento:

Ensaio (bloco)	Algoritmo de busca		
	A1	A2	A3
1	8,3	8,1	9,2
2	9,4	8,9	9,8
3	9,1	9,3	9,9

(continua)

(*continuação*)

Ensaio (bloco)	Algoritmo de busca		
	A1	A2	A3
4	9,9	9,6	10,3
5	8,2	8,1	8,9
6	10,9	11,2	13,1
Soma	55,8	55,2	61,2
Média	9,3	9,2	10,2

ANOVA:

Fonte de variação	SQ	gl	QM	f
Algoritmos	3,64	2	1,82	14,29
Blocos	21,95	5	4,39	
Erro	1,27	10	0,13	
Total	26,86	17		

Adotando α = 0,05, temos o valor crítico f_c = 4,10 (Tabela 4 do Apêndice, com gl = 2 no numerador e gl = 10 no denominador). Como o valor calculado (f = 14,29) é superior ao valor crítico, então o teste rejeita H_0, provando, estatisticamente, que os três algoritmos de busca não são iguais quanto ao tempo esperado de resposta ao usuário.

EXERCÍCIOS DA SEÇÃO

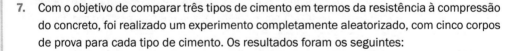

7. Com o objetivo de comparar três tipos de cimento em termos da resistência à compressão do concreto, foi realizado um experimento completamente aleatorizado, com cinco corpos de prova para cada tipo de cimento. Os resultados foram os seguintes:

Cimento	Resistência à compressão				
1	9	12	10	8	15
2	20	21	23	17	30
3	10	9	12	20	11

a) Faça uma ANOVA e verifique se há evidência de que existe diferença real entre as resistências médias dos três tipos de cimento. Use α = 0,05.

b) Construa intervalos de 95 % de confiança para as médias.

c) A partir da análise dos itens anteriores, pode-se dizer que existe um cimento melhor (maior valor esperado de resistência à compressão) que os outros. E pior?

8. Para comparar a absorção de água de quatro tipos de massa cerâmica, analisaram-se corpos de prova de três fornadas. Em cada fornada (bloco), foi feito um corpo de prova de cada tipo de massa cerâmica. Os resultados (porcentagem de absorção de água) foram:

Fornada	Massa cerâmica			
	C1	C2	C3	C4
1	1,2	1,5	1,1	2,1
2	2,1	2,1	1,3	2,7
3	1,5	1,9	1,3	2,4

Os dados mostram evidência suficiente para garantir que há diferença na porcentagem esperada de absorção de água em pelo menos um dos tipos de massa cerâmica? Use $\alpha = 0,05$.

9.6 PROJETOS FATORIAIS

Nos estudos experimentais, em geral, procuramos avaliar ou testar o efeito de mais de um fator com relação à resposta de interesse. O engenheiro químico quer saber a influência dos fatores *temperatura* e *tempo de reação* na resposta *rendimento* de uma reação química. O engenheiro civil quer conhecer o quanto os fatores *tempo de hidratação, dosagem de cimento* e *uso de aditivos* interferem na resposta *resistência à compressão* de um concreto. O profissional de informática pode estar interessado em estudar o *tempo de resposta* do sistema quando se variam os fatores *topologia, protocolo* e *número de nós* de uma rede local.

> Um projeto experimental é dito *fatorial completo* quando cada nível de um fator é ensaiado com todos os níveis dos outros fatores, sem restrições.

O primeiro interesse, normalmente, é testar se existe diferença no valor esperado da resposta entre os níveis de cada fator, além de testar eventuais interações.

> Dizemos que existe *interação* quando a diferença na resposta entre níveis de um fator depende do nível de outros fatores.

Nesta seção, restringiremos o estudo a um projeto fatorial com dois fatores, mas as mesmas ideias podem ser usadas para projetos fatoriais com mais fatores.

Sejam dois fatores, A e B, com a e b níveis, respectivamente. Considere que em cada cruzamento dos níveis desses fatores sejam realizadas n replicações.[10] As $N = abn$ observações podem ser descritas pelo seguinte modelo estatístico:

---

[10] Atualmente, os algoritmos computacionais da ANOVA para projetos fatoriais são feitos com base nos chamados Modelos Lineares Gerais, que permitem usar diferentes quantidades de replicações nos tratamentos.

$$y_{ijk} = \mu + \tau_i + \beta_j + (\tau\beta)_{ij} + e_{ijk}$$

em que:

μ = valor esperado da resposta supondo não haver influência dos fatores;

τ_i = efeito do i-ésimo nível do fator A;

β_j = efeito do j-ésimo nível do fator B;

$(\tau\beta)_{ij}$ = efeito da interação entre τ_i e β_j; e

e_{ijk} = erro experimental ($i = 1, 2, ..., a; j = 1, 2, ..., b; k = 1, 2, ..., n$), supostamente com distribuição normal com média zero e variância constante.

Uma única análise de variância (ANOVA) permite efetuar três testes estatísticos, associados às seguintes hipóteses nulas:

$H_0^{(A)}$: $\tau_1 = \tau_2 = ... = \tau_a = 0$ (não há diferença no valor esperado da resposta entre os níveis do fator A);

$H_0^{(B)}$: $\beta_1 = \beta_2 = ... = \beta_b = 0$ (não há diferença no valor esperado da resposta entre os níveis do fator B); e

$H_0^{(AB)}$: $(\tau\beta)_{ij} = 0$, $\forall i,j$ (não há interação entre os níveis de A e B).

Para efetuar a ANOVA, enfatizamos as notações para as $N = abn$ observações:

Fator B	Fator A				Soma
	1	2	...	a	
1	$y_{111}, ..., y_{11n}$	$y_{211}, ..., y_{21n}$	...	$y_{a11}, ..., y_{a1n}$	$y_{.1.}$
2	$y_{121}, ..., y_{12n}$	$y_{221}, ..., y_{22n}$	...	$y_{a21}, ..., y_{a2n}$	$y_{.2.}$
...	...	...	...	...	
b	$y_{1b1}, ..., y_{1bn}$	$y_{2b1}, ..., y_{2bn}$	...	$y_{ab1}, ..., y_{abn}$	$y_{.b.}$
Soma	$y_{1..}$	$y_{2..}$	...	$y_{a..}$	$y_{...} = \sum_i y_{i..} = \sum_j y_{.j.}$

A soma das observações em cada célula é representada por:

$$y_{ij.} = \sum_{k=1}^{n} y_{ijk}$$

A soma de quadrados entre as células é dada por:

$$SQ_{Subtot} = \sum_{i=1}^{a}\sum_{j=1}^{b} \frac{y_{ij.}^2}{n} - \frac{y_{...}^2}{N}$$

O Quadro 9.3 apresenta o esquema de cálculos para a realização de uma ANOVA para esse tipo de projeto experimental.

Comparação entre tratamentos 249

QUADRO 9.3 Cálculos da ANOVA em um projeto fatorial com dois fatores

Fonte de variação	Somas de quadrados	gl	Quadrados médios	Razão f
Fator A	$SQ_A = \sum_{i=1}^{g} \dfrac{y_{i..}^2}{bn} - \dfrac{y_{...}^2}{N}$	$a-1$	$QM_A = \dfrac{SQ_A}{gl_A}$	$f = \dfrac{QM_A}{QM_{Erro}}$
Fator B	$SQ_B = \sum_{j=1}^{h} \dfrac{y_{.j.}^2}{an} - \dfrac{y_{...}^2}{N}$	$b-1$	$QM_B = \dfrac{SQ_B}{gl_B}$	$f = \dfrac{QM_B}{QM_{Erro}}$
Interação A*B	$SQ_{AB} = SQ_{Subtot} - SQ_A - SQ_B$	$(a-1)(b-1)$	$QM_{AB} = \dfrac{SQ_{AB}}{gl_{AB}}$	$f = \dfrac{QM_{AB}}{QM_{Erro}}$
Erro	$SQ_{Erro} = SQ_{Tot} - SQ_{Subtot}$	$ab(n-1)$	$QM_{Erro} = \dfrac{SQ_{Erro}}{gl_{Erro}}$	
Total	$SQ_{Tot} = \sum_{i=1}^{a}\sum_{j=1}^{b}\sum_{k=1}^{n} y_{ijk}^2 - \dfrac{y_{...}^2}{N}$	$N-1$		

EXEMPLO 9.9

Planeja-se comparar três topologias de rede de computadores (C_1, C_2 e C_3) e dois protocolos (L_1 e L_2), em termos do tempo de resposta ao usuário. Foi realizado um experimento com quatro replicações em cada combinação de topologia e protocolo. O objetivo é verificar se há diferenças entre as topologias, entre os protocolos e se há interação entre os níveis desses fatores. Então, deseja-se testar as seguintes hipóteses nulas:

$H_0^{(A)}$: os tempos esperados de resposta são iguais para as três topologias;
$H_0^{(B)}$: os tempos esperados de resposta são iguais para os dois protocolos; e
$H_0^{(AB)}$: efeitos dos diferentes protocolos são aditivos aos efeitos da topologia adotada (ausência de interação).

Resultados do experimento:

Protocolo	Topologia			Soma	Média
	C_1	C_2	C_3		
L1	6,2	5,9	5,9		
	7,6	8,4	6,2		
	7,2	7,1	5,2		
	8,8	7,1	7,2	82,8	6,9

(continua)

250 Capítulo 9

(continuação)

Protocolo	Topologia			Soma	Média
	C_1	C_2	C_3		
	9	7,1	6,2		
L2	8,9	8,6	6,1		
	9,4	9,1	8,9		
	8	7,8	6,8	95,9	7,99
Soma	65,1	61,1	52,5	178,7	
Média	8,21	7,94	6,01		7,45

Soma das observações em cada célula ($y_{ij.}$):

Protocolo	Topologia		
	C_1	C_2	C_3
L_1	29,8	28,5	24,5
L_2	35,3	32,6	28,0

Somas de quadrados:

$$SQ_{Subtot} = \sum_{i=1}^{a}\sum_{j=1}^{b} \frac{y_{ij}^2}{n} - \frac{y_{...}^2}{N} = \frac{5.393,39}{4} - \frac{31.933,69}{24} = 17,77$$

$$SQ_{Tot} = \sum_{i=1}^{a}\sum_{j=1}^{b}\sum_{k=1}^{n} y_{ijk}^2 - \frac{y_{...}^2}{N} = 1.365,49 - 1.330,57 = 34,92$$

$$SQ_A = \sum_{i=1}^{a} \frac{y_{i..}^2}{bn} - \frac{y_{...}^2}{N} = \frac{10.727,47}{8} - 1.330,57 = 10,36$$

$$SQ_B = \sum_{j=1}^{b} \frac{y_{.j.}^2}{an} - \frac{y_{...}^2}{N} = \frac{16.052,65}{12} - 1.330,57 = 7,15$$

A ANOVA e os valores críticos f_c, obtidos na Tabela 4 do Apêndice no nível de significância de 5 %, são descritos a seguir:

Fonte de variação	SQ	gl	QM	f	f_c
Topologia	10,36	2	5,18	5,44	3,55
Protocolo	7,15	1	7,15	7,51	4,41
Interação	0,26	2	0,13	0,14	3,55
Erro	17,14	18	0,95		
Total	34,92	23			

Concluímos que tanto as diferentes topologias quanto os diferentes protocolos utilizados alteram significativamente a média de tempo ao usuário, mas não há interação entre esses dois fatores.

No projeto fatorial, os *valores preditos* são as médias dos subgrupos:

$$\bar{y}_{ij.} = \frac{1}{n}\sum_{k=1}^{n} y_{ijk}$$

Os *resíduos* são as diferenças entre os valores observados e a média do respectivo subgrupo:

$$\hat{e}_{ijk} = y_{ijk} - \bar{y}_{ij.}$$

 EXEMPLO 9.9 (continuação)

A Figura 9.16 ilustra as médias do tempo de resposta para cada topologia e protocolo, de onde observamos que os perfis dos dois protocolos estão em níveis diferentes, mas mantêm diferenças aproximadamente iguais nas três topologias. Essa visualização está compatível com os resultados dos testes que apontaram diferenças entre os protocolos, mas ausência de interação. Analisando em termos das topologias, observe uma redução no tempo de resposta de C_1 para C_2 e de C_2 para C_3, em ambos os protocolos, conforme os testes estatísticos confirmaram: diferenças entre as topologias, mas sem interação das topologias com os protocolos.

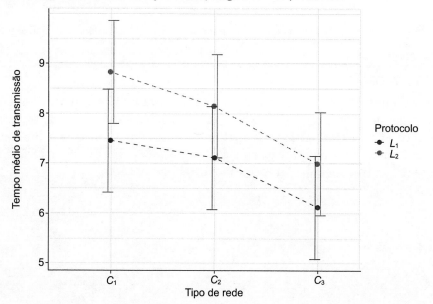

FIGURA 9.16 Média do tempo de resposta ao usuário, por topologia e protocolo.

A Figura 9.16 também apresenta intervalos de 95 % de confiança para cada estimativa de médias.[11] Como cada média é estimada por apenas quatro replicações, os intervalos de confiança são

---

[11] Como as amostras eram pequenas em cada condição experimental, foi suposta a mesma variância estimada pelo quadrático médio do erro (QM_{Erro}).

bastante amplos. Assim, os resultados desse experimento não permitem tirar conclusões seguras sobre cada média, apenas conclusões gerais, como apontaram os testes estatísticos da ANOVA.

A Figura 9.17 apresenta o diagrama de dispersão entre valores preditos e resíduos, de onde observamos que os pontos se distribuem aleatoriamente em torno da linha horizontal de resíduo nulo, não evidenciando aumento de variabilidade para valores preditos maiores. Além disso, no gráfico de probabilidade normal, nota-se os pontos em torno de uma linha reta. Podemos dizer, então, que essa análise de resíduos sugere que não há motivo para suspeitar das suposições de normalidade e variância constante, validando os resultados da ANOVA.

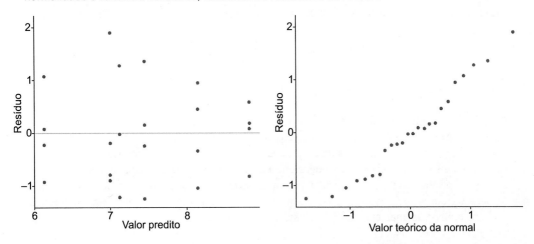

FIGURA 9.17 Análise de resíduos para avaliar as suposições do modelo estatístico adotado.

PROJETOS FATORIAIS 2^k

Como discutimos no Capítulo 2, quando se quer analisar muitos fatores, é comum iniciar com um experimento em que todos os fatores são ensaiados em apenas dois níveis. Denotaremos por +1 o nível superior de um fator; e por −1, o nível inferior.[12] Em um projeto com $k = 3$ fatores e $n = 2$ replicações, temos um total de $N = 2^k n = 16$ observações, referentes aos seus oito tratamentos, conforme mostra a Figura 9.18.

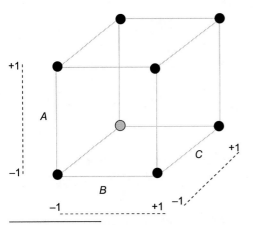

FIGURA 9.18 Representação geométrica de um projeto fatorial 2^3.

---
[12] Para fatores qualitativos, os códigos + e − podem ser definidos arbitrariamente.

EFEITO PRINCIPAL E DE INTERAÇÃO EM PROJETOS 2^k

Para cada fator, vamos denotar por μ_{+1} e por μ_{-1} os valores esperados da resposta nos níveis superiores e inferiores, respectivamente. Definimos como *efeito principal de um fator* a diferença:[13]

$$ef = \mu_{+1} - \mu_{-1}$$

Ao realizar o experimento, temos os valores para a resposta Y em cada condição experimental (tratamento). A *estimativa do efeito principal* de um fator pode ser feita por:

$$\widehat{ef} = \bar{y}_{+1} - \bar{y}_{-1}$$

Ao multiplicar os sinais entre dois ou mais fatores elemento por elemento, temos os sinais para a estimativa da *interação* entre esses fatores, que segue a mesma formulação das estimativas dos efeitos principais.

 EXEMPLO 9.10

Considere um estudo experimental para verificar os fatores que influenciam a qualidade da transmissão de dados por meio da porta serial de microcomputadores com cabos longos. Observou-se a *taxa de falhas de transmissão* (y) em função dos fatores:
> A: velocidade da transmissão (2.400 / 9.600 bauds);
> B: tamanho do arquivo (100 / 200 *bytes*);
> C: comprimento do cabo serial (15 / 20 m).

O experimento foi realizado com duas replicações. As colunas A, B e C da Tabela 9.4 mostram todas as oito combinações possíveis desses fatores replicadas duas vezes, ou seja, o projeto do experimento propriamente dito. As três colunas seguintes, em cinza, são os sinais para as estimativas das interações. A última coluna mostra os resultados da variável resposta após a realização do experimento.

TABELA 9.4 Projeto e resultados do experimento descrito no Exemplo 9.10

Ensaio*	Replicação	A	B	C	AB	AC	BC	ABC	y
7	1	-1	-1	-1	1	1	1	-1	32,5
15	2	-1	-1	-1	1	1	1	-1	32,3
1	1	-1	-1	1	1	-1	-1	1	35,7
6	2	-1	-1	1	1	-1	-1	1	35,9
12	1	-1	1	-1	-1	1	-1	1	33,1

(*continua*)

---

[13] Como cada fator é ensaiado em apenas dois níveis (um grau de liberdade), podemos dizer *efeito do fator*. Nos projetos fatoriais, em que fatores podem ser ensaiados em mais níveis, essa definição precisaria ser em termos dos *níveis do fator*.

254 Capítulo 9

(*continuação*)

Ensaio*	Replicação	A	B	C	AB	AC	BC	ABC	y
10	2	-1	1	-1	-1	1	-1	1	33,4
2	1	-1	1	1	-1	-1	1	-1	35,9
11	2	-1	1	1	-1	-1	1	-1	36,1
13	1	1	-1	-1	-1	-1	1	1	34,1
3	2	1	-1	-1	-1	-1	1	1	34,4
8	1	1	-1	1	-1	1	-1	-1	36,6
9	2	1	-1	1	-1	1	-1	-1	36,9
16	1	1	1	-1	1	-1	-1	-1	34,2
4	2	1	1	-1	1	-1	-1	-1	34,2
5	1	1	1	1	1	1	1	1	37,1
14	2	1	1	1	1	1	1	1	36,9

*Esses números foram colocados em ordem aleatória para enfatizar que a ordem de realização dos ensaios deve ser aleatória.

$$\bar{y}_{+1} = \frac{34,1 + 34,4 + 36,6 + 36,9 + 34,2 + 34,9 + 37,1 + 36,9}{8} = 35,6375$$

$$\bar{y}_{-1} = \frac{32,5 + 32,3 + 35,7 + 35,9 + 33,1 + 33,4 + 35,9 + 36,1}{8} = 34,3625$$

Assim, a estimativa do efeito do fator A é de:

$$\widehat{ef}(A) = 35,55 - 34,36 = 1,19$$

A Tabela 9.5 mostra os cálculos para os demais efeitos principais e, em cinza, das interações.

TABELA 9.5 Esquema de cálculo das estimativas dos efeitos do experimento descrito no Exemplo 9.10

Ensaio	y	Ay	By	Cy	ABy	ACy	BCy	ABCy
7	32,5	-32,5	-32,5	-32,5	32,5	32,5	32,5	-32,5
15	32,3	-32,3	-32,3	-32,3	32,3	32,3	32,3	-32,3
1	35,7	-35,7	-35,7	35,7	35,7	-35,7	-35,7	35,7
6	35,9	-35,9	-35,9	35,9	35,9	-35,9	-35,9	35,9
12	33,1	-33,1	33,1	-33,1	-33,1	33,1	-33,1	33,1
10	33,4	-33,4	33,4	-33,4	-33,4	33,4	-33,4	33,4
2	35,9	-35,9	35,9	35,9	-35,9	-35,9	35,9	-35,9
11	36,1	-36,1	36,1	36,1	-36,1	-36,1	36,1	-36,1
13	34,1	34,1	-34,1	-34,1	-34,1	-34,1	34,1	34,1

(*continua*)

(continuação)

Ensaio	y	Ay	By	Cy	ABy	ACy	BCy	ABCy
3	34,4	34,4	-34,4	-34,4	-34,4	-34,4	34,4	34,4
8	36,6	36,6	-36,6	36,6	-36,6	36,6	-36,6	-36,6
9	36,9	36,9	-36,9	36,9	-36,9	36,9	-36,9	-36,9
16	34,2	34,2	34,2	-34,2	34,2	-34,2	-34,2	-34,2
4	34,2	34,2	34,2	-34,2	34,2	-34,2	-34,2	-34,2
5	37,1	37,1	37,1	37,1	37,1	37,1	37,1	37,1
14	36,9	36,9	36,9	36,9	36,9	36,9	36,9	36,9
	Soma	9,50	2,50	22,90	-1,70	-1,70	-0,70	1,90
	Efeito	1,19	0,31	2,86	-0,21	-0,21	-0,09	0,24

ANOVA EM PROJETOS 2^k

Uma análise importante no estudo dos efeitos de um projeto experimental é verificar se há evidência empírica de que um dado efeito é verdadeiro ou poderia ser explicado por variações naturais do erro experimental, ou seja, é importante realizar testes estatísticos para verificar se os dados mostram evidência para rejeitar a hipótese nula de que o efeito é nulo. Isso pode ser feito por uma ANOVA, que é simplificada em projetos 2^k.

A soma de quadrados total é calculada como visto anteriormente, ou seja:

$$SQ_{Tot} = \sum_{i=1}^{N} y_i^2 - \frac{1}{N}\left(\sum_{i=1}^{N} y_i\right)^2$$

Chamando de c_{ij} o sinal (-1 ou +1) do i-ésimo ensaio no j-ésimo efeito (principal ou interação) (i = 1, 2, ..., N; j = 1, 2, ..., 2^k), a soma de quadrados do j-ésimo efeito é dada por:

$$SQ_j = \frac{1}{N}\left(\sum_{i=1}^{N} c_{ij} y_i\right)^2$$

A soma de quadrados do erro pode ser obtida pela diferença da soma de quadrados total com relação à agregação de todas as somas de quadrados dos efeitos. Assim:

$$SQ_{Erro} = SQ_{Tot} - \sum_{j=1}^{2^k-1} SQ_j$$

Cada SQ_j (j = 1, 2, ..., 2^{k-1}) tem um grau de liberdade; a SQ_{Erro} tem $N - 2^k$ graus de liberdade.

Retomando o Exemplo 9.10, temos:

$$SQ_{Tot} = \sum_{i=1}^{N} y_i^2 - \frac{1}{N}\left(\sum_{i=1}^{N} y_i\right)^2 = 19.590,67 - \frac{(559,3)^2}{16} = 39,639$$

256 Capítulo 9

As somas de quadrados dos efeitos principais e de interações, SQ_j, são obtidas com base nas *somas* da Tabela 9.5 (penúltima linha), conforme mostra o esquema a seguir:

	Ay	By	Cy	ABy	ACy	BCy	ABCy	Soma
Soma	9,50	2,50	22,90	-1,70	-1,70	-0,70	1,90	
SQ_j	5,641	0,391	32,776	0,181	0,181	0,031	0,226	39,424

Finalmente,

$$SQ_{Erro} = 39,639 - 39,424 = 0,215$$

Temos, então, a tabela de análise de variância (ANOVA):

Fonte de variação	SQ	gl	QM	f
A	5,641	1	5,641	208,9
B	0,391	1	0,391	14,5
C	32,776	1	32,776	1.219,6
A*B	0,181	1	0,181	6,7
A*C	0,181	1	0,181	6,7
B*C	0,031	1	0,031	1,1
A*B*C	0,226	1	0,226	8,4
Erro	0,215	8	0,027	
Total	39,639	15		

Para testar a significância de cada efeito, comparamos os valores calculados de f com o valor crítico da distribuição F de gl = 1 no numerador e gl = 8 no denominador. Pela Tabela 4 do Apêndice, o valor crítico é $f_c = 5,32$. Assim, com exceção da interação $B*C$, todos os outros efeitos são significativamente diferentes de zero no nível de significância de 5 %.

PROJETOS 2^{k-p}

No Capítulo 2, apresentamos uma introdução aos projetos fatoriais fracionados do tipo 2^{k-p}, particularmente para número de fracionamentos $p = 1$. Esses projetos são bastante úteis quando o número de fatores é muito grande, fazendo com que o custo de um experimento fatorial completo se torne muito elevado, já que haverá muitas combinações de níveis dos fatores.

Os cálculos dos efeitos e somas de quadrados são similares aos do projeto 2^k, substituindo k por $k - p$ nas fórmulas, mas deve-se tomar cuidado porque nem todas as interações podem ser calculadas. Ao montar a tabela com os sinais, similar à que fizemos na Tabela 9.4, você vai perceber que os sinais de algumas interações serão iguais aos de algum efeito principal. Neste caso, não é possível estimar o efeito da interação.

Comparação entre tratamentos 257

EXERCÍCIOS DA SEÇÃO

9. Considere o problema de estudar os efeitos do *tamanho da memória principal* (fator A) e do *tamanho da memória cache* (fator B) no desempenho de um sistema de arquivos de uma rede local de computadores (LAN). O fator A foi ensaiado nos níveis 128 e 256 Mbytes, e o fator B, nos níveis 256 e 512 kbytes, segundo um projeto fatorial com três replicações. A medida de desempenho do sistema foi o *número de operações de transferência de arquivos por segundo*. Os resultados foram os seguintes:

Memória cache	Memória principal	
	256 Mbytes	512 Mbytes
512 kbytes	1.000	2.200
	1.100	2.280
	1.080	2.180
1.024 kbytes	1.800	3.800
	1.700	3.900
	1.840	3.820

ANOVA

Fonte da variação	SQ	gl	QM	f
Memória cache	7.776.300			
Memória principal	4.106.700			
Interação	607.500			
Erro	27.200			
Total	**12.517.700**			

a) Complete a tabela da ANOVA anterior.

b) Quais efeitos são significantes no nível de 0,05?

c) Os resultados mostram que o efeito da *memória principal* é o mesmo para os dois níveis de *memória cache*? Explique.

d) Apresente uma estimativa pontual de cada efeito.

10. Para estudar o desempenho, em termos do *tempo de resposta* (em segundos), de três processadores (pro 1, pro 2 e pro 3), sob quatro tipos diferentes de *carga de trabalho* (cargas 1, 2, 3 e 4), foi realizado um projeto fatorial com duas replicações. Os resultados foram os seguintes:

Tipo de carga	Processador		
de trabalho	pro 1	pro 2	pro 3
carga 1	17	8	28
	20	10	27
carga 2	10	18	27
	7	13	31
carga 3	13	18	30
	15	21	23
carga 4	21	7	32
	17	12	26

a) Complete a tabela da ANOVA e descreva as conclusões.

Fonte da variação	SQ	gl	QM	f
Processador	1.028,1			
Tipo de carga	18,4			
Interação	285,9			
Erro	101,5			
Total	1.934,0			

b) Apresente um gráfico apropriado para observar uma possível interação entre os dois fatores.

c) Existe um processador que pode ser considerado superior aos outros? Explique.

EXERCÍCIOS COMPLEMENTARES

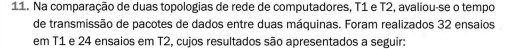

11. Na comparação de duas topologias de rede de computadores, T1 e T2, avaliou-se o tempo de transmissão de pacotes de dados entre duas máquinas. Foram realizados 32 ensaios em T1 e 24 ensaios em T2, cujos resultados são apresentados a seguir:

Topologia	Tempo (em décimos de segundo)	Média	Variância
T1	09 12 10 12 11 09 08 12 13 09 13 08 17 09 09 08 09 08 14 08 08 08 08 13 10 10 15 13 13 12 14 08	10,625	6,371
T2	14 15 08 13 16 12 14 17 14 10 13 12 13 14 10 15 12 17 16 12 15 13 14 14	13,458	4,781

Comparação entre tratamentos **259**

Existe diferença significativa entre o tempo médio de transmissão nas duas topologias? Use $\alpha = 0,05$.

12. Para comparar dois algoritmos de otimização, foi realizado um experimento com seis ensaios. Em cada ensaio, foram usados separadamente os dois algoritmos em estudo, mas sob as mesmas condições (dados pareados). Os tempos de resposta ao usuário foram:

Ensaio:	1	2	3	4	5	6
Algoritmo 1:	8,1	8,9	9,3	9,6	8,1	11,2
Algoritmo 2:	9,2	9,8	9,9	10,3	8,9	13,1

Os tempos de resposta dos dois algoritmos são, em média, diferentes? Use $\alpha = 0,05$.

13. Considerando os dois primeiros tipos de cimento do Exercício 7, verifique se existe diferença significativa entre as variâncias dos tempos de resposta. Use $\alpha = 0,05$.

14. No desenvolvimento de um sistema de reconhecimento de fala, fez-se um experimento para avaliar dois tipos de parâmetros acústicos: MFCC (*Componentes Mel Cepstrais*) e NMF (*Componentes Mel Cepstrais Normalizados*). Foram observadas duas amostras independentes com cada tipo de parâmetro e anotadas as taxas de acerto (em %):[14]

MFCC:	78,67	81,00	84,67	80,97	81,46
	85,12	80,32	80,95	84,76	
NMF:	86,67	88,33	92,67	88,05	89,76
	93,66	86,03	87,94	91,75	

a) Há evidência de diferença entre os dois parâmetros acústicos, em termos da taxa média de acertos? Use $\alpha = 0,01$.

b) E em termos de variabilidade? Use $\alpha = 0,05$.

c) Considere que o experimento tenha sido feito de forma pareada, isto é, em cada conjunto de ensaios para reconhecimento de fala, o sistema rodava com os dois parâmetros (MFCC e NMF) em paralelo. Suponha que os resultados apresentados estão na ordem correta dos pares. Refaça o item (a).

15. Com respeito ao Exercício 14, também foi avaliado o parâmetro RNMF (*Componentes Mel Cepstrais Normalizados em Tempo Real*), com os seguintes resultados:

RNMF:	77,67	81,67	89,69	80,73	82,43
	90,97	77,14	81,27	88,89	

---

[14] O Exercício 14 foi baseado em um trabalho de disciplina dos acadêmicos Rui Seara Jr. e Izabel Seara, no Curso de Pós-graduação em Ciências da Computação / UFSC, 2003.

260 Capítulo 9

Analisando como um projeto completamente aleatorizado, verifique se há diferenças significativas entre os três parâmetros acústicos. Use $\alpha = 0,05$.

16. Ainda no que se refere ao Exercício 14, foram avaliados alguns ruídos de preenchimento (nenhum, uniforme e R1), que podem melhorar o reconhecimento de fala. Foi realizado um projeto fatorial completo com dois fatores (*parâmetro* e *ruído*), tendo três replicações e produzindo os seguintes resultados:

Parâmetro	Ruído de preenchimento								
	Nenhum			Uniforme			R1		
MFCC	78,67	81,00	84,67	80,97	81,46	85,12	80,32	80,95	84,76
NMF	86,67	88,33	92,67	88,05	89,76	93,66	86,03	87,94	91,75
RNMF	77,67	81,67	89,69	80,73	82,43	90,97	77,14	81,27	88,89

Realize uma ANOVA para verificar se existe efeito significante de *parâmetro*, *ruído* e interações entre os níveis desses fatores. Use $\alpha = 0,05$.

17. Um produto usado como piso na "maternidade" da *criação* de suínos é fabricado por injeção de plástico. Na tentativa de melhorar a qualidade do produto, realizou-se um experimento variando os fatores: (*A*) *tempo de resfriamento*, (*B*) *temperatura do fluido*, (*C*) *percentual de elastrômetro* e (*D*) *percentual de talco*, de acordo com um projeto fatorial 2^4 com duas replicações. A variável resposta foi a *dureza* (HRC) do material produzido. Os resultados são apresentados a seguir, em que y_1 é o resultado na primeira replicação e y_2 na segunda:[15]

A	B	C	D	y_1	y_2
-1	-1	-1	-1	51,7	49,4
-1	-1	-1	1	75,2	76
-1	-1	1	-1	65,9	60
-1	-1	1	1	63,7	69,6
-1	1	-1	-1	71,1	72,9
-1	1	-1	1	67,1	69,1
-1	1	1	-1	71,9	75,1
-1	1	1	1	52,8	57,6
1	-1	-1	-1	74,5	67
1	-1	-1	1	54,5	70,3

(continua)

---

[15] Parte dos dados experimentais do trabalho de dissertação (Engenharia de Produção) de Morgana Pizzolato / UFRGS, 2002.

(continuação)

A	B	C	D	y_1	y_2
1	-1	1	-1	71,3	70,5
1	-1	1	1	73,4	74,3
1	1	-1	-1	58,5	58,5
1	1	-1	1	49,2	50,2
1	1	1	-1	71,8	71,5
1	1	1	1	72,4	66,6

Calcule os efeitos de cada fator isoladamente (efeitos principais). Teste a significância de cada efeito principal no nível de significância de 5 %.

10

TESTES NÃO PARAMÉTRICOS

Os testes descritos no capítulo anterior são ditos *paramétricos*, porque supõem que os dados seguem determinada distribuição de probabilidades, em geral, a *distribuição normal*. Imagine que as suposições necessárias para a aplicação dos testes paramétricos não sejam satisfeitas. Considere que ocorram alguns dos casos a seguir:

1) A variável resposta não seja quantitativa, os dados tenham nível de mensuração nominal ou ordinal.
2) Há indícios de que a distribuição populacional *não é* normal.
3) Há interesse em realizar inferência sobre a forma da distribuição em vez de parâmetros como média e variância.

Uma alternativa para estas situações é a utilização dos *testes não paramétricos*. As suposições para a aplicação desses testes são menos rígidas. Contudo, o *poder* de um teste não paramétrico é inferior a um teste paramétrico para o mesmo objetivo.[1]

Este capítulo abordará três tipos de testes não paramétricos: testes de aderência, testes de independência e testes de comparações de populações. A Figura 10.1 mostra um esquema associando objetivos do estudo com testes não paramétricos, sendo que os marcados com asterisco não serão abordados neste texto.

---

[1] Poder de um teste, como visto no Capítulo 8, é a probabilidade de o teste rejeitar H_0 quando esta hipótese é falsa.

264 Capítulo 10

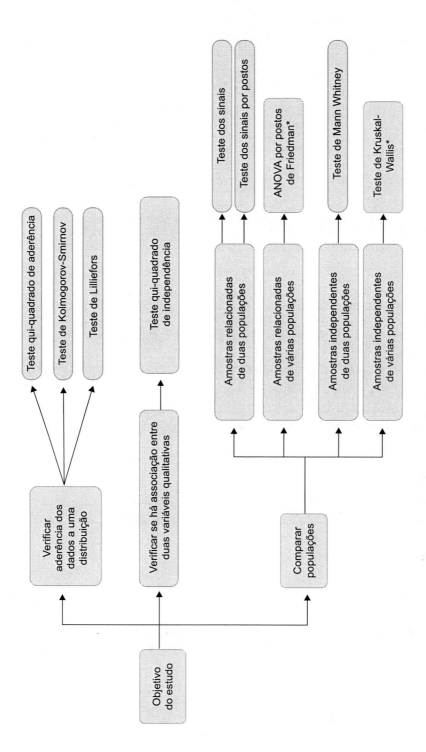

FIGURA 10.1 Objetivos do estudo e testes não paramétricos.
* Esses testes não serão abordados neste texto introdutório.

Testes não paramétricos **265**

10.1 TESTES DE ADERÊNCIA

O objetivo de um teste de aderência é verificar se os dados de uma amostra são coerentes com uma distribuição teórica. Esta distribuição pode ser de probabilidades, como a normal, a exponencial etc.; mas também podem ser proporções esperadas por alguma teoria, como a Lei de Mendel sobre ervilhas lisas e rugosas.

10.1.1 Teste qui-quadrado de aderência

O teste *qui-quadrado de aderência* pode ser aplicado quando estamos estudando dados distribuídos em categorias e há interesse em verificar se as frequências *observadas* nas K diferentes categorias (O_i, $i = 1, 2, ..., K$) são significativamente distintas de um conjunto de K frequências esperadas (E_i, $i = 1, 2, ..., K$). As hipóteses são:

H_0: $O_i = E_i$ para todo $i = 1, 2, ..., K$;
H_1: $O_i \neq E_i$ para algum $i = 1, 2, ..., K$.

A estatística deste teste, chamada de qui-quadrado e representada por Q^2, é uma medida de distância entre as frequências observadas e as esperadas. Sua expressão é dada por:

$$Q^2 = \sum_{i=1}^{K} \frac{(O_i - E_i)^2}{E_i}$$

Havendo aderência (H_0 verdadeira), as frequências observadas devem ser próximas das esperadas, acarretando valor pequeno para Q^2, levando a inferir que *as variações seriam apenas casuais*. Contudo, se *não* houver aderência (H_1 verdadeira), as diferenças entre frequências observadas e esperadas poderão ser grandes, resultando em valor grande para Q^2, inferindo que *é pouco provável que as variações tenham sido casuais*.

Se a amostra for grande, de tal forma que todos E_i ($i = 1, 2, ..., K$), então a estatística Q^2 tem, aproximadamente, distribuição *qui-quadrado com K – 1 graus de liberdade* se H_0 for verdadeira.[2]

Observada uma amostra, podemos obter o valor da estatística Q^2 dessa amostra, que será representado por q^2. Usando a abordagem clássica, obtemos o valor crítico χ_c^2, em função do nível de significância α adotado, formando a seguinte regra de decisão:

$q^2 < \chi_c^2$ => aceita H_0. *Há aderência à distribuição especificada*.
$q^2 \geq \chi_c^2$ => rejeita H_0. *Não há aderência à distribuição especificada*.

---

[2] Deve-se ter todas $E_i \geq 10$ para garantir a validade do teste, especialmente se K for pequeno.

EXEMPLO 10.1

Determinado veículo utilitário está sofrendo pesadas críticas dos seus proprietários em função da grande frequência de defeitos no pneu traseiro esquerdo. Preocupado com sua imagem, e procurando defender-se de eventuais pedidos de indenização, o fabricante do veículo resolveu coletar informações sobre 152 ocorrências de defeitos, classificando-as por posição do pneu. Os resultados estão na Tabela 10.1. Usando nível de significância de 5 %, há razão para acreditar que a probabilidade de defeito é diferente para alguma das posições?

TABELA 10.1 Ocorrências de defeitos por posição do pneu de um veículo utilitário

Posição do pneu	Dianteiro esquerdo	Dianteiro direito	Traseiro esquerdo	Traseiro direito	Total
Frequência	35	32	57	28	152

Para responder à questão, temos as seguintes hipóteses:

H_0: as frequências de defeitos nas quatro posições do pneu são iguais;
H_1: pelo menos uma das frequências de defeitos é diferente.

Se H_0 for verdadeira, as 152 ocorrências devem distribuir-se igualmente pelas quatro categorias, resultando na frequência *esperada* de cada categoria igual a $152/4$ = 38 ocorrências. Segue o cálculo da estatística do teste:

Dianteiro esquerdo	Dianteiro direito	Traseiro esquerdo	Traseiro direito
$(35 - 38)^2/38 = 0{,}237$	$(32 - 38)^2/38 = 0{,}947$	$(57 - 38)^2/38 = 9{,}5$	$(28 - 38)^2/38 = 2{,}632$

Assim:

$$q^2 = 0{,}237 + 0{,}947 + 9{,}5 + 2{,}632 = 13{,}316$$

Abordagem clássica: para obter a regra de decisão, obtemos o valor crítico χ_c^2 da distribuição qui-quadrado, com gl = $K - 1 = 4 - 1 = 3$ graus de liberdade, o qual leva à $P(Q^2 > \chi_c^2) = \alpha = 0{,}05$. Usando a Tabela 3 do Apêndice, obtém-se $\chi_c^2 = 7{,}815$, tal como mostrado na Figura 10.2.

Como $q^2 = 13{,}316$ cai na região de rejeição, o teste rejeita H_0 em favor de H_1. Assim, há evidência de que as frequências de ocorrências dos defeitos dependem da posição do pneu.

Se você dispuser do Excel ou do Calc, pode obter o *valor-p* aplicando a função *DIST.QUIQUA* da seguinte forma:

$$\text{valor-p} = 1 - DIST.QUIQUA(13{,}316; 3; 1) = 0{,}004$$

que leva à mesma conclusão, já que o *valor-p* é menor que o nível de significância adotado.

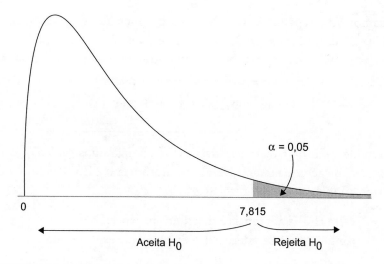

FIGURA 10.2 Regra de decisão de um teste de aderência qui-quadrado.

10.1.2 Teste de Kolmogorov-Smirnov

Considere uma situação em que desejamos verificar a aderência de um conjunto de valores com relação a uma *distribuição de probabilidades especificada* (discreta ou contínua). Embora seja possível aplicar o teste qui-quadrado de aderência, geralmente é melhor aplicar o chamado *teste de aderência de Kolmogorov-Smirnov*, um teste mais poderoso do que o teste qui-quadrado.

Seja $F(x)$ a *função de distribuição acumulada*, com parâmetros *especificados*, para a qual se quer verificar a aderência dos dados. As hipóteses são:

H_0: os dados provêm de $F(x)$ (há aderência);
H_1: os dados não provêm de $F(x)$ (*não* há aderência).

Sejam as distribuições de frequências acumuladas empírica, $S(x)$, e a teórica, $F(x)$. Para cada elemento da amostra, obtém-se a diferença absoluta entre essas duas distribuições. A estatística do teste é a diferença absoluta máxima, D. O procedimento é descrito a seguir.

1) Definimos $S(x)$ para cada valor x_i ($i = 1, 2, ..., n$) amostrado:

$$S(x_i) = \frac{\text{número de valores} \leq x_i}{n}$$

em que n é o tamanho da amostra.

2) Obtemos para cada valor x_i ($i = 1, 2, ..., n$) os valores teóricos $F(x_i)$, calculados pela função de distribuição acumulada $F(x)$, especificada em H_0. Observe que se a amostra realmente provém dessa distribuição teórica $F(x)$, então a distribuição observada $S(x)$ não deve se afastar muito de $F(x)$ para todo x.

3) Verificamos a discrepância entre $S(x)$ e $F(x)$ por meio das diferenças absolutas entre $F(x_i)$ e $S(x_i)$, e entre $F(x_i)$ e $S(x_{i-1})$, para $i = 1, 2, ..., n$.
4) Calculamos d, valor da estatística D na amostra efetivamente observada:

$$d = \max_i \left\{ |F(x_i) - S(x_i)|, |F(x_i) - S(x_{i-1})| \right\}$$

5) Uma vez identificada a distância máxima d, comparamos seu valor com um valor tabelado, d_c, de acordo com o nível de significância α e do tamanho n da amostra, conforme a Tabela 5 do Apêndice. Regra de decisão:

$d < d_c$ => aceita H_0 (há aderência à distribuição especificada);
$d \geq d_c$ => rejeita H_0 (*não* há aderência à distribuição especificada).

EXEMPLO 10.2

Um fabricante de autopeças está próximo de fechar um grande contrato com uma montadora. O ponto-chave é a garantia da qualidade de seus produtos, especialmente do diâmetro (em mm) dos eixos produzidos, que ele supõe seguir uma distribuição normal com média 100 e desvio-padrão 2. A montadora selecionou uma amostra aleatória de 15 eixos, para testar as especificações a 5 % de significância. Os valores estão descritos a seguir de forma ordenada:

93,45	94,46	94,93	96,17	96,74	97,07	97,68	97,93
99,1	99,3	100,73	103,29	103,6	103,83	105,2	

As hipóteses são:

H_0: a amostra provém de uma população com distribuição normal com $\mu = 100$ e $\sigma = 2$ mm;
H_1: a amostra *não* provém de uma população com distribuição normal com $\mu = 100$ e $\sigma = 2$ mm.

A Tabela 10.2 mostra os cálculos conforme os passos de (1) a (5) especificados anteriormente. Na coluna 1, temos a amostra ordenada em ordem crescente, seguindo da distribuição acumulada empírica, $S(x)$. Para obter a função teórica, $F(x)$, consideramos os valores padronizados. Por exemplo, para o menor valor da amostra, calculamos:

$$z_1 = \frac{x_1 - \mu}{\sigma} = \frac{93,45 - 100}{2} = -3,28$$

Usando a Tabela 1 do Apêndice, obtemos a distribuição teórica acumulada, $F(x)$, para cada valor da amostra. As duas últimas colunas apresentam as distâncias, conforme o passo (4). Em negrito, o valor máximo dessas diferenças.

De acordo com a Tabela 10.2, a maior diferença absoluta foi igual a 0,383, logo:

$$d = 0,383$$

TABELA 10.2 Passos para o cálculo de d do teste de Kolmogorov-Smirnov

x_i	$S(x_i)$	x_i	z_i	$F(x_i)$	$F(x_i) - S(x_{i-1})$	$F(x_i) - S(x_i)$
93,45	1/15 = 0,067	93,45	-3,28	0,001	0,001	0,066
94,46	2/15 = 0,133	94,46	-2,77	0,003	0,064	0,131
94,93	3/15 = 0,200	94,93	-2,54	0,006	0,128	0,194
96,17	4/15 = 0,267	96,17	-1,92	0,028	0,172	0,239
96,74	5/15 = 0,333	96,74	-1,63	0,052	0,215	0,282
97,07	6/15 = 0,400	97,07	-1,47	0,071	0,262	0,329
97,68	7/15 = 0,467	97,68	-1,16	0,123	0,277	0,344
97,93	8/15 = 0,533	97,93	-1,04	0,150	0,316	**0,383**
99,10	9/15 = 0,600	99,10	-0,45	0,326	0,207	0,274
99,30	10/15 = 0,667	99,30	-0,35	0,363	0,237	0,304
100,73	11/15 = 0,733	100,73	0,37	0,643	0,024	0,09
103,29	12/15 = 0,800	103,29	1,64	0,950	0,216	0,15
103,60	13/15 = 0,867	103,60	1,80	0,964	0,164	0,097
103,83	14/15 = 0,933	103,83	1,91	0,972	0,106	0,039
105,20	15/15 = 1,000	105,20	2,60	0,995	0,062	0,005

Pela Tabela 5 do Apêndice, para $n = 15$ e $\alpha = 0,05$, obtemos a distância máxima admissível, $d_c = 0,338$. Como $d > d_c$, o teste rejeita H_0, concluindo que *não* há aderência dos dados à distribuição normal com $\mu = 100$ e $\sigma = 2$.

10.1.3 Teste de Lilliefors

O teste de Lilliefors é usado para verificar a aderência dos dados a uma distribuição normal sem a especificação de seus parâmetros. É bastante parecido com o teste de aderência de Kolmogorov-Smirnov, pois também avaliamos as distribuições acumuladas $S(x)$ e $F(x)$; obtemos a distância máxima D entre elas; e a comparamos com um valor tabelado, em função do nível de significância e do tamanho da amostra. As diferenças residem na forma de obtenção de $F(x)$, pois a média e o desvio-padrão são estimados pela amostra, e na tabela utilizada para a decisão do teste (lado direito da Tabela 5, no Apêndice).

EXEMPLO 10.3

No Exemplo 10.2 não houve aderência dos dados à distribuição normal com média 100 e desvio-padrão 2. Mas a montadora quer saber se é possível considerar que os diâmetros dos eixos têm

270 Capítulo 10

uma distribuição normal, não importando os parâmetros. Vamos fazer o teste no nível de significância de 5 %.

As hipóteses são:

H_0: a amostra provém de uma população com distribuição normal;
H_1: a amostra *não* provém de uma população com distribuição normal.

Calculando a média e o desvio-padrão da amostra, que servirão como estimativas dos parâmetros da distribuição normal, temos:

$$\bar{x} = \frac{1}{n}\sum_{i=1}^{n}x_i = 98,90$$

$$s = \sqrt{\frac{1}{n-1}\left\{\sum_{i=1}^{n}x_i^2 - \left(\sum_{i=1}^{n}x_i\right)^2 \Big/ n\right\}} = 3,70$$

Esses valores são usados como estimativas dos parâmetros μ e σ da distribuição normal e os cálculos seguintes são similares ao teste de Kolmogorov-Smirnov, conforme mostra a Tabela 10.3.

TABELA 10.3 Passos para o cálculo de *d* do teste de Lilliefors

x_i	$S(x_i)$	z_i	$F(x_i)$	$\mid F(x_i) - S(x_{i-1}) \mid$	$\mid F(x_i) - S(x_i) \mid$
93,45	0,067	−1,47	0,071	0,071	0,004
94,46	0,133	−1,20	0,115	0,049	0,018
94,93	0,200	−1,07	0,142	0,009	0,058
96,17	0,267	−0,74	0,230	0,030	0,036
96,74	0,333	−0,58	0,280	0,013	0,053
97,07	0,400	−0,49	0,311	0,023	0,089
97,68	0,467	−0,33	0,371	0,029	0,096
97,93	0,533	−0,26	0,397	0,070	0,136
99,10	0,600	0,05	0,522	0,012	0,078
99,30	0,667	0,11	0,543	0,057	0,124
100,73	0,733	0,50	0,690	0,023	0,043
103,29	0,800	1,19	0,882	**0,149**	0,082
103,60	0,867	1,27	0,898	0,098	0,031
103,83	0,933	1,33	0,909	0,042	0,025
105,20	1,000	1,70	0,956	0,022	0,044

A estatística do teste para esta amostra é $d = 0,149$. Na Tabela 5 do Apêndice, teste de Lilliefors, para $\alpha = 0,05$ e $n = 15$ obtemos a distância máxima admissível $d_c = 0,220$. Como $d < d_c$, o teste *aceita* H_0 no nível de significância de 5 %, concluindo que há aderência dos dados a uma distribuição normal.

Testes não paramétricos **271**

Rotineiramente, quando estamos estudando uma variável quantitativa, o teste de Lilliefors pode ser utilizado para avaliar se é possível aplicar um teste paramétrico que supõe distribuição normal. Quando não há aderência, pode ser necessário usar uma técnica não paramétrica alternativa, sendo que algumas delas serão discutidas nas próximas seções.

EXERCÍCIOS DA SEÇÃO

1. Uma empresa possui três laboratórios de pesquisa (A, B, C), cujos computadores estão conectados a um servidor, para onde enviam pacotes de dados a serem analisados em um programa estatístico. Os usuários do laboratório A pediram prioridade ao gerente de rede, pois costumam enviar mais pacotes ao servidor. O gerente observou 500 pacotes de dados enviados e classificou-os de acordo com a origem, conforme a tabela a seguir:

Laboratório	A	B	C	Total
Número de pacotes	165	179	156	500

Os dados mostram evidência suficiente para corroborar o pedido do laboratório A? Utilize nível de significância de 1 %.

2. A metodologia usada para calcular os índices de confiabilidade de um sistema de transmissão de energia elétrica exige que os tempos para a falha dos componentes tenham distribuições exponenciais. Observações anteriores indicaram a validade de tal suposição, mas um engenheiro decidiu verificar se o tempo para a falha (em horas) de um componente, especialmente crítico, pode ser admitido com distribuição exponencial de média de 500 horas. Faça um teste de aderência a essa distribuição usando nível de significância de 1 %, com base na amostra de 20 observações do tempo de falha deste componente:

7,55	25,20	41,00	133,59	146,77	157,55	158,07
206,08	385,09	426,89	555,86	639,43	816,11	847,57
924,63	945,66	968,66	1.130,39	1.144,93	1.365,69	

3. No controle estatístico de processos, uma suposição crucial para a utilização de gráficos de controle de média de Shewhart é que a distribuição das médias possa ser considerada normal. Um engenheiro quer saber se é possível aplicar gráficos de controle de médias a um processo produtivo. Para tanto, quer avaliar a aderência das médias de 25 amostras à distribuição normal. Os valores estão expressos a seguir:

0,19	0,57	0,66	1,41	0,28	0,05	0,63	0,75	0,85	0,99	1,68	3,01	0,31
5,48	0,66	0,76	5,94	0,85	0,03	9,49	2,18	1,23	4,89	0,71	3,52	

Com base nesses dados, e adotando nível de significância de 1 %, as suposições para usar gráficos de controle de média de Shewhart podem ser admitidas como satisfeitas?

10.2 ANÁLISE DE ASSOCIAÇÃO

> Dizemos que existe *associação* entre duas variáveis qualitativas quando as probabilidades de eventos de uma delas dependem da categoria da outra.

Por exemplo, *ser aprovado* (*sim* ou *não*) e *dedicação* (*alta* ou *baixa*) na disciplina de Estatística devem ter associação, porque a probabilidade de ser aprovado depende se a dedicação na disciplina for alta ou baixa.

O chamado *teste de independência qui-quadrado* serve para avaliar a significância de uma associação, ou seja, avaliar se o que se observa em uma amostra conjunta das duas variáveis é suficiente para dizer que há associação entre elas ou simplesmente resultante de variações aleatórias.[3]

Como estudado no Capítulo 2, as *tabelas de contingência* são a forma usual de apresentar uma distribuição de frequências conjunta de duas variáveis qualitativas e descrever uma possível associação observada nos dados, como ilustra o exemplo a seguir.

EXEMPLO 10.4

Um posto de qualidade de um laticínio analisa amostras de pesos da produção de leite de acordo com o seu *tipo* (*B*, *C* e *UHT*) e *avaliação do peso* (*dentro* ou *fora* das especificações). A Tabela 10.4 mostra a tabela de contingência com a distribuição de frequências conjunta de 6.850 unidades e as porcentagens *dentro* e *fora* das especificações para cada tipo de leite.

TABELA 10.4 Distribuição de frequências conjunta: tipo de leite e avaliação do peso[4]

Avaliação do peso	B	%	C	%	UHT	%	Total	%
Dentro das especificações	500	94,3	4.500	94,3	1.500	96,8	6.500	94,9
Fora das especificações	30	5,7	270	5,7	50	3,2	350	5,1
Total	530	100,0	4.770	100,0	1.550	100,0	6.850	100,0

Não obstante às diferentes quantidades produzidas nesta amostra, os tipos de leite *B* e *C* têm proporções semelhantes para produtos dentro e fora das especificações, mas no tipo *UHT* a porcentagem fora das especificações é menor.

---

[3] Outra situação é quando queremos verificar se diferentes populações apresentam as mesmas proporções com respeito a uma variável qualitativa. Neste caso, o teste é chamado de *teste de homogeneidade qui-quadrado*. Como os procedimentos de análise são equivalentes ao *teste de independência*, não faremos distinção entre eles.

[4] Dados extraídos da dissertação de mestrado de Luciana S. C. V. da Silva (Programa de Pós-Graduação em Engenharia de Produção / UFSC, 2001).

TESTE DE INDEPENDÊNCIA QUI-QUADRADO

Este teste é usado para verificar se existe associação entre duas variáveis qualitativas (categóricas), X e Y, a partir de uma amostra de observações disposta em uma tabela de contingência com L linhas e C colunas ($L, C \geq 2$), correspondentes às categorias X e Y, respectivamente. A hipótese nula afirma *independência* entre X e Y, enquanto a hipótese alternativa aponta para *associação* entre X e Y.

Vimos, no Capítulo 4, que dois eventos são *independentes* se, e somente se, a probabilidade da interseção entre eles é igual ao produto das probabilidades de cada evento. Sejam as notações:

› p_{ij} probabilidade de ocorrência da linha i e coluna j ($i = 1, 2, ..., L; j = 1, 2, ...C$);
› p_i probabilidade de ocorrência da linha i; e
› p_j probabilidade de ocorrência da coluna j.

Podemos escrever as hipóteses de independência e associação por:

H_0: $p_{ij} = p_i p_j$ para todo $i = 1, 2, ..., L$ e $j = 1, 2, ..., C$;
H_1: $p_{ij} \neq p_i p_j$ para algum $i = 1, 2, ..., L$ e $j = 1, 2, ..., C$.

Sob H_0, a frequência esperada de cada célula pode ser calculada por:

$$E_{ij} = \frac{(\text{total da linha } i) \times (\text{total da coluna } j)}{\text{total geral}}$$

A estatística do teste é uma medida de distância entre as frequências observadas e as esperadas por H_0, definida por:

$$Q^2 = \sum_{i=1}^{L} \sum_{j=1}^{C} \frac{(O_{ij} - E_{ij})^2}{E_{ij}}$$

em que:

O_{ij} = frequência observada na célula (i, j); e
E_{ij} = frequência esperada na célula (i, j), supondo H_0 verdadeira.

Simbolizaremos por q^2 a estatística Q^2 calculada com base na amostra em análise.

Sob H_0, a estatística Q^2 segue uma distribuição qui-quadrado com graus de liberdade igual a:

$$gl = (L - 1)(C - 1)$$

Adotando nível de significância α, podemos obter χ_c^2 na Tabela 3 do Apêndice e construir a regra de decisão como se segue:

274 Capítulo 10

$q^2 < \chi_c^2 \Rightarrow$ aceita H_0 (as duas variáveis são independentes);
$q^2 \geq \chi_c^2 \Rightarrow$ rejeita H_0 (há associação entre as duas variáveis).

Retomando o Exemplo 10.4, vamos testar se há associação entre o *tipo do leite* (*B, C* e *UHT*) e o resultado da *avaliação do peso* (*dentro* ou *fora* das especificações). Temos as hipóteses:

H_0: o resultado da avaliação do peso *independe* do tipo do leite;
H_1: há *associação* entre o resultado da avaliação do peso e o tipo do leite.

Os dados amostrais estão na Tabela 10.4, na qual observamos que há 94,9 % de produtos dentro das especificações e 5,1 % fora. Se o resultado da avaliação do peso e o tipo de leite são eventos independentes, devemos esperar que as porcentagens sejam aproximadamente iguais para *todos* os tipos de leite. Assim, como foram observados 530 produtos de leite tipo B, devemos esperar uma frequência em torno de 503 (94,9 % de 530) dentro das especificações. Note que chegamos ao mesmo resultado se aplicarmos a expressão vista anteriormente:

$$E_{11} = \frac{(\text{total da linha 1}) \times (\text{total da coluna 1})}{\text{total geral}} = \frac{(6.500)(530)}{6.850} = 502,917$$

Fazendo o cálculo para todos (i, j) da tabela ($i = 1, 2; j = 1, 2, 3$), temos:

	$j = 1$	$j = 2$	$j = 3$	Total
$i = 1$	$\frac{(6.500)(530)}{6.850} =$ $= 502,917$	$\frac{(6.500)(4.770)}{6.850} =$ $= 4.526,253$	$\frac{(6.500)(1.550)}{6.850} =$ $= 1.470,795$	6.500
$i = 2$	$\frac{(350)(530)}{6.850} =$ $= 27,083$	$\frac{(350)(4.770)}{6.850} =$ $= 243,747$	$\frac{(350)(1.550)}{6.850} =$ $= 79,205$	350
Total	530	4.770	1.550	6.850

A seguir, o cálculo da contribuição de cada célula (i, j) na estatística Q^2, ou seja, $(O_{ij} - E_{ij})^2/E_{ij}$:

	$j = 1$	$j = 2$	$j = 3$
$i = 1$	$\frac{(500 - 502,917)^2}{502,917} =$ $= 0,017$	$\frac{(4.500 - 4.526,253)^2}{4.526,253} =$ $= 0,152$	$\frac{(1.500 - 1.470,795)^2}{1.470,795} =$ $= 0,580$
$i = 2$	$\frac{(30 - 27,083)^2}{27,083} =$ $= 0,314$	$\frac{(270 - 243,747)^2}{243,747} =$ $= 2,828$	$\frac{(50 - 79,205)^2}{79,205} =$ $= 10,769$

Testes não paramétricos **275**

Assim, a presente amostra produz o seguinte valor para a estatística Q^2:

$$q^2 = 0{,}017 + 0{,}152 + 0{,}58 + 0{,}314 + 2{,}828 + 10{,}769 = 14{,}66$$

com

$$gl = (L-1)(C-1) = (2-1)(3-1) = 2$$

Adotando nível de significância de 5 %, obtemos na Tabela 3 do Apêndice $\chi_c^2 = 5{,}99$. Como $q^2 > \chi_c^2$, o teste rejeita a hipótese nula, evidenciando *associação* entre o *resultado da avaliação peso* e o *tipo de leite*. Tal resultado deve-se, provavelmente, ao leite tipo UHT, para o qual foram observadas as maiores diferenças e, portanto, as maiores contribuições no cálculo da estatística Q^2.

O teste de independência qui-quadrado pode ser usado para o estudo de associação entre duas variáveis qualitativas nominais, mas também é possível usá-lo com variáveis ordinais ou quantitativas (discretas ou contínuas), desde que os seus resultados sejam classificados em *categorias*. Contudo, tal como no teste qui-quadrado de aderência, há uma restrição importante: todos os totais da tabela de contingência devem ser razoavelmente grandes, de tal forma a garantir $E_{ij} \geq 5$, para todo $i = 1, 2, ..., L$ e $j = 1, 2, ...C$.[5]

Para tabelas 2×2, isto é, quando as duas variáveis têm apenas duas categorias ($L = 2$ e $C = 2$), é recomendável fazer uma pequena alteração na expressão de Q^2, para que a distribuição da estatística Q^2 fique mais próxima do modelo teórico (*distribuição qui-quadrado com* gl = 1). A alteração consiste em subtrair 0,5 unidade da diferença absoluta entre cada célula, ou seja:

$$Q^2 = \sum_{i=1}^{L} \sum_{j=1}^{C} \frac{\left(\left| O_{ij} - E_{ij} \right| - 0{,}5 \right)^2}{E_{ij}}$$

Essa alteração corresponde à correção de continuidade discutida no Capítulo 6, pois a distribuição qui-quadrado com gl = 1 vem de uma variável aleatória com distribuição normal padrão ao quadrado.

EXERCÍCIOS DA SEÇÃO

4. Há dúvidas sobre o desempenho dos estudantes, na disciplina de Estatística, de alguns cursos de Engenharia. Alguns argumentam que, dependendo do curso, o percentual de aprovação é diferente, mesmo que a disciplina tenha o mesmo programa. Um estudo selecionou aleatoriamente estudantes de três cursos, registrando os aprovados e os reprovados na disciplina. Os resultados foram:

---

[5] Em tabelas com L e C pequenos, em especial, $L = C = 2$, deve-se ter todas $E_{ij} \geq 10$ para a validade do teste.

Capítulo 10

Situação	Cursos			
	Engª Civil	Engª Química	Engª Mecânica	Total
Aprovados	44	26	35	105
Reprovados	11	26	15	52
Total	55	52	50	157

Com nível de significância de 5 %, há evidência de que os percentuais de aprovação não são iguais para os três cursos analisados?

5. Uma metalúrgica produz grandes quantidades de parafusos, trabalhando em três turnos. O setor da qualidade deseja verificar se o desempenho dos turnos é semelhante, o que poderia ser verificado avaliando as proporções de peças aprovadas, direcionadas a retrabalho ou rejeitadas. Como parte do Controle Estatístico de Processos, amostras aleatórias de parafusos são coletadas em cada turno. Uma dessas amostras resultou na seguinte classificação:

Classificação das peças	Turno			Total
	Matutino	Vespertino	Noturno	
Aprovadas	432	456	424	1.312
Retrabalho	185	190	180	555
Rejeitadas	45	48	39	132
Total	662	694	643	1.999

Há associação entre classificação das peças e turno? Use nível de significância de 1 %.

6. Uma rede local de computadores tem cinco clientes que enviam pacotes de dados, gerados por um aplicativo, ao servidor. Os pacotes recebidos pelo servidor podem ser *completos, aproveitáveis* e *inaproveitáveis*. Suspeita-se de que há problemas em um ou mais clientes, o que resulta em diferentes perfis de percentuais de pacotes completos, aproveitáveis e inaproveitáveis. Um estudo foi realizado, fazendo com que cada cliente enviasse certo número de pacotes ao servidor. Os resultados foram:

Cliente	Situação dos pacotes			Total
	Completos	Aproveitáveis	Inaproveitáveis	
1	485	10	5	500
2	768	24	8	800
3	624	20	6	650
4	522	40	18	580
5	650	3	17	670
Total	3.049	97	54	3.200

A suspeita tem fundamento? Use nível de significância de 5 %.

Testes não paramétricos **277**

10.3 TESTES PARA DUAS POPULAÇÕES

Muitas vezes não é possível aplicar os testes paramétricos para comparar diferentes tratamentos ou populações (Capítulo 9), porque alguma das suposições não é satisfeita. Um caso típico é quando os dados não podem ser considerados provenientes de uma população com distribuição normal. Nesta seção, discutiremos testes para comparar duas populações com dados ordinais ou quantitativos, mas sem supor uma distribuição específica.

10.3.1 Teste dos sinais

Trata-se de um teste para casos em que a variável observada tem nível de mensuração pelo menos ordinal. O teste dos sinais é utilizado para comparar a posição central ou *locação* de duas distribuições populacionais, a partir de amostras *pareadas*. Exemplos:

> Comparar as notas de estudantes de Engenharia em uma prova padrão de Estatística, antes e após a realização de um curso de reforço. Observe que são os *mesmos* estudantes, avaliados em momentos diferentes, acarretando dados pareados; e o interesse é avaliar se há diferença significante entre o desempenho *mediano* dos dois grupos.

> Um grupo de consumidores de determinado *software* recebe uma nova versão deste produto, e deve opinar se considera o desempenho da nova versão melhor ou pior à antiga. Há interesse em verificar se a nova versão atendeu às expectativas dos clientes, ou seja, se, em geral (ou na *mediana*), os consumidores consideram o desempenho da nova versão melhor do que o desempenho da antiga.

No primeiro exemplo, se puder ser admitido que a variável resposta (*nota dos estudantes*) tenha uma distribuição normal, pode ser aplicado o *teste t* para dados pareados, como vimos no Capítulo 9. Contudo, se não for possível admitir distribuição normal, o *teste t* é inadequado. No segundo exemplo, o *teste t* não pode ser usado, porque as observações não são medidas quantitativas (*opinião comparativa sobre o desempenho de um software*). É um caso típico de aplicação do *teste dos sinais*.

Sejam X_1 e X_2 as variáveis aleatórias associadas às populações 1 e 2, no experimento *pareado*. Essas variáveis não precisam ser observadas diretamente, mas supõe-se que sejam *contínuas*. Seja $D = X_2 - X_1$ e η_d a *mediana* de D. As hipóteses do teste dos sinais podem ser escritas como:[6]

$$\text{H}_0\text{: } \eta_d = 0 \quad \text{e} \quad \text{H}_1\text{: } \eta_d \neq 0$$

Na abordagem unilateral, a hipótese alternativa pode ser do tipo $\eta_d > 0$ ou $\eta_d < 0$. Pela definição de mediana, temos $P(D \geq \eta_d) = P(D \leq \eta_d) = 0,5$. Então, se H_0 for verdadeira,

---

[6] Se for suposto $D = X_2 - X_1$ com distribuição simétrica, então a mediana é igual à média, e as hipóteses podem ser postas em termos de médias, como no *teste t pareado*.

$$P(D \geq 0) = 0{,}5 \Leftrightarrow P(X_2 - X_1 \geq 0) = 0{,}5 \Leftrightarrow P(X_2 \geq X_1) = 0{,}5$$

Assim, definindo $p = P(X_2 \geq X_1)$, a hipótese nula pode ser escrita como:

$$H_0: p = 0{,}5$$

caracterizando o teste dos sinais como um caso particular do teste de uma proporção, visto no Capítulo 8.

Seja n_+ o número de pares em que $X_2 \geq X_1$ (*pares com sinal positivo*). Se H_0 for verdadeira, o valor esperado de n_+ é $n/2$. Assim, se for observado n_+ longe de $n/2$, há indícios para rejeitar H_0.

AMOSTRA PEQUENA

Quando o número n de pares avaliados (tamanho da amostra) for pequeno, usamos a distribuição binomial para obter o *valor-p* e realizar o teste.

 EXEMPLO 10.5

Um sistema de alarme possui muitos componentes. Há interesse em saber se houve ou não *aumento* no tempo de falha dos componentes após implementação de um programa de manutenção. Sabe-se que o tempo de falha tem, aproximadamente, distribuição exponencial. Foi observada uma amostra de dez componentes, antes e depois do programa de manutenção, e os resultados (em horas), assim como o sinal (+ ou –), em função da diferença *depois menos antes* ser positiva ou negativa, conforme mostra a Tabela 10.5.

TABELA 10.5 Resultados do experimento do Exemplo 10.5 e atribuição de sinais

Componente	Antes	Depois	Sinal
1	400	395	–
2	360	350	–
3	450	556	+
4	390	480	+
5	430	405	–
6	386	500	+
7	452	547	+
8	470	462	–
9	400	500	+
10	340	480	+

Observe que se trata de uma amostra pareada e pequena (n = 10). Embora a variável resposta seja contínua, as populações não têm distribuições normais, assim, não é recomendável utilizar o teste t para dados pareados. Aplicaremos o teste dos sinais. As hipóteses são:

H$_0$: a mediana do tempo de falha *depois* **é igual** à mediana do tempo de falha *antes*.
H$_1$: a mediana do tempo de falha *depois* **é maior** do que a mediana do tempo de falha *antes*.

Da amostra de n = 10 casos, se H$_0$ for verdadeira, esperam-se cinco sinais positivos, mas observamos n_+ = 6. Como o teste é unilateral à direita, temos pela distribuição binomial:

$$valor\text{-}p = p(6) + p(7) + p(8) + p(9) + p(10) =$$
$$= 0,2051 + 0,1172 + 0,0439 + 0,0098 + 0,0010 =$$
$$= 0,3770$$

Adotando o nível usual de significância α = 0,05, temos *valor-p* > α, levando à aceitação de H$_0$ (ver Capítulo 8). Então, a amostra não mostrou evidência estatística de que o plano de manutenção programada tenha aumentado o tempo mediano de falhas dos componentes do sistema.

AMOSTRA GRANDE

Para n grande, podemos usar a aproximação da normal à binomial, calculando:

$$z = \frac{2n_+^* - n}{\sqrt{n}}$$

sendo: $n_+^* = n_+ - 0,5$ se $n_+ > \frac{n}{2}$ ou se o teste for unilateral à direita; e

$n_+^* = n_+ + 0,5$ se $n_+ < \frac{n}{2}$ ou se o teste for unilateral à esquerda.

 EXEMPLO 10.6

Uma empresa quer observar a viabilidade de utilizar um novo tipo de calibrador, eletrônico, no lugar do modelo empregado atualmente, mecânico, para medir dimensões de peças automotivas. Após treinamento apropriado, 26 operários foram sorteados para realizar as medições das mesmas peças, com o calibrador eletrônico e o mecânico: os tempos gastos (em segundos) foram registrados. Somente será viável a introdução dos novos calibradores se o tempo mediano de medição for menor do que o obtido com os calibradores mecânicos ora em uso. Sabe-se que os tempos de medição destes calibradores não costumam seguir distribuições normais, portanto, optou-se em evitar o tradicional teste *t*. Os tempos de medição e os sinais (*positivos* quando a medição no calibrador eletrônico foi maior) estão na Tabela 10.6.

280 Capítulo 10

TABELA 10.6 Resultados do experimento do Exemplo 10.6 e atribuição de sinais

Operário	Eletr.	Mec.	Sinal	Operário	Eletr.	Mec.	Sinal
1	27,0	27,0	0	14	22,0	29,0	–
2	25,0	30,1	–	15	16,0	16,0	0
3	22,0	28,0	–	16	22,0	20,6	+
4	34,0	34,0	0	17	29,5	25,0	+
5	23,0	24,5	–	18	36,0	33,0	+
6	22,0	28,0	–	19	35,0	41,0	–
7	25,0	28,0	–	20	35,0	35,0	0
8	32,3	30,0	+	21	27,5	28,0	–
9	34,0	36,0	–	22	29,0	31,8	–
10	23,5	29,0	–	23	27,0	28,0	–
11	34,2	39,0	–	24	24,3	29,3	–
12	31,8	30,0	+	25	30,1	30,8	–
13	28,4	20,0	+	26	29,3	35,6	–

As hipóteses são:

H_0: os tempos medianos de medição com o calibrador eletrônico e com o calibrador mecânico *são iguais*; e

H_1: o tempo mediano de medição com calibrador eletrônico *é menor* que o tempo mediano de medição com calibrador mecânico.

Faremos o teste dos sinais, unilateral à esquerda, com nível de significância $\alpha = 0,05$. Embora tenham sido realizadas 26 observações pareadas, vamos excluir as quatro observações em que o nível de precisão das medidas não detectou diferença entre os dois calibradores. Assim, temos $n = 22$.

As $n = 22$ observações pareadas válidas acusaram $n_+ = 6$. Calculando a estatística do teste para esta amostra, temos:

$$z = \frac{2n_+^* - n}{\sqrt{n}} = \frac{2(6,5) - 22}{\sqrt{22}} = -1,92$$

Como o teste é unilateral à esquerda, o *valor-p* é a área da distribuição normal padrão à esquerda de –1,92. Pela simetria dessa distribuição, a área de interesse é a mesma área à direita de 1,92. Usando a Tabela 1 do Apêndice, encontramos esta área como igual a 0,0274. Então:

valor-p = 0,0274

Como *valor-p* < $\alpha = 0,05$, então o teste rejeita H_0 no nível de significância de 5 %. Assim, o teste dos sinais mostrou evidência estatística de que o tempo mediano de medição efetuada pelo calibrador eletrônico é menor do que pelo calibrador mecânico. Logo, os calibradores eletrônicos podem ser introduzidos na organização.

Testes não paramétricos **281**

10.3.2 Teste dos sinais por postos

Em cada par de observações, o *teste dos sinais* avalia apenas qual tratamento foi melhor, desconsiderando a magnitude da diferença. Em consequência, o teste dos sinais não costuma detectar diferença entre os dois tratamentos se as amostras forem pequenas, a menos que a diferença real entre os tratamentos seja muito grande.

O *teste dos sinais por postos*, também chamado de *teste de Wilcoxon*, é uma boa alternativa não paramétrica para os casos em que é possível avaliar a *magnitude* das diferenças, pelo menos em nível ordinal.

Atribuímos postos às diferenças de cada par, independentemente do sinal, alocando o posto 1 à menor diferença em módulo; posto 2 à segunda menor diferença em módulo; e assim por diante, até atribuir posto n à maior diferença em módulo. Às observações empatadas atribuímos a média dos postos correspondentes. Por exemplo, se três diferenças forem iguais, mas se distintas corresponderiam aos postos 4, 5 e 6; atribuímos a cada uma delas a média destes postos, ou seja, o posto 5.

É suposto que a variável resposta seja *contínua*. Ela pode não ser observável diretamente, mas deve ser possível atribuir postos às diferenças de cada par. Adota-se a mesma formulação das hipóteses (H_0 e H_1) do teste dos sinais, isto é, em termos da mediana das diferenças da variável resposta. O teste dos sinais por postos é desenvolvido pela ordenação das diferenças. Sob a hipótese nula, a soma dos postos das diferenças positivas deve ser igual à soma dos postos das diferenças negativas, a menos de variações casuais.

Seja a variável aleatória, S_+, definida como a *soma dos postos das diferenças positivas* de uma amostra de n pares a ser observada. Sob H_0, é possível mostrar que seu valor esperado e sua variância são dados, respectivamente, por:

$$E(S_+) = \frac{n(n+1)}{4}$$

$$V(S_+) = \frac{n(n+1)(2n+1)}{24}$$

Observada uma amostra pareada de n observações (já descontando algum caso em que a diferença tenha sido nula), definimos s_+ como a *soma dos postos das diferenças positivas* da amostra observada. Se s_+ estiver longe do valor esperado por H_0, há indícios para rejeitar H_0.

AMOSTRA PEQUENA

Para $n \leq 20$ (descontando algum caso em que a diferença no par foi nula), a Tabela 6 do Apêndice fornece o valor crítico s_c para se ter a regra de decisão, em função da hipótese alternativa e do nível de significância adotado, conforme mostra o Quadro 10.1.

282 Capítulo 10

QUADRO 10.1 Regra de decisão para o teste dos sinais por postos para amostras pequenas

Hipótese H_1	Regra de decisão
Unilateral à direita	- Encontrar s_c tal que $P(S_+ \leq s_c) \cong 1 - \alpha$ - Se $s_+ \geq s_c$, então rejeita H_0
Unilateral à esquerda	- Encontrar s_c tal que $P(S_+ \leq s_c) \cong \alpha$ - Se $s_+ \leq s_c$, então rejeita H_0
Bilateral	- Encontrar s_{c1} tal que $P(S_+ \leq s_{c1}) \cong \alpha/2$ - Encontrar s_{c2} tal que $P(S_+ \leq s_{c2}) \cong 1 - \alpha/2$ - Se $s_+ \leq s_{c1}$ ou $s_+ \geq s_{c2}$, então rejeita H_0

Observa-se que as probabilidades não são exatas, porque S_+ é uma variável aleatória discreta e os valores críticos da Tabela 5 foram calculados de modo que $P(S_+ \leq s_c)$ não seja maior que o nível de significância α estabelecido.

Vamos retomar o Exemplo 10.5. Como há possibilidade de avaliar tanto a direção quanto a magnitude das diferenças, vamos usar o teste dos sinais por postos, com $\alpha = 0,05$. A Tabela 10.7 apresenta as diferenças e a atribuição dos postos.

TABELA 10.7 Atribuição de sinais para o teste de Wilcoxon no Exemplo 10.5

Componente	Antes X_1	Depois X_2	Diferença $D = X_1 - X_2$	Posto (sinal)
1	400	395	−5	1 (−)
2	360	350	−10	3 (−)
3	450	556	106	8 (+)
4	390	480	90	5 (+)
5	430	405	−25	4 (−)
6	386	500	114	9 (+)
7	452	547	95	6 (+)
8	470	462	−8	2 (−)
9	400	500	100	7 (+)
10	340	480	140	10 (+)

Somando os postos referentes às diferenças positivas, obtemos $s_+ = 45$. Como o teste é unilateral à direita, o valor crítico s_c é obtido de forma que $P(S_+ \geq s_c) \cong 0,05$ ou, equivalentemente, $P(S_+ < s_c) \cong 0,95$. Usando a Tabela 6 do Apêndice, encontramos $s_c = 44$. Como $s_+ = 45 > s_c = 44$, o teste rejeita H_0 no nível de significância de 5 %, mostrando evidência estatística de que o plano de manutenção programada aumenta o tempo mediano de falha dos componentes do sistema.

Note que a decisão deste teste foi diferente do teste dos sinais apresentado anteriormente. Isso se deve ao teste dos sinais por postos (teste de Wilcoxon) usar melhor a

Testes não paramétricos **283**

informação dos dados, computando, em cada par de observações, não só a direção da diferença, mas também o posto relativo às demais diferenças. Assim, este teste é mais *poderoso* do que o teste dos sinais, isto é, tem maior probabilidade de detectar a falsidade de H_0, quando ela é realmente falsa.

AMOSTRA GRANDE

A Tabela 6 fornece os valores críticos para $n \leq 20$. Para $n > 20$, podemos usar o fato de que a distribuição de S_+ é, aproximadamente, normal. Usando as expressões da média e da variância de S_+ apresentadas anteriormente, podemos calcular a estatística de teste, que será aproximadamente normal padrão, por:

$$z = \frac{4s_+ - n(n+1)}{\sqrt{n(n+1)(2n+1)}} \times \frac{\sqrt{24}}{4}$$

Vamos retomar o Exemplo 10.6, aplicando o teste dos sinais por postos com $\alpha = 0,05$. As hipóteses e a regra de decisão são as mesmas antes apresentadas. A Tabela 10.8 evidencia as diferenças entre os calibradores e os postos da magnitude dessas diferenças. Observe que os casos estão ordenados pelas diferenças absolutas. Para os empates nas diferenças absolutas foi atribuída a média dos postos que seriam alocados se não houvesse empate. As diferenças nulas também foram excluídas desta tabela.

TABELA 10.8 Atribuição de sinais para o teste de Wilcoxon no Exemplo 10.6

Op.	Dif.	Dif. abs.	posto (sinal)	Op.	Dif.	Dif. abs.	posto (sinal)
21	−0,5	0,5	1(−)	17	4,5	4,5	12(+)
25	−0,7	0,7	2(−)	11	−4,8	4,8	13(−)
23	−1	1	3(−)	24	−5	5	14(−)
16	1,4	1,4	4(+)	2	−5,1	5,1	15(−)
5	−1,5	1,5	5(−)	10	−5,5	5,5	16(−)
12	1,8	1,8	6(+)	3	−6	6	18,0(−)
9	−2	2	7(−)	6	−6	6	18,0(−)
8	2,3	2,3	8(+)	19	−6	6	18,0(−)
22	−2,8	2,8	9(−)	26	−6,3	6,3	20(−)
7	−3	3	10,5(−)	14	−7	7	21(−)
18	3	3	10,5(+)	13	8,4	8,4	22(+)

Como temos $n = 22$ casos com diferenças não nulas, usaremos aproximação à normal.

284 Capítulo 10

A soma dos postos de diferenças positivas resultou em: $s_+ = 62,5$; sendo o valor da estatística de teste igual a:

$$z = \frac{4s_+ - n(n+1)}{\sqrt{n(n+1)(2n+1)}} \times \frac{\sqrt{24}}{4} = \frac{4(62,5) - 22(23)}{\sqrt{22(23)(45)}} \times \frac{\sqrt{24}}{4} = -2,08$$

Usando a Tabela 1 do Apêndice, verificamos que a área da normal padrão acima de 2,08, que equivale à área abaixo de $-2,08$, é igual a 0,0188. Com *valor-p* = 0,0188 < α = 0,05, o teste rejeita H_0 em favor de H_1.[7]

10.3.3 Teste de Mann-Whitney

O *teste de Mann-Whitney* ou *teste de Wilcoxon-Mann-Whitney* é usado para comparar a posição central de *duas* populações com base em amostras *independentes*, extraídas aleatoriamente destas populações. Veja os exemplos a seguir:

> um professor de Estatística quer comparar as médias obtidas em uma prova padrão do assunto por estudantes de dois cursos diferentes;
> com o propósito de avaliar a qualidade de duas máquinas, são comparados os diâmetros das peças produzidas por elas;
> um administrador de rede quer saber se há diferenças significativas nos tempos de processamento entre computadores tipo PC e Macintosh.

Supostamente, os dados das duas amostras são gerados por populações com distribuições *contínuas*, embora as variáveis não precisem ser observadas diretamente – pode ser observada apenas uma ordenação dos elementos. Sejam η_1 a *mediana* da população 1 e η_2 a *mediana* da população 2. As hipóteses são:

$$H_0: \eta_1 = \eta_2 \quad e \quad H_1: \eta_1 \neq \eta_2$$

Na abordagem unilateral, a hipótese alternativa pode ser do tipo $\eta_1 > \eta_2$ ou $\eta_1 < \eta_2$, dependendo do que se quer provar.

Sejam n_1 e n_2 os tamanhos das amostras 1 e 2. Os $n_1 + n_2$ elementos devem ser organizados em ordem crescente, em termos da variável observada. Atribuímos posto 1 à menor observação, posto 2 à segunda menor observação, e assim por diante, até o posto $n_1 + n_2$ à maior observação. Quando houver *empates* (valores iguais), adotamos o mesmo procedimento do teste de sinais por postos.

Chamamos de W_1 a soma dos postos da amostra 1 e W_2 a soma dos postos da amostra 2. Define-se:

---

[7] Se for adotada a abordagem clássica dos testes estatísticos, verificamos na Tabela 1 do Apêndice ou, equivalentemente, na última linha da Tabela 2, que o nível de significância de 0,05 está associado ao valor crítico para testes unilaterais $z_c = 1,645$. Como $|z| < z_c$, o teste rejeita H_0.

$$U_1 = W_1 - \frac{n_1(n_1+1)}{2} \quad \text{e}$$
$$U_2 = W_2 - \frac{n_2(n_2+1)}{2}$$

A estatística do teste é:

$$U = \text{mínimo entre } U_1 \text{ e } U_2.$$

A estatística U_2 também pode ser obtida por:

$$U_2 = n_1 n_2 - U_1$$

Sob H_0, a estatística U tem valor esperado $E(U) = n_1 n_2/2$. A hipótese nula do teste é que não há diferença entre as posições centrais das duas populações. Se H_0 for verdadeira, o valor de U calculado com base nas duas amostras observadas, que chamaremos de u, não deve estar distante de $E(U)$. Considerando a hipótese alternativa e o nível de significância do teste, se for verificado que u está distante do valor esperado por H_0, há indícios para rejeitar essa hipótese, situação que pode ser desenvolvida em termos de um teste estatístico.

AMOSTRAS PEQUENAS

Para $n_1, n_2 \leq 20$, a Tabela 7 do Apêndice fornece valores críticos de U para testes uni e bilaterais e níveis de significância de 5 e 1 %. Sendo u_c o valor tabelado e u o valor da estatística U calculado com base nas amostras, a regra de decisão do teste é:

- $u \leq u_c \Rightarrow$ Teste rejeita H_0 em favor de H_1;
- $u > u_c \Rightarrow$ Teste aceita H_0.

Observamos que, em testes unilaterais, a rejeição de H_0 só ocorre se as medianas das amostras estiverem no sentido da hipótese alternativa.

EXEMPLO 10.7

Um fabricante de vergalhões de ferro para estruturas afirma que seu novo produto apresenta uma resistência à tração superior ao modelo atualmente vendido, o que justificaria um preço maior. Um cliente não muito convencido quer realizar um teste estatístico para avaliar a afirmação do fabricante. Ele analisou 15 vergalhões de cada tipo. Os vergalhões foram submetidos à tração, em kgf, até o rompimento. Estudos anteriores sugerem que esta variável não segue uma

286 Capítulo 10

distribuição normal, o que sugere o uso de teste não paramétrico. As hipóteses e os resultados são apresentados a seguir.

H_0: a resistência mediana do vergalhão novo *é igual* à resistência mediana do vergalhão atual;
H_1: a resistência mediana do vergalhão novo *é maior* que a resistência mediana do vergalhão atual.

Vergalhão atual (1)			Vergalhão novo (2)		
276	380	237	119	696	240
231	127	143	461	298	246
144	234	260	473	327	566
151	165	237	380	293	232
195	198	174	287	199	108

Trata-se de um teste unilateral à direita, porque se espera que o novo vergalhão tenha *maior* resistência à tração que o atual. Adotaremos nível de significância de 5 %. Medianas amostrais: $m_d(atual) = 198$ e $m_d(novo) = 293$. As medianas das amostras estão no sentido das hipóteses, pois $m_d(atual) = 198$ e $m_d(novo) = 293$. Faremos o teste para verificar se essa diferença não pode ser meramente decorrente de fatores casuais, considerando o nível de significância de 5 %.

Primeiramente, ordenamos os valores, sem levar em conta de qual grupo cada um deles veio. Depois, atribuímos os postos, como mostrado na Tabela 10.9.

TABELA 10.9 Atribuição de postos para o teste de Mann-Whitney. Exemplo 10.7

Grupo	Resist.	Posto	Grupo	Resist.	Posto
novo	108	1	atual	237	15,5
novo	119	2	novo	240	17
atual	127	3	novo	246	18
atual	143	4	atual	260	19
atual	144	5	atual	276	20
atual	151	6	novo	287	21
atual	165	7	novo	293	22
atual	174	8	novo	298	23
atual	195	9	novo	327	24
atual	198	10	atual	380	25,5
novo	199	11	novo	380	25,5
atual	231	12	novo	461	27
novo	232	13	novo	473	28
atual	234	14	novo	566	29
atual	237	15,5	novo	696	30

Chamando a amostra referente ao vergalhão atual de amostra 1, calculamos a soma de postos, resultando em: $w_1 = 173,5$. Logo:

$$u_1 = 173,5 - \left[\frac{15(15+1)}{2}\right] = 53,5$$
$$u_2 = n_1 n_2 - u_1 = 15 \times 15 - 53,5 = 151,5$$
$$u = \mathrm{mín}(u_1, u_2) = 53,5$$

Para um teste unilateral, com nível de significância de 0,05 e $n_1 = n_2 = 15$, a Tabela 7 do Apêndice aponta valor crítico $u_c = 72$. Como $u < u_c$, o teste rejeita H_0. Logo, a conclusão do teste é que há evidência estatística, no nível de significância de 5 %, de que o vergalhão novo apresenta resistência à tração superior ao vergalhão atual.

AMOSTRAS GRANDES

Para n_1 e n_2 grandes, a distribuição de U é próxima da normal, com média e variância dadas por:[8]

$$E(U) = \frac{n_1 n_2}{2}$$

$$V(U) = \frac{n_1 n_2 (n_1 + n_2 + 1)}{12}$$

Assim, com base na amostra efetivamente observada, podemos calcular:

$$z = \frac{u - \dfrac{n_1 n_2}{2}}{\sqrt{\dfrac{n_1 n_2 (n_1 + n_2 + 1)}{12}}}$$

e usar a distribuição normal padrão (Tabela 1 do Apêndice) para realizar o teste estatístico.

EXEMPLO 10.8

Um administrador de rede de computadores tem recebido insistentes reclamações de usuários de que os tempos de processamento dos dois servidores da rede são diferentes, no que tange ao acesso às correspondências eletrônicas. Intrigado, porque se supunha que não haveria razão para diferenças, ele planejou realizar um teste para verificar se há evidência de que o tempo de acesso é diferente entre os dois servidores, usando nível de significância de 5 %. Sendo η_1 a

---

[8] Para $n_1 > 20$ e $n_2 > 20$, a aproximação à normal é satisfatória.

288 Capítulo 10

mediana do tempo de acesso do servidor 1 e η_2 a mediana do tempo de acesso do servidor 2, as hipóteses são:

$$H_0: \eta_1 = \eta_2 \quad e \quad H_1: \eta_1 \neq \eta_2$$

Para realizar esse teste, o administrador de rede coletou dados dos dois servidores, registrando os tempos de acesso (em segundos) de 30 usuários em cada servidor, resultando nas duas seguintes amostras:

Servidor 1			Servidor 2		
5,83	3,78	6,79	2,27	6,24	2,44
0,99	1,40	2,70	7,41	4,73	4,17
6,07	5,88	3,05	3,21	9,34	5,01
6,53	3,52	2,44	7,76	4,33	16,68
0,04	3,42	3,74	2,24	4,63	2,97
4,96	0,99	2,66	1,93	3,97	13,45
6,86	1,72	3,09	6,07	4,61	5,35
2,55	4,05	2,03	3,80	5,02	1,80
2,63	1,70	4,65	2,93	6,40	2,97
1,97	6,48	4,26	9,04	4,51	10,75

Uma vez que estudos anteriores mostraram que não é razoável supor distribuição normal para o tempo de acesso, optou-se em usar o *teste de Mann-Whitney* em vez do tradicional *teste t para amostras independentes*.

Calculando a soma dos postos da amostra 1, obtemos $w_1 = 754$, resultando no seguinte valor para a estatística U:

$$u_1 = w_1 - \left[\frac{n_1(n_1+1)}{2}\right] = 754 - \frac{30(30+1)}{2} = 289$$
$$u_2 = n_1 \times n_2 - u_1 = 30 \times 30 - 289 = 611$$
$$u = \text{mín}(u_1, u_2) = 289$$

Fazendo a padronização para podermos usar a distribuição normal padrão, temos:

$$z = \frac{u - \frac{n_1 n_2}{2}}{\sqrt{\frac{n_1 n_2 (n_1 + n_2 + 1)}{12}}} = \frac{289 - \frac{(30)(30)}{2}}{\sqrt{\frac{(30)(30)(30+30+1)}{12}}} = -2,38$$

Usando a Tabela 1 do Apêndice, verificamos que o valor absoluto de z, igual a 2,38, está associado à área de 0,0087 na cauda superior da densidade da normal. Lembrando que o teste é bilateral, temos:

$$\text{valor-}p = 2 \times 0{,}0087 = 0{,}0174$$

Como esse valor é menor que o nível de significância de 0,05 adotado, o teste rejeita H_0, mostrando evidência estatística de que os tempos medianos de acesso aos dois servidores são diferentes.[9]

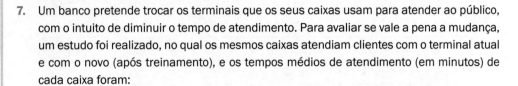

EXERCÍCIOS DA SEÇÃO

7. Um banco pretende trocar os terminais que os seus caixas usam para atender ao público, com o intuito de diminuir o tempo de atendimento. Para avaliar se vale a pena a mudança, um estudo foi realizado, no qual os mesmos caixas atendiam clientes com o terminal atual e com o novo (após treinamento), e os tempos médios de atendimento (em minutos) de cada caixa foram:

Caixa	Terminal atual	Terminal novo
1	1,6	0,5
2	3,5	0,3
3	0,8	5,9
4	1,1	1,6
5	7,1	1,7
6	8,4	2,2
7	4,8	1,0
8	5,9	1,4
9	2,4	1,0
10	5,5	2,1

a) O terminal novo reduz o tempo de atendimento? Use o teste dos sinais com $\alpha = 0{,}05$.
b) Repita o item (a), utilizando o teste dos sinais por postos.
c) Observe que as conclusões baseadas nos itens (a) e (b) são diferentes. Explique por que isto pode acontecer.

8. Certa rede local de computadores tem como principal problema a baixa taxa de transmissão de dados (em kbps). Estuda-se a possibilidade de empregar um novo cabeamento, que, supostamente, aumentaria a taxa de transmissão de dados. Em razão dos custos envolvidos, o gerente da rede decidiu realizar um experimento: os mesmos conjuntos de instruções foram executados pelo mesmo cliente, com o cabeamento atual e o proposto, e suas taxas de transmissão de dados medidas. Os resultados estão na tabela a seguir:

---

[9] Se for adotada a abordagem clássica dos testes estatísticos, verificamos na Tabela 1 que o nível de significância de 0,05 está associado ao valor crítico $z_c = 1{,}96$. Como $|z| < z_c$, o teste rejeita H_0.

290 Capítulo 10

Instruções	Atual	Proposto	Instruções	Atual	Proposto
1	15,3	101,7	17	1,0	73,2
2	93,7	47,3	18	54,4	4,0
3	307,6	1.570,6	19	118,3	84,2
4	322,8	342,8	20	1,5	473,5
5	14,8	9,7	21	0,9	474,6
6	15,0	34,0	22	20,5	582,7
7	135,8	31,6	23	119,2	54,0
8	21,3	1.050,9	24	3,9	895,4
9	3,1	282,3	25	10,4	32,2
10	15,2	26,8	26	5,8	3.514,7
11	2,2	2,6	27	304,7	1.522,5
12	39,6	1.406,4	28	182,2	67,4
13	1,6	136,0	29	12,0	176,2
14	58,0	2.264,0	30	16,5	80,3
15	1,6	25,0	31	9,5	9,2
16	27,2	1,0	32	5,2	1,6

a) Pelo teste dos sinais, o cabeamento proposto aumenta a taxa de transmissão dos dados? Use nível de significância de 1 %.

b) Repita o item (a), utilizando o teste dos sinais por postos.

9. As resistências à compressão, em kgf, de dois tipos de concreto (X e Y) estão sendo avaliadas por ensaios. Suspeita-se que o concreto Y seja mais resistente, o que poderia justificar seu maior preço. O engenheiro quer fazer um teste que não precise supor distribuição normal. Com base nos resultados apresentados a seguir, e considerando nível de significância de 1 %, a suspeita é confirmada?

Concreto X:	243,37	244,03	249,8	209,84	244,79	233,11	241,34
	214,33	200,19	214,55				

Concreto Y:	300,53	355,98	305,12	280,34	502,06	250,75	224,65

10. Há interesse em avaliar o comportamento de um tipo de pneu especial, supostamente de grande durabilidade. Para tanto, dois fabricantes e 30 pneus de cada um foram selecionados, ao acaso, para avaliação da durabilidade. Os resultados, em 1.000 km, foram:

Fabricante 1:	102	41	171	151	93	91	282	113	78	142	244	130
	282	113	78	142	244	130	37	72	49	227	103	72
Fabricante 2:	219	108	46	106	49	144	153	60	83	95	235	92
	153	60	83	95	235	92	204	211	115	174	195	144
	41	240	146	129	328	66						

Testes de aderência mostraram a inadequação da distribuição normal, mas é razoável supor distribuição simétrica. Pode-se dizer que as vidas médias são diferentes nas populações de onde vieram os pneus, no nível de significância de 5 %?

EXERCÍCIOS COMPLEMENTARES

11. Quatro fábricas de um mesmo grupo produzem peças automotivas. Historicamente, 20 % das peças defeituosas vêm da fábrica 1, 30 % da fábrica 2, 25 % da fábrica 3 e 25 % da fábrica 4. Os engenheiros do setor da qualidade estão suspeitando que essas proporções não são mais válidas, e observaram o número de peças defeituosas no último lote de produção. Os dados são apresentados a seguir:

Fábrica	1	2	3	4	Total
Número de peças	120	200	175	134	629

Utilizando nível de significância de 5 %, a suspeita dos engenheiros do setor da qualidade tem fundamento?

12. Você e seu sócio têm um provedor de acesso à internet. Para auxiliar na configuração dos equipamentos, o conhecimento do comportamento dos tempos de acesso dos seus clientes é importante. Mas vocês têm uma divergência a respeito: você crê que o tempo de acesso segue uma distribuição *normal*, com média de 16 minutos e desvio-padrão de 4 minutos, enquanto seu sócio suspeita que o tempo de acesso segue uma distribuição *exponencial*, com média de 16 minutos. Para dirimir a dúvida, vocês coletaram uma amostra de tempos de acesso (em minutos):

6	10	1	11	1	6	27	9	17	1	18	10	5	35	17	41	2	20	16	5

Utilizando nível de significância de 5 %, qual de vocês está certo quanto à distribuição dos tempos de acesso?

13. A empresa "Faça Certo S.A." produz peças automotivas da melhor qualidade, e uma delas tem um aspecto crítico na característica dimensão. Esta precisa seguir uma distribuição normal (aspecto mais importante), com média de 15 mm e desvio-padrão de 0,4 mm.

292 Capítulo 10

Após receber muitas reclamações, o departamento de vendas cobrou do departamento de produção um teste desta suposição. Uma amostra de 40 peças foi aleatoriamente coletada e suas dimensões críticas medidas, resultando em:

11,37	11,38	11,51	11,57	11,58	11,58	11,58	11,65	11,72	11,75
11,78	11,78	11,83	11,90	11,90	11,92	11,93	11,93	11,97	12,00
12,01	12,06	12,06	12,06	12,07	12,09	12,11	12,11	12,14	12,19
12,20	12,21	12,23	12,23	12,25	12,46	12,48	12,52	12,65	12,81

a) A dimensão crítica segue uma distribuição normal com média de 15 mm e desvio-padrão de 4 mm? Use $\alpha = 0,05$.

b) A dimensão crítica segue uma distribuição normal? Use $\alpha = 0,05$.

14. Certa empresa tem três unidades fabris. Suspeita-se que a existência de defeitos nos produtos estaria associada à unidade fabril que os produziu. Para testar isso, coletou-se uma amostra, obtendo:

Fábrica 1: 110 produtos sem defeito e 40 produtos com defeito.

Fábrica 2: 50 produtos sem defeito e 20 produtos com defeito.

Fábrica 3: 85 produtos sem defeito e 15 produtos com defeito.

Teste a suspeita da empresa no nível de significância de 5 %.

15. Um instituto de metrologia está fazendo uma avaliação da qualidade de certo produto de limpeza, que é produzido por três filiais diferentes da mesma empresa. O produto precisa ter uma concentração adequada de desinfetante. Os testes identificaram três tipos de concentração: adequada, regular e inadequada. Os resultados estão na tabela a seguir:

	Filial 1	Filial 2	Filial 3
Adequada	350	100	80
Regular	90	30	40
Inadequada	100	10	150

A concentração de desinfetante no produto é homogênea nas três filiais? Use nível de significância de 1 %.

16. Em um processo de moldagem de peças plásticas é preciso escolher quais dos dois métodos atualmente utilizados é o que obtém menor desperdício, que é mensurado pelo peso, em gramas, do polímero que "escapa" do molde. Nem sequer se sabe se os dois métodos (chamados de 1 e 2) são realmente diferentes. Para tentar resolver o problema, o engenheiro responsável selecionou 25 operadores (treinados em ambos os métodos) e mediu os valores desperdiçados em cada método. Os valores, em gramas, foram:

Operador	Método 1	Método 2	Operador	Método 1	Método 2
1	0,000	0,642	14	0,001	0,000
2	0,247	0,106	15	0,182	19,657
3	0,678	0,000	16	0,073	0,000
4	1,577	0,142	17	0,314	8,651
5	0,002	0,001	18	0,001	0,000
6	0,041	1,025	19	5,890	1,324
7	0,593	0,000	20	0,016	0,000
8	0,000	0,322	21	0,190	8,346
9	4,078	0,000	22	0,366	0,007
10	0,049	3,635	23	0,010	0,000
11	1,010	24,113	24	0,002	7,858
12	0,066	0,338	25	2,566	0,000
13	0,000	19,746			

a) Pelo teste dos sinais, usando um nível de significância de 5 %, o que você conclui?

b) Repita o item (a) pelo teste dos sinais por postos.

c) Qual é a sua conclusão? Por quê?

17. Uma olaria de SC estava preocupada com a qualidade dos seus produtos (pois estava perdendo muitos clientes para a concorrência). Resolveu, então, implantar um programa de qualidade, objetivando diminuir o número de tijolos defeituosos produzidos por seus 12 operários. Os números de tijolos defeituosos produzidos antes e após o programa são os seguintes:

Operário	1	2	3	4	5	6	7	8	9	10	11	12
Antes	47	56	54	49	36	48	51	38	61	49	56	52
Depois	71	34	45	34	50	24	42	35	53	20	67	50

Testes de aderência indicam a necessidade de utilizar testes não paramétricos. Usando nível de significância de 2,5 %, o programa de qualidade deu resultados?

18. Estamos interessados em verificar se há diferenças entre o desempenho escolar de homens e mulheres no curso de Engenharia de Produção. Aplicamos a mesma prova a um grupo de 15 estudantes do sexo feminino e a um grupo de 13 estudantes do sexo masculino, que obtiveram os resultados a seguir:

294 Capítulo 10

Estudantes do sexo feminino:	4,5	8,9	6,8	7,8	5,4	10,0	5,7	8,0
	5,0	6,0	7,6	7,5	4,0	6,8	9,0	
Estudantes do sexo masculino:	3,5	6,5	8,0	2,0	9,5	5,6	4,5	7,0
	8,8	7,5	8,0	1,5	6,5			

Testes de aderência concluíram que não é possível usar um teste paramétrico. Usando nível de significância de 1 %, qual é a sua conclusão?

19. Como parte do seu trabalho de conclusão de curso, um estudante de computação resolveu verificar se dois tipos de arquitetura (chamadas de A e B) diferem quanto à velocidade de processamento, em dado sistema computacional. Sob a arquitetura A, o estudante executou uma série de instruções e mediu os tempos de processamento, em milissegundos. Fez o mesmo sob a arquitetura B, com uma série de instruções análoga à que foi usada na arquitetura A. Os resultados, em milissegundos, foram:

Rede A		Rede B	
4,56	0,19	0,68	43,88
0,72	0,25	1,90	6,40
5,89	0,68	1,31	1,89
0,12	1,92	0,21	3,44
2,54	12,77	1,78	1,15
0,89	3,36	0,43	11,11

Para o nível de significância de 5 %, as duas arquiteturas diferem quanto ao tempo de processamento?

20. O tempo de rompimento dos elos fusíveis é um fator crucial para a proteção dos sistemas de distribuição de energia elétrica: uma vez ocorrido um curto-circuito, o fusível deve romper-se no menor tempo possível. A concessionária de energia elétrica de um estado brasileiro está estudando a adoção de um novo modelo, que o fabricante declara ter menor tempo de rompimento do que o modelo atual. Como parte do processo de decisão, foram realizados ensaios com os dois modelos. Eles foram submetidos a correntes de curto-circuito, e seus tempos até o rompimento foram monitorados. Com base nos resultados (descritos a seguir), e usando um nível de significância de 5 %, deve-se cogitar a adoção do novo modelo de elo fusível?

Tempos de rompimento (em segundos) – Atual elo fusível:

0,89	3,32	1,20	3,07	1,57	0,15	0,88	0,29	1,59	3,74	4,57
1,17	0,62	6,82	0,28	7,45	1,05	8,48	0,48	0,35	0,60	0,97

Tempo de rompimento (em segundos) – Novo elo fusível:

0,68	3,44	1,69	0,69	0,61	1,31	1,82	0,37	2,72	0,02	1,03
0,03	0,02	1,22	4,88	0,17	1,6	1,91	0,35	4,3	0,82	0,24
1,06	0,17	0,74								

21. No processo de produção de papel, a degradação da lignina (uma enzima) é um aspecto fundamental e precisa ser realizada rapidamente, exigindo, em geral, a utilização de cloro, o que pode ser danoso ao meio ambiente. Recentemente, foram realizadas pesquisas procurando avaliar a viabilidade de degradação da lignina por meio da ação de fungos, em biorreatores, reduzindo os danos ao meio ambiente e os gastos com tratamento de efluentes das fábricas de papel. Os departamentos de Engenharia Química e Botânica de uma universidade brasileira resolveram realizar um experimento para avaliar duas espécies de fungo, medindo o tempo gasto para degradar um pequeno cubo de madeira de eucalipto. Acredita-se que a espécie 1 consiga degradar a lignina em menos tempo. Os resultados obtidos (em dias) estão descritos a seguir:

Espécie 1

6,5	11,0	16,0	13,5	13,0	16,5	28,5	6,0	7,0	10,0
6,0	7,5	17,5	10,5	14,5	15,0	16,0	4,0	10,5	27,5
5,5	8,5	37,0	25,0	19,0					

Espécie 2

51,5	22,5	17,5	16,0	46,5	32,0	5,5	14,0	15,5	38,5
36,5	46,0	17,0	13,0	19,0	34,5	20,0	59,5	14,5	20,5
12,0	66,0	29,5	59,0	19,0					

A espécie 1 realmente é mais rápida? Use nível de significância de 5 %.

11

CORRELAÇÃO E REGRESSÃO

Neste capítulo, estudaremos o quanto duas variáveis, X e Y, estão relacionadas em termos estatísticos. Por exemplo, o quanto indivíduos mais altos são também mais pesados, e vice-versa. Em outras palavras, queremos avaliar o nível de *correlação* entre Peso e Altura. Também veremos o quanto X influencia Y, pensando em uma relação de *causa e efeito*, o que caracteriza um problema de *regressão*, no qual tentaremos estabelecer uma equação que relaciona X com o valor esperado de Y.

11.1 CORRELAÇÃO

Na população de pessoas, podemos dizer que as variáveis Peso e Altura são *correlacionadas positivamente*, pois a maioria dos indivíduos altos também é pesada, e vice-versa. De forma análoga, em uma empresa de comércio digital, a Quantidade de Produtos Vendidos e o Nível de Utilização do Sistema Computacional devem ter *correlação positiva*. Já com relação aos estudantes de uma turma, o Número de Faltas do estudante e sua Nota na Prova devem ter *correlação negativa*.

Dizemos que duas variáveis, X e Y, são *positivamente correlacionadas* quando elas *tendem a caminhar em um mesmo sentido*. São *negativamente correlacionadas* quando elas *tendem a caminhar em sentidos opostos*. Em termos de uma amostra conjunta de (X, Y), a *correlação positiva* é caracterizada quando valores pequenos (grandes) de uma variável tendem a corresponder com valores pequenos (grandes) da outra; a *correlação negativa* é verificada quando valores pequenos (grandes) de uma variável tendem a corresponder com valores grandes (pequenos) da outra. E quanto mais forte for essa correspondência, mais forte é a correlação.

DIAGRAMAS DE DISPERSÃO

Uma maneira de visualizarmos se duas variáveis são correlacionadas para os elementos observados na amostra é por meio do *diagrama de dispersão*, em que os valores das variáveis são representados por pontos, em um sistema cartesiano.

EXEMPLO 11.1

No processo de queima de massa cerâmica para pavimento, corpos de prova foram avaliados por três variáveis: X_1 = Retração Linear (%), X_2 = Resistência Mecânica (MPa) e X_3 = Absorção de Água (%). Essas variáveis são importantes para avaliação da qualidade do produto. Vamos verificar o quão correlacionadas elas são com base nos resultados de 18 ensaios, apresentados na Tabela 11.1.

TABELA 11.1 Resultados do experimento descrito no Exemplo 11.1

Ensaio	X_1	X_2	X_3	Ensaio	X_1	X_2	X_3
1	8,70	38,42	5,54	10	13,24	60,24	0,58
2	11,68	46,93	2,83	11	9,10	40,58	3,64
3	8,30	38,05	5,58	12	8,33	41,07	5,87
4	12,00	47,04	1,10	13	11,34	41,94	3,32
5	9,50	50,90	0,64	14	7,48	35,53	6,00
6	8,58	34,10	7,25	15	12,68	38,42	0,36
7	10,68	48,23	1,88	16	8,76	45,26	4,14
8	6,32	27,74	9,92	17	9,93	40,70	5,48
9	8,20	39,20	5,63	18	6,50	29,66	8,98

Para visualizar graficamente os pares de valores de (X_1, X_2), representamos os pares (8,70; 38,42), (11,68; 46,93), ... como pontos no sistema cartesiano; de forma análoga, com os pares de observações de (X_1, X_3) e (X_2, X_3), como mostra a Figura 11.1.

Observe, no gráfico que relaciona Resistência Mecânica e Retração Linear, que valores pequenos de uma variável estão associados a valores pequenos da outra; valores grandes de uma variável estão associados a valores grandes da outra. Ou seja, a amostra estudada apresenta correlação positiva. Por outro lado, os valores dos outros dois pares de variáveis indicam correlação negativa.

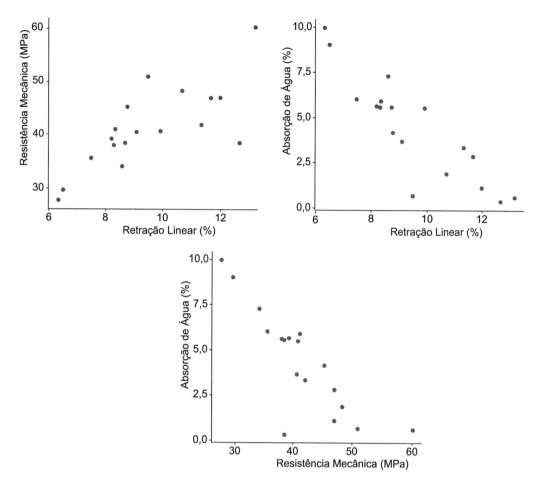

FIGURA 11.1 Diagramas de dispersão de medidas de massa cerâmica após o processo de queima.

A correlação também é dita *mais forte* quanto mais os pontos se aproximam de uma reta.

11.2 COEFICIENTE DE CORRELAÇÃO LINEAR DE PEARSON

Nesta seção, apresentaremos o chamado *coeficiente de correlação (linear) de Pearson*, que descreve a correlação linear dos dados de duas variáveis aleatórias.

IDEIA DE PEARSON PARA MEDIR CORRELAÇÃO

O valor do coeficiente de correlação não deve depender da unidade de medida dos dados. Por exemplo, o coeficiente de correlação entre as variáveis Peso e Altura, observadas em certo conjunto de indivíduos, deve acusar o mesmo valor, independentemente se o peso for medido em *gramas* ou *quilogramas*, e a altura em *metros* ou *centímetros*.

Para evitar o efeito da unidade de medida, consideramos os dados em termos da quantidade de desvios-padrão que se afastam da média. Assim, a padronização de (x_1, y_1), (x_2, y_2), ..., (x_n, y_n) é feita, para $i = 1, 2, ..., n$, da seguinte forma:

$$x'_i = \frac{x_i - \bar{x}}{s_x} \qquad y'_i = \frac{y_i - \bar{y}}{s_y}$$

em que:
$\bar{x}$: média de $x_1, x_2, ..., x_n$;
s_x: desvio-padrão de $x_1, x_2, ..., x_n$;
$\bar{y}$: média de $y_1, y_2, ..., y_n$;
s_y: desvio-padrão de $y_1, y_2, ..., y_n$.

Como a unidade de medida está tanto no numerador como no denominador das expressões de x'_i e y'_i, então os valores padronizados independem das unidades de medida originais. A Figura 11.2 ilustra o diagrama de dispersão entre Resistência Mecânica e Retração Linear com os valores originais e com os valores padronizados.

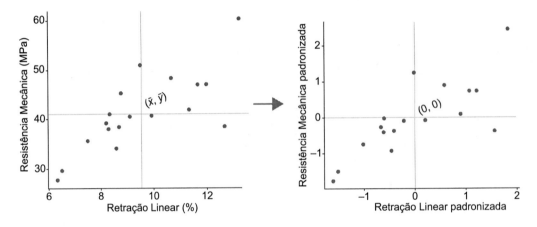

FIGURA 11.2 Ilustração do efeito da padronização das escalas.

Observe que a maior parte dos pontos está localizada nos quadrantes I e III, em que x' e y' têm o mesmo sinal. Isso normalmente acontece quando a configuração dos pontos aponta para uma correlação positiva. Por outro lado, quando houver correlação negativa, os pontos tendem a se localizar nos quadrantes II e IV (x' e y' com sinais trocados). A ideia de Pearson foi considerar os produtos cruzados $x'_i y'_i$ ($i = 1, 2, ..., n$), os quais tendem a ter sinal positivo ou negativo, dependendo do sentido da correlação. O coeficiente de correlação linear de Pearson, r, é definido por:

$$r = \frac{\sum_{i=1}^{n}(x'_i y'_i)}{n-1}$$

EXEMPLO 11.2

A Tabela 11.2 apresenta uma amostra fictícia de seis observações de (X, Y), calculando os valores padronizados e o coeficiente de correlação.

TABELA 11.2 Cálculos auxiliares para obter *r* via valores padronizados

Elemento	x	y	x'	y'	x'y'
1	2	1	-1,50	-1,50	2,25
2	4	9	-0,50	0,50	-0,25
3	5	7	0,00	0,00	0,00
4	5	7	0,00	0,00	0,00
5	6	5	0,50	-0,50	-0,25
6	8	13	1,50	1,50	2,25
Soma	30	42	0,00	0,00	4,00
Média	5,0	7,0	0,00	0,00	
Desvio-padrão	2,0	4,0	1,00	1,00	

Note que os valores padronizados têm média nula e desvio-padrão igual a um, como era de se esperar. Neste exemplo com poucos valores, já se percebe que valores de X e Y tendem caminhar em um mesmo sentido, o que caracteriza correlação positiva. Isso fica mais evidente com os produtos x'y', que são, em geral, positivos. O coeficiente de correlação dessa amostra é:

$$r = \frac{\sum_{i=1}^{n}(x'_i y'_i)}{n-1} = \frac{4}{6-1} = 0,8$$

INTERPRETAÇÃO DO COEFICIENTE DE CORRELAÇÃO

Já vimos que o valor de *r* é associado à correlação positiva e negativa, mas, para entendermos a *força* da correlação, vamos considerar três casos extremos:

1) correlação positiva perfeita;
2) correlação negativa perfeita;
3) ausência de correlação.

A Figura 11.3 mostra os dois primeiros casos. Observe que se *x* e *y* estiverem descritos por uma função linear (reta), então *r* será igual a 1 se a inclinação da reta for positiva; e será igual a −1 se a inclinação da reta for negativa. Por outro lado, se os dados forem tais que os pontos fiquem distribuídos de forma simétrica nos quatro quadrantes, então *r* = 0 (ausência de correlação), como ilustra a Figura 11.4.

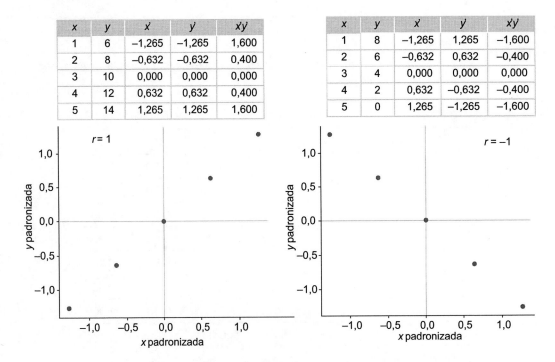

FIGURA 11.3 Exemplos hipotéticos de correlação positiva perfeita e negativa perfeita.

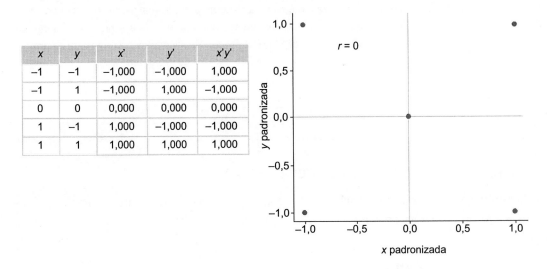

FIGURA 11.4 Exemplo hipotético de correlação nula.

Para uma amostra $\{(x_1, y_1), (x_2, y_2), ..., (x_n, y_n)\}$, o coeficiente de correlação de Pearson, r, estará no intervalo de -1 a 1. Será *positivo* quando os dados apresentarem correlação linear positiva; será *negativo* quando os dados tiverem correlação linear negativa. O valor de r será *tão mais próximo* de 1 (ou -1) quanto mais *forte* for a correlação nos dados observados, como sintetizado pela Figura 11.5.

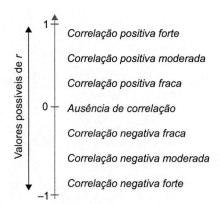

FIGURA 11.5 Sentido e força da correlação medida pelo coeficiente r.

É importante ressaltar que o conceito de correlação se refere a uma associação numérica entre duas variáveis, não implicando, necessariamente, uma relação de causa e efeito, ou mesmo uma relação com interesses práticos. A análise de dados para verificar correlações é, usualmente, feita em termos exploratórios, em que a verificação de uma correlação serve como um elemento auxiliar na análise do problema em estudo.

 EXEMPLO 11.3

Retomamos o Exemplo 11.1, com as 18 observações de Retração Linear (%), Resistência Mecânica (MPa) e Absorção de Água (%), analisando o coeficiente de correlação entre cada par dessas variáveis, apresentadas em forma matricial:

	Retração linear	Resistência mecânica	Absorção de água
Retração linear	1,00	0,75	−0,88
Resistência mecânica	0,75	1,00	−0,84
Absorção de água	−0,88	−0,84	1,00

Observamos que Resistência Mecânica e Retração Linear apresentam, nessa amostra, uma correlação positiva de moderada a forte. Já Retração Linear e Absorção de Água; e Resistência mecânica e Absorção de Água têm, nessa amostra, correlações negativas fortes.

NOTA SOBRE O CÁLCULO DE r

Com alguns cálculos algébricos na expressão apresentada anteriormente para o cálculo de r, chegamos à seguinte expressão, que reduz o efeito de erros de arredondamentos:

$$r = \frac{n\sum(x_i y_i) - (\sum x_i)(\sum y_i)}{\sqrt{n\sum x_i^2 - (\sum x_i)^2} \times \sqrt{n\sum y_i^2 - (\sum y_i)^2}}$$

Vamos aplicar essa expressão nos dados do Exemplo 11.2 para mostrar que se obtém o mesmo resultado para r (Tabela 11.3).

TABELA 11.3 Cálculos auxiliares para obter r da forma usual

Elemento	x	y	x^2	y^2	xy
1	2	1	4	1	2
2	4	9	16	81	36
3	5	7	25	49	35
4	5	7	25	49	35
5	6	5	36	25	30
6	8	13	64	169	104
Soma	30	42	170	374	242

$$r = \frac{6(242) - (30)(42)}{\sqrt{6(170) - (30)^2} \times \sqrt{6(374) - (42)^2}} = \frac{192}{\sqrt{120} \times \sqrt{480}} = 0{,}80$$

No Excel ou no Calc, a função *CORREL()* calcula o coeficiente de correlação de Pearson.

COEFICIENTE DE CORRELAÇÃO POPULACIONAL

Até agora, analisamos o coeficiente de correlação de uma amostra de observações de (X, Y), fazendo com que a interpretação do grau de correlação seja uma descrição específica da amostra em estudos. Quando o coeficiente é referente a uma *população*, vamos representá-lo por ρ.

EXEMPLO 11.4

Seja a população dos $N = 3.709.518$ estudantes que prestaram o Enem 2019 e que tiveram nota em Ciências da Natureza e Matemática. Seja, também, uma amostra aleatória simples de $n = 20$ estudantes dessa população. Fazendo os cálculos como anteriormente, encontram-se os seguintes valores para os coeficientes de correlação da população e da amostra:

$\rho = 0{,}648$

$r = 0{,}524$

Como era de se esperar, os valores de ρ e r são diferentes em função do erro amostral. Para ilustrar melhor a relação entre o parâmetro e a estatística nesta situação, fizemos uma simulação extraindo milhares de amostras de tamanho n = 20 e, em cada amostra, calculamos o coeficiente de correlação r. Os resultados, em forma de um histograma, são apresentados na Figura 11.6. A linha vertical marca a posição no eixo x do valor do coeficiente de correlação da população: ρ = 0,648.

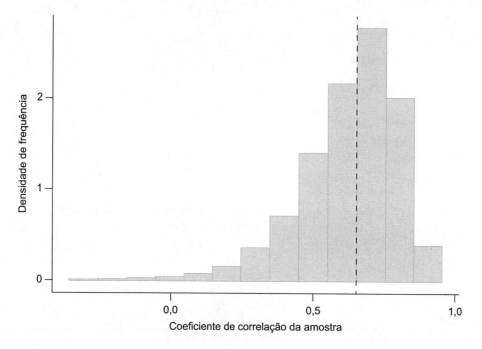

FIGURA 11.6 Histograma dos valores de r de milhares de amostras aleatórias simples de tamanho n = 20 extraídas da população descrita no Exemplo 11.4.

Analisando a Figura 11.6, vemos que amostras de tamanho 20 podem produzir valores de r bem diferentes e distantes de ρ, inclusive alguns poucos valores menores ou iguais a zero.

Na maioria dos problemas práticos, não conhecemos ρ e temos apenas uma amostra da população. Mas podemos testar se há correlação entre as variáveis em estudo. Mais especificamente, testamos as seguintes hipóteses:

H_0: ρ = 0 (as variáveis X e Y são *não correlacionadas*);
H_1: ρ ≠ 0 (as variáveis X e Y são *correlacionadas*).

Dependendo do problema em questão, a hipótese alternativa pode indicar o sentido da correlação (teste unilateral), tal como: ρ > 0 (X e Y são correlacionadas positivamente) ou ρ < 0 (X e Y são correlacionadas negativamente). O teste de correlação tem as seguintes suposições:

› X e Y devem ter distribuições normais; e
› a possível correlação entre X e Y é linear.

A estatística para o teste é calculada da seguinte forma:

$$t = \frac{r \times \sqrt{n-2}}{\sqrt{1-r^2}}$$

EXEMPLO 11.4 (continuação)

$$t = \frac{0{,}524 \times \sqrt{20-2}}{\sqrt{1-(0{,}524)^2}} = 2{,}610$$

Vamos fazer o teste H_0: $\rho = 0$ vs. H_1: $\rho \neq 0$, no nível de significância de 5 %.

O histograma da Figura 11.7 usa milhares de amostras com $n = 20$ observações independentes de (X, Y), considerando que ambas as variáveis aleatórias tenham distribuição normal e sejam não correlacionadas. Para cada amostra simulada, calculou-se o valor de t. Então, essa distribuição pode ser usada como distribuição de referência para analisar o valor de t obtido em nossa amostra.

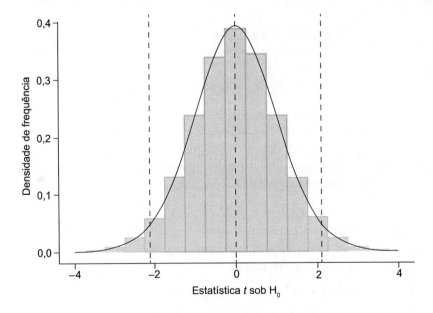

FIGURA 11.7 Distribuição dos valores de t de milhares de amostras aleatórias simples de tamanho $n = 20$ extraídas de populações normais não correlacionadas.

A curva sobreposta ao histograma (Figura 11.7) é a curva da distribuição t de *Student* com gl = $n - 2 = 18$ graus de liberdade, que é a distribuição de probabilidade que deve ser usada

Correlação e regressão **307**

para este teste. As linhas verticais das extremidades marcam os pontos $t_c = \pm 2{,}101$, que separam 2,5 % de área em cada lado da distribuição, delimitando os pontos críticos para o teste no nível de significância de 5 % (ver Tabela 2 do Apêndice). Ou seja, a regra de decisão é:

> aceita H_0 se $t \in [-2{,}201;\ 2{,}101]$;
> rejeita H_0 em favor de H_1 se $t \notin [-2{,}201;\ 2{,}101]$.

Como o cálculo de t baseado na amostra resultou em $t = 2{,}610$, o teste rejeita H_0, mostrando que há evidência de que o coeficiente de correlação populacional não é nulo, ou seja, há correlação entre a nota de Matemática e a nota de Ciências da Natureza no nível de significância de 5 %.

EXERCÍCIOS DA SEÇÃO

1. Sejam nove observações de (X, Y) apresentadas a seguir:

x	2	3	4	5	6	7	8	9	10
y	16	14	12	10	8	6	4	2	0

   Calcule o coeficiente de correlação de Pearson. Você esperava esse valor? Por quê?

2. Considerando somente as cinco primeiras observações do Exemplo 11.1, calcule o coeficiente de correlação de Pearson entre Retração Linear (%) e Resistência Mecânica (MPa). Apenas com essas cinco primeiras observações e considerando nível de significância de 5 %, o teste estatístico detecta correlação real entre as duas variáveis?

3. Considerando as 18 observações do Exemplo 11.1 e os coeficientes de correlação apresentados no Exemplo 11.3, verifique quais pares de variáveis apresentam correlação não nula no nível de significância de 5 %.

4. Com respeito aos 23 estudantes de uma turma de Estatística, foram observadas as variáveis Número de Faltas e Nota Final na disciplina. Esses dados acusaram a seguinte correlação, descrita pelo coeficiente de correlação de Pearson: $r = -0{,}56$. Comente as seguintes frases relativas à turma em estudo e ao coeficiente obtido.

   a) "Como $r = -0{,}56$ (correlação negativa moderada), nenhum estudante com grande número de faltas tirou nota alta."

   b) "Como as duas variáveis são correlacionadas, bastaria usar uma delas como critério de avaliação, pois uma acarreta a outra."

   c) "Os dados observados mostraram uma correlação negativa moderada entre Nota Final e Número de Faltas. Os estudantes com menos faltas tiveram, em geral, melhor desempenho nas avaliações do que aqueles que faltaram muito."

5. Sejam amostras de três variáveis: X, Y e Z. A seguir, apresenta-se a matriz de correlações entre elas e uma matriz de diagramas de dispersão. Os coeficientes de correlações

mostram toda informação sobre os relacionamentos entre as observações dessas variáveis ou os gráficos oferecem informações adicionais? Explique em termos deste exemplo.

	X	Y	Z
X	1,00	0,07	0,38
Y	0,07	1,00	0,17
Z	0,38	0,17	1,00

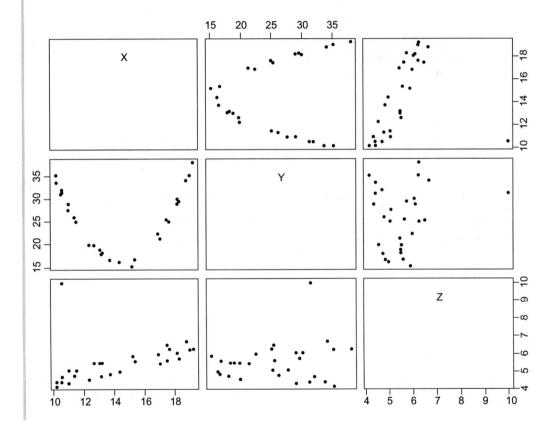

11.3 REGRESSÃO LINEAR SIMPLES

O termo *regressão* surgiu com os trabalhos de Galton, no fim do século XIX. Esses trabalhos procuravam explicar certas características de um indivíduo com base nas características de seus pais, por exemplo, predizer a altura de um indivíduo em função das alturas de seus pais. O modelo matemático-estatístico foi aperfeiçoado e, hoje, é utilizado nas mais variadas áreas, em particular nas Engenharias e na Informática.

Iniciaremos o estudo de regressão com a formulação mais simples, relacionando uma variável Y, chamada de variável *dependente* ou *resposta*, com uma variável X, denominada variável *independente* ou *explicativa*, como ilustram a Figura 11.8 e o Quadro 11.1.

FIGURA 11.8 Relação de causalidade na regressão linear simples.

QUADRO 11.1 Exemplos de variáveis dependentes e independentes

Variável independente (X)	Variável dependente (Y)
Altura média dos pais (cm)	Altura do filho (cm)
Temperatura do forno (°C)	Resistência mecânica da cerâmica (MPa)
Tempo de cura do concreto (dias)	Resistência mecânica (MPa)
Quantidade de aditivo (%)	Octanagem da gasolina
Renda (R$)	Consumo (R$)

A análise de regressão se diferencia do estudo de correlação por supor uma relação de *causalidade* de X em Y. Na correlação X e Y são variáveis aleatórias; na regressão Y é variável aleatória, mas X pode ser aleatória ou não aleatória, ou seja, uma variável controlada no experimento. De forma similar ao estudo de correlação, a análise de regressão também é baseada em um conjunto de observações pareadas (x_1, y_1), (x_2, y_2), ..., (x_n, y_n), relativas às variáveis X e Y.

Interesses usuais na aplicação de uma análise de regressão:

> medir o impacto de X sobre Y;
> estimar $E(Y)$ para diferentes valores de X; e
> predizer Y para novos valores de X.

 EXEMPLO 11.5

Considere um experimento em que se analisa a octanagem da gasolina (Y) em função da adição de um novo aditivo (X). Foram feitos dez ensaios com quantidades equidistantes de aditivo e medida a octanagem resultante. Os resultados foram:

Aditivo (mg/l)	2,0	2,2	2,4	2,6	2,8	3,0	3,2	3,4	3,6	3,8
Octanagem	93,7	94,3	93,6	94,5	94,8	94,5	94,7	94,8	95,4	95,3

A Figura 11.9 ilustra, do lado esquerdo, a distribuição dos valores de octanagem e, do lado direito, a relação entre a quantidade de aditivo e a octanagem.

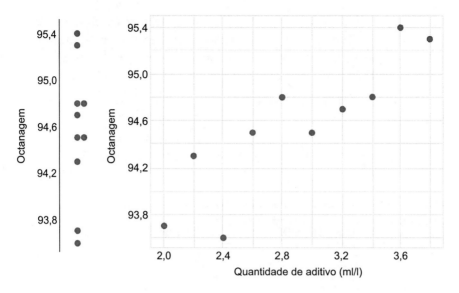

FIGURA 11.9 Distribuição dos valores de octanagem isoladamente e em função da quantidade de aditivo.

Se considerarmos somente a octanagem, podemos supor que os dados provenham de alguma distribuição com valor esperado $\mu = E(Y)$ e que as observações são variações aleatórias em torno desse valor esperado. Sendo d_i a variação aleatória associada à i-ésima observação de Y, podemos representar essa observação por:

$$y_i = \mu + d_i$$

Por outro lado, tendo os diferentes valores da quantidade de aditivo (X) e considerando que há influência dessa variável na octanagem (Y), então o valor esperado da octanagem, dado que a quantidade de aditivo foi de x mg/l, pode ser escrito como:

$$\mu_x = E(Y|x) = f(x)$$

sendo f a função que relaciona o valor esperado de Y com cada valor possível x na faixa em que o experimento foi realizado. Por simplicidade, vamos supor que esse relacionamento seja linear, assim podemos representar cada observação da amostra por:

$$y_i = \beta_0 + \beta_1 x_i + e_i$$

sendo β_0 o intercepto ou coeficiente escalar; β_1 a inclinação ou coeficiente angular da reta; e e_i o termo aleatório (ou erro aleatório) associado à observação y_i do i-ésimo ensaio.

11.3.1 Método dos mínimos quadrados

Para se ter a equação de regressão, é necessário obter estimativas de β_0 e β_1. Um método clássico de se obter estimadores na Estatística é o chamado *método de mínimos quadrados*, que consiste em definir como estimador o cálculo que minimiza a soma de quadrado dos erros.

Considerando, inicialmente, apenas as observações de Y: $\{y_1, y_2, ..., y_n\}$, podemos encontrar uma estimativa de $\mu = E(Y)$ minimizando:

$$S(\mu) = \sum_{i=1}^{n} d_i^2 = \sum_{i=1}^{n} (y_i - \mu)^2$$

Um possível ponto de mínimo é dado pela solução de:

$$\frac{dS(\mu)}{d\mu} = 0$$

Resolvendo a derivada e desenvolvendo a equação, obtemos como solução o valor de μ igual a:

$$\bar{y} = \frac{1}{n} \sum_{i=1}^{n} y_i$$

Fazendo a derivada segunda, verifica-se que $\bar{y}$ é realmente o mínimo da função $S(\mu)$. Assim, para uma amostra aleatória de Y: $(Y_1, Y_2, ..., Y_n)$, a média aritmética, $\bar{Y}$, é o *estimador de mínimos quadrados* de μ.

No caso do modelo de regressão, a soma de quadrados dos erros, S, depende de dois parâmetros e pode ser descrita por:

$$S(\beta_0, \beta_1) = \sum_{i=1}^{n} e_i^2 = \sum_{i=1}^{n} \left\{ y_i - (\beta_0 + \beta_1 x_i) \right\}^2$$

Fazendo as derivadas parciais com relação a β_1 e β_0, e igualando as equações a zero, tem-se um sistema cuja solução produz as seguintes estimativas para a β_1 e β_0, respectivamente: [1]

$$b_1 = \frac{n \sum (x_i y_i) - (\sum x_i)(\sum y_i)}{n \sum x_i^2 - (\sum x_i)^2}$$

$$b_0 = \frac{\sum y_i - b_1 \sum x_i}{n}$$

A *equação (reta) de regressão* é dada por:

$$\hat{y} = b_0 + b_1 x$$

Para cada valor x_i da amostra ($i = 1, 2, ..., n$), podemos calcular pela equação de regressão o valor *predito* de Y por:

---

[1] Note que a expressão de b_0 depende de b_1, então devemos calcular primeiro b_1 e, depois, b_0. No Excel e no Calc, pode-se usar a função *INCLINAÇÃO()* e *INTERCEPÇÃO()* para obter b_1 e b_0, respectivamente.

$$\hat{y}_i = b_0 + b_1 x_i$$

Os valores $(x_i, \hat{y}_i)$ são n pontos sobre a reta de regressão. As diferenças entre os valores observados e os preditos são chamadas de *resíduos*:

$$\hat{e}_i = y_i - \hat{y}_i$$

O resíduo relativo à i-ésima observação $(\hat{e}_i)$ é uma predição do termo aleatório (e_i) desta observação.

EXEMPLO 11.5 (continuação)

Obtenção da reta de regressão com base na amostra observada de Octanagem (Y), em função da quantidade de aditivo (X). As quatro primeiras colunas da Tabela 11.4 mostram os dados e cálculos auxiliares para obter as estimativas b_1 e b_0.

TABELA 11.4 Cálculos auxiliares de uma regressão*

Ensaio	x	y	x²	xy	$\hat{y}$	$\hat{e}$
1	2,0	93,7	4,00	187,40	93,79	−0,09
2	2,2	94,3	4,84	207,46	93,96	0,34
3	2,4	93,6	5,76	224,64	94,13	−0,53
4	2,6	94,5	6,76	245,70	94,30	0,20
5	2,8	94,8	7,84	265,44	94,47	0,33
6	3,0	94,5	9,00	283,50	94,65	−0,15
7	3,2	94,7	10,24	303,04	94,82	−0,12
8	3,4	94,8	11,56	322,32	94,99	−0,19
9	3,6	95,4	12,96	343,44	95,16	0,24
10	3,8	95,3	14,44	362,14	95,33	−0,03
Soma	**29,0**	**945,6**	**87,40**	**2.745,08**	–	**0,00**

*Na tabela, alguns valores estão arredondados, mas os cálculos foram feitos com mais decimais.

$$b_1 = \frac{n\Sigma(x_i y_i) - (\Sigma x_i)(\Sigma y_i)}{n\Sigma x_i^2 - (\Sigma x_i)^2} = \frac{10 \times 2.745,08 - 29 \times 945,6}{1.087,40 - (29)^2} = 0,8606$$

$$b_0 = \frac{\sum y_i - b_1 \sum x_i}{n} = \frac{945{,}6 - 0{,}8606 \times 29}{10} = 92{,}0642$$

Então, temos a equação de regressão:

$$\hat{y} = 92{,}06 + (0{,}86)x$$

Essa equação pode ser usada tanto para estimar o valor esperado da octanagem em função da quantidade de aditivo, $\mu_x = E(Y|x)$, para como predizer a octanagem se for adicionada certa quantidade específica de aditivo. Por exemplo, se forem adicionados 3,5 mg de aditivo na gasolina, nas mesmas condições do experimento usado para estabelecer a equação de regressão, tem-se a seguinte predição para o índice de octanagem:

$$\hat{y}(3{,}5) = 92{,}06 + (0{,}86)(3{,}5) \cong 95$$

Em particular, para os valores de X da amostra, têm-se os valores *preditos* indicados na coluna 5 da Tabela 11.4. A última coluna mostra os *resíduos*, cuja soma sempre será nula quando a reta de regressão for obtida pelo método de mínimos quadrados. A Figura 11.10 ilustra esses conceitos, destacando o 5º ensaio.

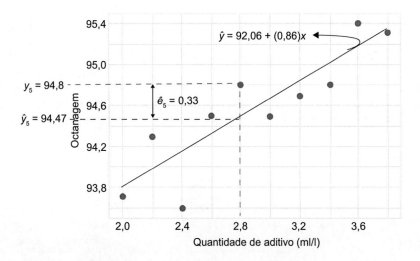

FIGURA 11.10 Reta de regressão do Exemplo 11.5.

O coeficiente b_1 tem interpretação prática importante. Aplicando a derivada na reta de regressão, tem-se: $d\hat{y}/dx = b_1$. Com relação ao problema do Exemplo 11.5, b_1 pode ser interpretado da seguinte forma: *a cada um miligrama a mais de aditivo, espera-se que o índice de octanagem aumente em, aproximadamente, b_1 = 0,86 unidade*.[2] A Figura 11.11 ilustra esse conceito.

---

[2] Essa interpretação deve ser restrita ao intervalo em que estão os valores especificados (ou observados) de X.

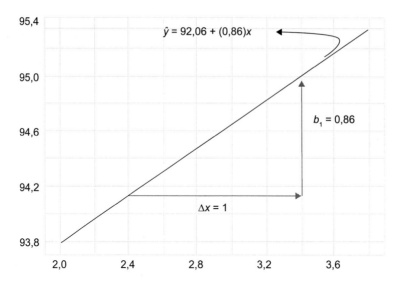

FIGURA 11.11   Interpretação do coeficiente angular da reta.

11.3.2   Variável independente não quantitativa

Variáveis não quantitativas podem ser variáveis independentes em um modelo de regressão, desde que transformadas em variáveis indicadoras, isto é, tendo o valor 1 quando o atributo em estudo está presente e o valor 0, quando o atributo não está presente.

 EXEMPLO 11.6

Seja um experimento completamente aleatorizado para avaliar o rendimento de uma reação química em função do catalisador (A ou B) utilizado. Os resultados de dez ensaios com cada catalisador foram:

Catalisador A	Catalisador B
45 51 50 62 43	45 35 43 59 48
42 53 50 48 55	45 41 43 49 39
média = 49,9	média = 44,7

Seja Y o rendimento e X a variável indicadora do catalisador A, isto é:

$$X = \begin{cases} 1, & \text{se catalisador A} \\ 0, & \text{se catalisador B} \end{cases}$$

A Figura 11.12 mostra a reta de regressão obtida pelo critério dos mínimos quadrados aplicada aos 20 pares (x_i, y_i): (1, 45), (1, 51), ..., (1, 55), (0, 45), ..., (0, 39).

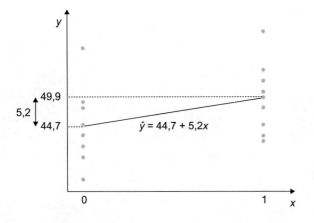

FIGURA 11.12 Regressão com variável independente do tipo 0-1.

Observe que, para X = 0, o valor predito de Y é a média do catalisador B; para X = 1, o valor predito de Y é a média do catalisador A. O coeficiente b_1 é a diferença das duas médias amostrais.

11.3.3 Análise de variância do modelo

Como vimos, uma observação da resposta Y, sem considerar a relação com X, pode ser representada por:

$$y_i = \mu + d_i$$

Se considerar a relação da resposta Y com a variável independente X, supostamente linear, a observação pode ser escrita em termos do modelo de regressão linear:

$$y_i = \beta_0 + \beta_1 x_i + e_i$$

Em geral, devemos esperar $e_i < d_i$, já que estaríamos reduzindo a variação aleatória ao explicar parte da variação de Y por valores de X (ver Figura 11.13). Essa tendência de e_i menor que d_i pode ser representada pela soma de quadrados:

$$\sum_{i=1}^{n} e_i^2 \leq \sum_{i=1}^{n} d_i^2$$

A igualdade também foi considerada para incluir o caso de X não ter relação com Y. Tomamos os resíduos dos modelos como aproximação das variações aleatórias, ou seja:

$$\hat{d}_i = y_i - \bar{y}$$

$$\hat{e}_i = y_i - \hat{y}_i$$

Definimos a soma de quadrados total como:

$$SQ_{Tot} = \sum \hat{d}_i^2 = \sum (y_i - \bar{y})^2 = \sum y_i^2 - \frac{(\sum y_i)^2}{n}$$

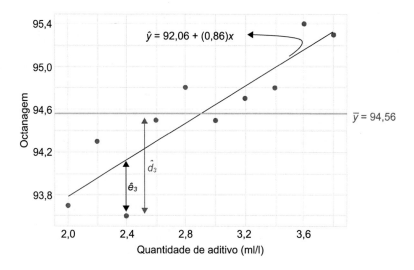

FIGURA 11.13 Representação dos resíduos com relação à média simples e à reta de regressão, associados à 3ª observação do Exemplo 11.5.

E a soma de quadrados do erro por:

$$SQE = \sum \hat{e}_i^2 = \sum (y_i - \hat{y}_i)^2 = \sum y_i^2 - b_0 \sum y_i - b_1 \sum x_i y_i$$

Devemos ter, então: $SQE \leq SQ_{Tot}$. Quanto menor for a redução de SQE com relação a SQ_{Tot}, mais forte deve ser a relação de X com Y. Neste contexto, definimos o *coeficiente de determinação*, representado por R^2, como a *proporção da redução da soma de quadrados com o uso da regressão*, ou seja:[3]

$$R^2 = \frac{SQ_{Tot} - SQE}{SQ_{Tot}}$$

A diferença $SQ_{Reg} = SQ_{Tot} - SQE$ é a parcela "explicada" pela regressão. Observar que, no caso de os dados de X e Y apresentarem total falta de relação, o método dos mínimos quadrados vai produzir uma reta com inclinação nula e posicionada em $\bar{y}$, assim $SQE = SQ_{Tot}$ e, portanto, $R^2 = 0$. Por outro lado, se os pontos estiverem sob uma reta, então $SQE = 0$, resultando em $R^2 = 1$.

---

[3] Numericamente, R^2 é igual ao quadrado do coeficiente de correlação de Pearson, r.

EXEMPLO 11.5 (continuação)

TABELA 11.5 Cálculos auxiliares para obter R^{2*}

Ensaio	x	y	$\bar{y}$	$\hat{d}_i$	$\hat{d}_i^2$	$\hat{y}_i$	$\hat{e}_i$	$\hat{e}_i^2$
1	2,0	93,7	94,56	−0,86	0,74	93,79	−0,09	0,01
2	2,2	94,3		−0,26	0,07	93,96	0,34	0,12
3	2,4	93,6		−0,96	0,92	94,13	−0,53	0,28
4	2,6	94,5		−0,06	0,00	94,30	0,20	0,04
5	2,8	94,8		0,24	0,06	94,47	0,33	0,11
6	3,0	94,5		−0,06	0,00	94,65	−0,15	0,02
7	3,2	94,7		0,14	0,02	94,82	−0,12	0,01
8	3,4	94,8		0,24	0,06	94,99	−0,19	0,04
9	3,6	95,4		0,84	0,71	95,16	0,24	0,06
10	3,8	95,3		0,74	0,55	95,33	−0,03	0,00
Soma	**29,0**	**945,6**		**0,00**	**3,12**		**0,00**	**0,68**

*Na tabela, alguns valores estão arredondados, mas os cálculos foram feitos com mais decimais.

Com os cálculos apresentados na Tabela 11.5, temos:

$$R^2 = \frac{SQ_{Tot} - SQE}{SQ_{Tot}} = \frac{3{,}12 - 0{,}68}{3{,}12} \cong 0{,}78$$

Com esse resultado e considerando adequada a forma de relacionamento do modelo de regressão, podemos dizer que 78 % da variabilidade apresentada nos dados observados de octanagem podem ser explicados pelas diferentes quantidades de aditivo usadas no experimento. Os demais 22 % referem-se à infinidade de outros fatores (variações aleatórias) que também estão afetando o processo.

Cabe observar que SQ_{Tot} tem $n - 1$ graus de liberdade, porque foi necessário estimar um parâmetro para se calcular os resíduos. A divisão de SQ_{Tot} pelos graus de liberdade é a variância amostral das observações de Y, e a sua estimativa é dada por:

$$s^2 = \frac{SQ_{Tot}}{n-1} = \frac{\Sigma(y_i - \bar{y})^2}{n-1}$$

A SQE tem $n - 2$ graus de liberdade, porque foram necessários estimar dois parâmetros (β_0 e β_1) para se calcular os resíduos. Supondo $V(e_i) = \sigma_e^2$ igual para todo x, a estimativa da chamada *variância do erro* é dada por:

$$s_e^2 = \frac{SQE}{n-2} = \frac{\Sigma(y_i - \hat{y}_i)^2}{n-2}$$

Uma adaptação de R^2, considerando os graus de liberdade das somas de quadrado, é dada por:

$$R_{aj}^2 = \frac{s^2 - s_e^2}{s^2}$$

O R_{aj}^2 (R^2 ajustado) é mais adequado quando se quer comparar diferentes modelos de regressão. Com os dados do Exemplo 11.5, temos:

$$s^2 = \frac{SQ_{Tot}}{n-1} = \frac{3{,}12}{10-1} = 0{,}35$$

$$s_e^2 = \frac{SQE}{n-2} = \frac{0{,}68}{10-2} = 0{,}085$$

$$R_{aj}^2 = \frac{s^2 - s_e^2}{s^2} = \frac{0{,}35 - 0{,}085}{0{,}35} = 0{,}76$$

EXERCÍCIOS DA SEÇÃO

6. Um administrador de uma sorveteria anotou por um longo período a *temperatura média diária*, em °C, e o *volume diário de vendas de sorvete*, em kg. Com os dados, foi ajustada a seguinte equação de regressão:

    $y = 0{,}5 + 1{,}8x$, com $R^2 = 0{,}80$

    Pergunta-se:

    a) Para fazer sentido a regressão, qual deve ser a variável independente X e a resposta Y?
    b) Qual é o consumo esperado de sorvete em um dia de 27 °C?
    c) Qual é o incremento esperado nas vendas de sorvete a cada 1 °C de aumento da temperatura?
    d) Considerando os dados da amostra, qual a porcentagem da variabilidade do volume de vendas que não é "explicada" pela reta de regressão?

7. No processo de queima de massa cerâmica, avaliou-se o efeito da temperatura do forno (X) sobre a resistência mecânica da massa queimada (Y). Foram realizados seis ensaios com níveis de temperatura equidistantes, os quais designaremos por 1, 2, 3, 4, 5 e 6. Os

valores obtidos de resistência mecânica (MPa) na mesma ordem foram: 41, 42, 50, 53, 54, 60. Pede-se:

a) As estimativas pontuais de β_0 e β_1.

b) O diagrama de dispersão e a reta de regressão.

c) Os valores preditos e os resíduos.

d) O coeficiente R^2.

e) O desvio-padrão dos resíduos, s_e.

11.4 INFERÊNCIAS SOBRE O MODELO DE REGRESSÃO

A construção da reta de regressão apresentada na seção anterior é descritiva da amostra de (X, Y) efetivamente observada. Outro experimento, realizado sob as mesmas condições, produziria outra reta. Neste contexto, queremos avaliar a precisão de nossas estimativas por meio de intervalos de confiança e verificar hipóteses acerca dos parâmetros β_0 e β_1.

As inferências discutidas nesta seção dependem de suposições adicionais com relação ao termo de erro da regressão, e serão apresentadas e discutidas na próxima seção.

TESTE DE SIGNIFICÂNCIA DO MODELO

Um primeiro teste na análise de regressão é verificar se há evidência de ganho em usar a regressão para estimar o valor esperado da resposta. Assim:

H_0: não há regressão linear de X em Y;
H_1: há regressão linear de X em Y.

Em termos do modelo:

$$\mu_x = E(Y|x) = \beta_0 + \beta_1 x$$

as hipóteses podem ser escritas como:

H_0: $\beta_1 = 0$;
H_1: $\beta_1 \neq 0$.

Note que sob H_0 o valor esperado de Y é igual a β_0 e, portanto, não é afetado por X. Neste caso, o estimador de mínimos quadrados de β_0 é a média aritmética das observações de Y. A estatística do teste é a razão f definida por:

$$f = \frac{\left. SQ_{Tot} - SQE \middle/ (n-1) - (n-2) \right.}{\left. SQE \middle/ n-2 \right.} = \frac{(n-2)(SQ_{Tot} - SQE)}{SQE}$$

320 Capítulo 11

Os cálculos geralmente são reunidos em uma tabela de análise de variâncias:

Fonte de variação	Somas de quadrados	gl	Variâncias	Estatística f
Regressão	SQ_{Reg}	1	$SQ_{Reg}/1$	$[SQ_{Reg}/1]/[SQE/(n-2)]$
Erro	SQE	$n-2$	$SQE/(n-2)$	
Total	SQ_{Tot}	$n-1$	$SQ_{Tot}/(n-1)$	

Com os dados do Exemplo 11.5, temos:

Fonte de variação	Somas de quadrados	gl	Variâncias	Estatística f
Regressão	2,44	1	2,44	28,76
Erro	0,68	8	0,08	
Total	3,12	9		

Sob H_0, a estatística f tem *distribuição F* com gl = 2 no numerador e gl = $n-2$ no denominador. Podemos usar a Tabela 4 do Apêndice para obter o valor crítico f_c dessa distribuição, no nível de significância de 5 %. O teste rejeita H_0 se, e somente se, $f \geq f_c$.

No Exemplo 11.5, devemos entrar na coluna e na linha correspondentes a gl = 1 e gl = 8, respectivamente, de onde obtemos: $f_c = 5{,}32$. Como $f = 28{,}76 > f_c = 5{,}32$, o teste rejeita H_0 no nível de significância de 5 %, mostrando evidência estatística de que há regressão.

Com o apoio do Excel ou Calc, podemos usar a função *DIST.F()* para obter o *valor-p* por: *valor-p* = $1 - DIST.F(28{,}76;1;8;1) = 0{,}00068$, o que leva à mesma conclusão.

INFERÊNCIA SOBRE O PARÂMETRO DE INCLINAÇÃO DA RETA

Podemos testar se o coeficiente angular é igual a determinado valor $c \in \mathbb{R}$, ou seja: $H_0: \beta_1 = c$ *vs.* $H_1: \beta_1 \neq c$, por meio da *distribuição t de Student* com gl = $n-2$. Para tanto, calculamos a estimativa do erro-padrão do termo aleatório:

$$s_e = \sqrt{\frac{SQE}{n-2}}$$

e a estimativa do erro-padrão do estimador de β_1 por:

$$s_{b_1} = s_e \times \sqrt{\frac{n}{n\sum x_i^2 - \left(\sum x_i\right)^2}}$$

O cálculo da estatística do teste é feito por:

$$t = \frac{b_1 - c}{s_{b_1}}$$

Dado o nível de significância desejado, o valor crítico t_c pode ser obtido pela Tabela 2 do Apêndice. O teste rejeita H_0 em favor de H_1 se $|t| \geq t_c$. Dependendo do problema em questão, pode-se usar a abordagem unilateral. No caso de $c = 0$, o *teste bilateral t* é equivalente ao *teste F* na regressão linear simples.[4]

Para o Exemplo 11.5, vamos testar H_0: $\beta_1 = 0$ *vs.* H_1: $\beta_1 \neq 0$ pelo teste t.[5]

$$s_e = \sqrt{\frac{SQE}{n-2}} = \sqrt{\frac{0,68}{10-2}} = 0,29$$

$$s_{b_1} = s_e \times \sqrt{\frac{n}{n\sum x_i^2 - \left(\sum x_i\right)^2}} = 0,29 \times \sqrt{\frac{10}{10 \times 87,4 - 29^2}} = 0,16$$

$$t = \frac{b_1 - c}{s_{b_1}} = \frac{0,86}{0,16} = 5,36$$

Usando a Tabela 2, com nível de significância de 0,05 e gl = 8, encontramos o valor crítico $t_c = 1,86$. Como $|t| = 5,36 \geq t_c = 1,86$, o teste rejeita H_0 e, portanto, encontramos a mesma conclusão obtida pelo *teste F*.

Com base na *distribuição t*, também podemos avaliar a precisão da estimativa do coeficiente angular por meio de um intervalo com nível de confiança $\gamma \in [0, 1]$, por:

$$IC\left(\beta_1, \gamma\right) = b_1 \pm t_\gamma s_{b_1}$$

sendo t_γ o valor de t que, na função de densidade *t de Student*, separa a área = γ entre $-t_\gamma$ e t_γ.

Voltando ao Exemplo 11.5, vamos fazer o intervalo de confiança para β_1 com nível de confiança de 95 %.

Usando a Tabela 2 do Apêndice, obtemos $t_{0,95} = 2,306$ (linha e coluna correspondentes a gl = 8 e área na cauda superior igual a 0,025, respectivamente).

Então:

$$IC\left(\beta_1, 95\ \%\right) = 0,86 \pm \left(2,306\right) \times 0,16 = 0,86 \pm 0,37$$

---

[4] Como veremos na Seção 11.6, na regressão múltipla, em que temos várias variáveis independentes, o *teste F* testa se todos os coeficientes dessas variáveis podem ser iguais a zero, enquanto o *teste t* permite testar cada coeficiente isoladamente.

[5] Os cálculos foram feitos com mais decimais do que está sendo apresentado, por isto há pequena diferença no resultado final.

INFERÊNCIA SOBRE O INTERCEPTO

Em geral, não há maiores interesses no coeficiente escalar (intercepto) da reta, mas podemos fazer testes e intervalos de confiança a partir da *distribuição t de Student* com $gl = n - 2$. Considere o teste: $H_0: \beta_0 = c$ *vs.* $H_1: \beta_0 \neq c$.

Estimativa do erro-padrão do intercepto:

$$s_{b_0} = s_e \times \sqrt{\frac{1}{n} + \frac{(\sum x_i)^2}{n^2 \sum x_i^2 - n(\sum x_i)^2}}$$

Cálculo da estatística do teste:

$$t = \frac{b_0 - c}{s_{b_0}}$$

Intervalo com nível de confiança $\gamma \in [0, 1]$:

$$IC(\beta_0, \gamma) = b_0 \pm t_\gamma s_{b_0}$$

Para o Exemplo 11.5:

$$s_{b_0} = 0{,}29 \times \sqrt{\frac{1}{10} + \frac{(29)^2}{100(87{,}4) - 10(29)^2}} = 0{,}47$$

Fazendo o teste $H_0: \beta_0 = 0$ *vs.* $H_1: \beta_0 \neq 0$:[6]

$$t = \frac{92{,}06}{0{,}47} = 194$$

Usando nível de significância de 0,05, tem-se: $t_c = 1{,}86$; então, o teste rejeita H_0 em favor de H_1.

Cálculo do intervalo de confiança:

$$IC(\beta_0, 95\ \%) = 92{,}06 \pm (2{,}306)(0{,}47) = 92{,}06 \pm 1{,}09$$

USO DO COMPUTADOR

A seguir, é apresentada a saída da análise de regressão do Exemplo 11.5 realizada pelo *software R/Rcmdr*, cuja orientação para instalação e uso o leitor encontra em Materiais Complementares:[7]

---

[6] Os cálculos foram feitos com mais decimais do que está sendo apresentado, por isto há pequena diferença no resultado final.

[7] Materiais complementares deste livro podem ser baixados em: www.inf.ufsc.br/~pedro.barbetta/livro_ltc.

```
Coefficients:
              Estimate Std.    Error      t value    Pr(>|t|)
(Intercept)   92.0642          0.4744     194.054    5.57e-16 ***
x             0.8606           0.1605     5.363      0.000675 ***
—
Signif. codes:  0 '***'  0.001  '**'  0.01  '*'  0.05  '.'  0.1  ' '  1

Residual standard error: 0.2915 on 8 degrees of freedom
Multiple R-squared:  0.7824, Adjusted R-squared:  0.7552
F-statistic: 28.76 on 1 and 8 DF, p-value: 0.0006754
```

O leitor pode comparar os resultados com os cálculos que fizemos anteriormente.

INTERVALO DE CONFIANÇA PARA O VALOR ESPERADO DA RESPOSTA

Como vimos antes, para um dado valor x_0 de X, podemos ter uma estimativa do valor médio da resposta Y por:

$$\widehat{\mu}_{x_0} = b_0 + b_1 x_0$$

A estimativa do erro-padrão pode ser obtida por:

$$s_{\widehat{\mu}_{x_0}} = s_e \times \sqrt{\frac{1}{n} + \frac{n(x_0 - \bar{x})^2}{n\Sigma x_i^2 - (\Sigma x_i)^2}}$$

Usando a distribuição t *de Student* com gl $= n - 2$, o intervalo com nível de confiança $\gamma \in [0, 1]$ do valor esperado da resposta para $X = x_0$ é calculado por:

$$IC\left(\mu_{x_0}, \gamma\right) = \widehat{\mu}_{x_0} \pm t_\gamma s_{\widehat{\mu}_{x_0}}$$

Retomando o Exemplo 11.5, a Figura 11.14 ilustra o intervalo de confiança da octanagem da gasolina para diferentes valores de quantidade de aditivo, destacando numericamente para a quantidade $x_0 = 3,5$ mg/l.

INTERVALO DE CONFIANÇA PARA UMA PREDIÇÃO

A mesma equação de regressão pode ser usada para obter uma predição da resposta para um valor específico de X. Para $X = x_0$, a estimativa pontual será a mesma do valor médio, ou seja:

$$\widehat{y}(x_0) = b_0 + b_1 x_0$$

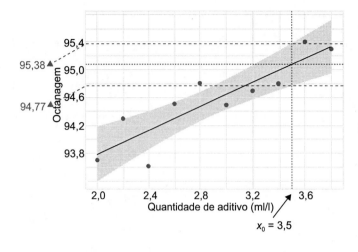

FIGURA 11.14 Intervalo de nível de confiança de 95 % para o valor esperado da resposta, com destaque para $x_0 = 3{,}5$.

Contudo, o erro-padrão dessa estimativa deve considerar a variabilidade dessa particular observação e pode ser calculado por:

$$s_{\hat{y}(x_0)} = s_e \times \sqrt{1 + \frac{1}{n} + \frac{n(x_0 - \bar{x})^2}{n\sum x_i^2 - (\sum x_i)^2}}$$

Para um dado x_0, o intervalo com nível de confiança $\gamma \in [0, 1]$ para o valor predito da resposta é calculado por:

$$IC\left[y(x_0), \gamma\right] = \hat{y}(x_0) \pm t_\gamma s_{\hat{y}(x_0)}$$

A Figura 11.15 ilustra o intervalo de confiança da octanagem da gasolina para um ensaio em que se usou a quantidade de aditivo $x_0 = 3{,}5$ mg/l.

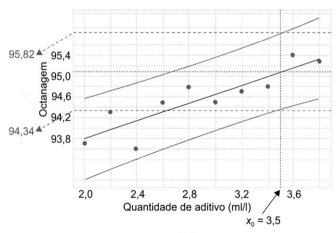

FIGURA 11.15 Intervalo de nível de confiança de 95 % para predição da resposta de um ensaio particular com $X = x_0$, destacando para $x_0 = 3{,}5$.

Correlação e regressão **325**

EXERCÍCIOS DA SEÇÃO

8. Considere o Exercício 7.

    a) Verifique se a relação linear da temperatura do forno na resistência da cerâmica é significante no nível de 0,05.

    b) Para o nível de temperatura igual a dois, apresente um intervalo de nível de confiança de 90 % para o valor médio da resistência da massa de cerâmica.

9. A tabela a seguir relaciona os pesos (em centenas de kg) com as taxas de rendimento de combustível em rodovia (km/l), em uma amostra de dez carros de passeio novos.

Peso	12	13	14	14	16	18	19	22	24	26
Rendimento	16	14	14	13	11	12	9	9	8	6

    a) Para estabelecer uma equação de regressão, qual deve ser a variável dependente e qual deve ser a independente? Justifique a sua resposta.

    b) Estabeleça a equação de regressão.

    c) Apresente o diagrama de dispersão contendo a reta de regressão.

    d) Quanto da variabilidade do rendimento é "explicada" por uma relação linear em termos do peso dos carros analisados?

    e) Apresente a estimativa pontual para o rendimento esperado de um carro de 20 centenas de kg considerando o modelo de regressão.

    f) Você considera seu estudo capaz de predizer o rendimento esperado de um veículo com peso de 7.000 kg? Justifique sua resposta.

    g) Seja um particular carro com peso de 15 centenas de kg. Apresente a predição de seu rendimento por meio de um intervalo com nível de confiança de 95 %.

10. Seja o Exemplo 11.6, em que se avaliam dois catalisadores para acelerar uma reação química. Faça o teste t, no nível de significância de 5 %, para verificar se o coeficiente de X, β_1, pode ser considerado igual a zero. O resultado deve ser igual ao teste de comparação de duas médias realizado no Capítulo 9 (Exemplo 9.3).

11.5 ANÁLISE DE RESÍDUOS E TRANSFORMAÇÕES

Dado um modelo de regressão linear:

$$y_i = \beta_0 + \beta_1 x_i + e_i$$

Os intervalos de confiança e testes de hipóteses apresentados na seção anterior são construídos com base nas seguintes suposições sobre o termo de erro da regressão:

1) Os erros ($e_1, e_2, ..., e_n$), referentes às n observações são variáveis aleatórias independentes.
2) Os valores esperados dos erros são iguais a zero: $E(e_i) = 0$ para $i = 1, 2, ..., n$.
3) As variâncias dos erros são constantes: $V(e_i) = \sigma_e^2$ para $i = 1, 2, ..., n$.
4) Os erros têm distribuição normal.

Fortes violações dessas suposições invalidam as inferências apresentadas na seção anterior, o que torna necessário realizar um diagnóstico para verificar a veracidade dessas suposições, pelo menos de forma aproximada.

A primeira suposição está associada ao experimento ou ao levantamento dos dados. Por exemplo, se itens que saem de uma linha de produção são extraídos em sequência, então é provável que haja correlação entre as observações sequenciais, consequentemente entre os termos de erros dessas observações. As demais suposições estão associadas à distribuição de probabilidade de Y e ao relacionamento entre X e Y.

Um diagnóstico sobre as suposições do modelo pode ser feito de forma gráfica. A Figura 11.16 mostra dois diagramas de dispersão, sendo que, no primeiro caso, a relação linear parece satisfeita, enquanto, no segundo caso, a relação não parece linear, violando a suposição 2.

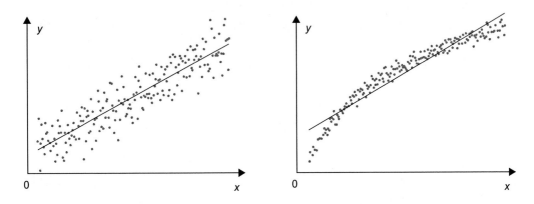

FIGURA 11.16 Exemplos hipotéticos de pontos satisfazendo e de pontos não satisfazendo uma relação linear.

Com os dados, podemos estabelecer a equação de regressão e calcular os valores preditos e os resíduos:

$$\hat{y}_i = b_0 + b_1 x_i$$
$$\hat{e}_i = y_i - \hat{y}_i$$

Um gráfico relacionando os valores preditos, $\hat{y}_i$, com os resíduos, $\hat{e}_i$, facilita a avaliação das suposições do modelo, como mostra a Figura 11.17.

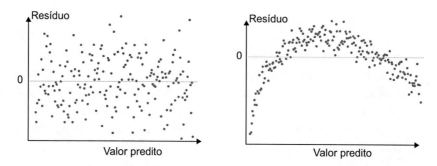

FIGURA 11.17 Gráfico de resíduos de ajuste de funções lineares nos dois exemplos ilustrados na Figura 11.16.

Observa-se, no primeiro gráfico, que os pontos parecem flutuar de forma aleatória em torno da reta de resíduo igual a zero. Além disso, a variabilidade não parece aumentar ou diminuir à medida que caminhamos para valores preditos maiores, o que está coerente com as suposições 2 e 3.

No segundo gráfico, para valores preditos pequenos, os resíduos tendem a ser negativos; para valores preditos medianos, os resíduos tendem a ser positivos; e para valores preditos grandes, os resíduos tendem a ser positivos novamente. Um comportamento que viola a suposição 2.

A Figura 11.18 mostra gráficos de resíduos em que é necessário algum tratamento nos dados ou ajustes de modelos mais complexos de regressão, porque algumas das suposições 1 a 4 estariam sendo violadas.

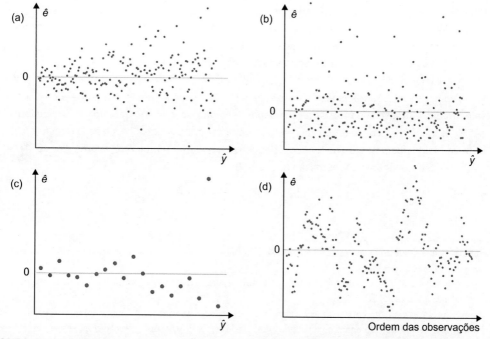

FIGURA 11.18 Gráficos de resíduos mostrando violações das suposições do modelo de regressão.

O gráfico da Figura 11.18(a) mostra que, para valores maiores, a variância também é maior, violando a suposição 3. Em (b), ao projetar os pontos para o eixo vertical, verifica-se que os resíduos têm uma distribuição assimétrica positiva, violando a suposição 4. No gráfico (c), há um valor bastante discrepante, que pode alterar drasticamente a inclinação da reta, sobretudo em amostras pequenas e se o valor discrepante estiver em observação associada a x_i muito pequeno ou muito grande. Em (d), observam-se sequências de resíduos ora crescentes, ora decrescentes, sugerindo forte correlação entre resíduos sequenciais, violando a suposição 1.

Para corrigir a modelagem nem sempre é fácil. Quando há alguns poucos casos discrepantes, o procedimento natural é retirá-los e verificar se ocorrem mudanças relevantes nos parâmetros do modelo. Esses casos discrepantes seriam tratados separadamente. O caso de correlação entre resíduos sequenciais exige modelagem mais complexa que não será tratada neste texto.

Violações das suposições de linearidade, variância constante e distribuição normal, em geral, não aparecem isoladamente, mas sim em conjunto. Por vezes, fazer transformação na variável resposta ou nas duas variáveis pode resultar em ajuste bem melhor. Quando se observa a variabilidade aumentando de forma aproximadamente linear com valores preditos maiores, como também no caso de assimetria positiva dos resíduos, fazer a regressão entre X e $\ln(Y)$, ou entre $\ln(X)$ e $\ln(Y)$, tende resultar em melhor ajuste.[8]

EXEMPLO 11.7

Com dados reais de venda de 397 apartamentos, vamos estabelecer uma regressão para predizer o valor de venda (em milhares de dólares da época), Y, em função da área privativa do apartamento (m²), X.[9] O modelo 1 é realizado sem nenhuma transformação nos dados, resultando na reta: $\hat{y} = -18{,}80 + 0{,}53x$. O gráfico de resíduos é apresentado na Figura 11.19.

Observamos na Figura 11.19 que a variabilidade aumenta para valores preditos maiores, violando a suposição 3. Também verificamos alguns poucos valores preditos muito grandes. Como o valor predito é função linear da variável independente X, podemos também aplicar a transformação logarítmica em X com o propósito de *esparramar* melhor os dados, já que essa transformação provoca maior *afastamento* entre valores pequenos e *encurtamento* entre valores grandes.[10]

Para ajustar o modelo de regressão (modelo 2):

$$\ln(y_i) = \beta_0 + \beta_1 \ln(x_i) + e_i$$

---

[8] Lembramos que a função logarítmica só é definida para valores positivos, então só é possível fazer essa transformação se os valores forem todos positivos.

[9] Dados extraídos da dissertação de Zancan, E. C. *Metodologia para avaliação em massa de imóveis para efeito de cobrança de tributos municipais.* UFSC, 1975.

[10] Não há suposição explícita com relação à distribuição de valores da variável X, mas valores discrepantes nessa variável podem ser muito influentes no ajuste da equação de regressão. Assim, é desejável que esses valores sejam tão mais próximos de espaçamentos iguais.

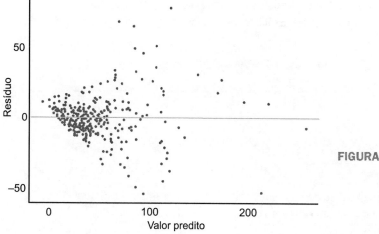

FIGURA 11.19 Preditos × Resíduos do modelo 1 ajustado aos dados do Exemplo 11.7.

calcula-se o logaritmo natural de todos os pares (x_i, y_i) e efetua-se a regressão linear com esses dados transformados. Para os dados do Exemplo 11.7, obteve-se a regressão:

$$\widehat{\ln(y)} = -2{,}93 + 1{,}38\ln(x)$$

sendo os novos valores preditos e resíduos calculados para cada apartamento i por:

$$\widehat{\ln(y_i)} = -2{,}93 + 1{,}38\ln(x_i)$$

$$\hat{e}_i = \ln(y_i) - \widehat{\ln(y_i)}$$

A Figura 11.20 apresenta uma análise gráfica de resíduos dessa nova regressão. Pelo gráfico Preditos × Resíduos, verificamos que o modelo 2 não aparenta violação das suposições discutidas anteriormente. Apresentamos, também, o gráfico de probabilidade normal, conforme estudado no Capítulo 6. Por este gráfico, podemos avaliar melhor se a suposição de distribuição normal dos erros é satisfeita. No presente caso, os pontos estão bem distribuídos em torno de uma reta, mostrando a adequação do modelo à suposição de normalidade.

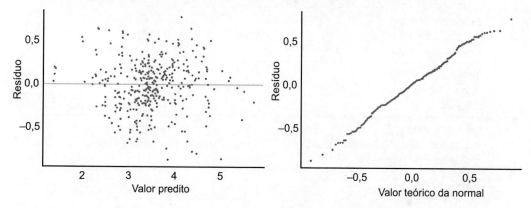

FIGURA 11.20 Preditos × Resíduos e gráfico de probabilidade normal com dados transformados (modelo 2).

Pelo exposto, o modelo 2 ajustou bem aos dados como modelo para predizer o valor de um apartamento em função da área privativa. Explicitando o valor na equação, temos o modelo final de regressão:

$$\widehat{valor} = \exp\{-2,93 + 1,38\ln(\text{área})\}$$

EXERCÍCIOS DA SEÇÃO

11. Considerando a equação final de regressão (modelo 2) do Exemplo 11.7, qual é a estimativa pontual do valor de um apartamento com área privativa de 100 m²?

12. Faça o gráfico Preditos × Resíduos da regressão do Exercício 9.

11.6 INTRODUÇÃO À REGRESSÃO MÚLTIPLA

Na regressão linear simples, estabelecemos que uma variável dependente Y depende de uma variável independente X e de um termo aleatório e. Em muitos casos, uma variável dependente Y depende de várias variáveis independentes $(X_1, X_2, ..., X_k)$ e deixar de fixar ou de incluir alguma variável independente que tenha forte impacto sobre Y pode levar a conclusões errôneas.

Na regressão linear múltipla, estudamos o relacionamento de várias variáveis independentes ou explicativas sobre uma variável dependente ou resposta Y. O Quadro 11.2 mostra alguns exemplos.

QUADRO 11.2 Exemplos de aplicações da regressão linear múltipla

Variáveis independentes	Variáveis dependentes (Y)
Altura do pai (cm) Altura da mãe (cm) Indicadora de sexo feminino	Altura do(a) filho(a) (cm)
Temperatura (°C) Tempo (s) Pressão (Pa)	Rendimento da reação química (%)
Memória RAM (Gb) Indicadora de sistema operacional Indicadora de processador	Tempo de resposta do sistema (s)
Renda (R$) Poupança (R$) Taxa de juros (%)	Consumo (R$)

A equação de uma regressão linear múltipla pode ser construída com base em uma amostra de n observações da variável dependente e das k variáveis independentes: $(y_i, x_{1i}, x_{2i}, ..., x_{ki})$, $i = 1, 2, ..., n$, relacionadas conforme o modelo:

$$y_i = \beta_0 + \beta_1 x_{1i} + \beta_2 x_{2i} + ... + \beta_k x_{ki} + e_i$$

As suposições sobre o termo de *erro* são as mesmas da regressão linear simples. Supõe-se, também, que entre as variáveis independentes não se tenha relação linear. Recomenda-se, quando possível, evitar incluir variável independente que tenha correlação alta com outras, especialmente quando se quer avaliar o efeito isolado de cada uma.

Na regressão linear simples, interpretamos β_1 em termos do que se espera da resposta Y em função de uma variação em X. Na regressão linear múltipla, a interpretação de β_1 é o que se espera da resposta Y em função de uma variação de X_1, mas com todas as outras variáveis fixadas.

Com a amostra de $(Y, X_1, X_2, ..., X_k)$ efetivamente observada, podemos aplicar o critério dos mínimos quadrados e obter as estimativas $b_1, b_2, ..., b_k$ de $\beta_1, \beta_2, ..., \beta_k$, respectivamente.[11] Assim, tem-se a equação de regressão construída com a amostra:

$$\hat{y} = b_0 + b_1 x_1 + b_2 x_2 + ... + b_k x_k$$

Com essa equação, podemos ter uma predição da resposta para qualquer conjunto $(x_1, x_2, ..., x_k)$ de valores das variáveis independentes, desde que esse conjunto seja coerente com o padrão da amostra usada para a construção da equação. Em particular, com os próprios dados das variáveis independentes da amostra, podemos calcular os *valores preditos* e os *resíduos* por:

$$\hat{y}_i = b_0 + b_1 x_{1i} + b_2 x_{2i} + ... + b_k x_{ki}$$
$$\hat{e}_i = y_i - \hat{y}_i$$

Assim como fizemos para a regressão linear simples, podemos construir gráficos de resíduos para avaliar as suposições do modelo, calcular as somas de quadrados e o coeficiente R^2. Sendo válidas as suposições do modelo, podemos realizar procedimentos similares ao que foi feito para a regressão linear simples, como:

1) Estimar o erro-padrão de cada coeficiente b_j como forma de avaliar a precisão das estimativas.

2) Fazer o *teste F* para testar as hipóteses:
   H_0: não há regressão linear de $X_1, X_2, ..., X_k$ em Y;
   H_1: há regressão linear de $X_1, X_2, ..., X_k$ em Y.

---

[11] Os cálculos na regressão múltipla são feitos com operações matriciais, que se tornam complexas quando temos muitas variáveis independentes, por isto apresentaremos apenas os resultados obtidos com auxílio do computador. Em Materiais Complementares, são dadas orientações de uso de *software* livre para essas análises.

Ou, equivalentemente:
H$_0$: $\beta_1 = \beta_2 = ... = \beta_k = 0$;
H$_1$: $\beta_j \neq 0$ para algum $j = 1, 2, ..., k$.

3) Fazer o *teste t* para cada variável X_j ($j = 1, 2, ..., k$), ou seja:
H$_0$: X_j tem efeito em Y;
H$_1$: X_j não tem efeito em Y.

Em termos dos parâmetros do modelo, essas hipóteses seriam equivalentes a:
H$_0$: $\beta_j = 0$;
H$_1$: $\beta_j \neq 0$.

4) Para um dado conjunto de valores $(x_1, x_2, ..., x_k)$, construir um intervalo de confiança para o valor esperado da resposta, $E(Y)$.

5) Para um novo conjunto de valores $(x_{10}, x_{20}, ..., x_{k0})$, construir um intervalo de confiança para a predição da resposta, $\hat{y}$.

 EXEMPLO 11.8

Com o objetivo de clarificar a interpretação dos parâmetros na regressão múltipla, selecionamos uma amostra de 588 escolas de ensino básico do Saeb (Sistema de Avaliação da Educação Básica) de 2015.[12] A variável dependente, Y, é a nota média na prova de matemática dos estudantes do 9º ano do ensino fundamental, que aqui foi padronizada na escala de 0 a 10, sendo zero para a escola em que a nota média dos estudantes foi a menor dentre as escolas analisadas; e dez para a escola em que a nota média deles foi a maior. Foram usadas duas variáveis independentes:

> $I_{particular}$: indicadora de escola particular (= 1 se a escola é particular; = 0 se a escola é pública); e

> NSE: nível socioeconômico da escola. Foi avaliado o nível socioeconômico de cada estudante com base nas respostas de itens sobre renda, nível educacional dos pais e bens no domicílio. O NSE da escola é a média dessa medida dos estudantes do 9º ano da escola, que aqui também foi padronizado de 0 a 10.

Foram ajustados dois modelos de regressão: o primeiro é uma regressão linear simples com a variável independente $I_{particular}$. O segundo modelo é uma regressão linear múltipla com as variáveis independentes $I_{particular}$ e NSE. As equações ajustadas foram:

> modelo 1: $\hat{y} = 2{,}7 + 3{,}0\,(I_{particular})$;
> modelo 2: $\hat{y} = -0{,}9 + 0{,}9\,(I_{particular}) + 0{,}8\,(NSE)$.

---

[12] Amostra extraída dos microdados publicados pelo INEP. Disponível em: https://www.gov.br/inep/pt-br/acesso-a-informacao/dados-abertos/microdados/saeb. Acesso em: 15 nov. 2023.

Correlação e regressão **333**

À primeira vista, parece estranho, porque se usar o modelo 1, você vai dizer que a nota em escolas particulares é, em média, 3,0 unidades maior que em escolas públicas; se usar o modelo 2, o valor cai para 0,9!

O coeficiente do modelo 2 tem de ser interpretado considerando o NSE fixo, ou seja, ao analisarmos escolas particulares e públicas com o mesmo NSE, então é de se esperar que a nota média das escolas particulares seja 0,9 unidade a mais do que a nota média de escolas públicas. Da mesma forma, ao interpretar o coeficiente de NSE, deve-se considerar o mesmo tipo de escola. Em suma, na regressão múltipla, analisamos o efeito de cada variável considerando o mesmo padrão nas demais variáveis. É o que alguns autores chamam de *efeito puro*.

EXERCÍCIO DA SEÇÃO

13. De uma amostra de apartamentos, têm-se as variáveis:
> Y = preço de venda (unidade monetária);
> X_1 = área privativa do apartamento (m²);
> X_2 = idade (anos desde a entrega do apartamento);
> X_3 = local (1 = área pouco valorizada; 2 = área de valorização média; 3 = área de alta valorização).

No modelo de regressão, a variável qualitativa Local foi analisada por meio de duas variáveis indicadoras:
> L_2 (= 1, se área de valorização média; = 0, caso contrário); e
> L_3 (= 1, se área de valorização alta; = 0, caso contrário).

A equação de regressão ajustada aos dados foi:

$$\widehat{\ln(y)} = 4,96 + 1,19\ln(X_1) - 0,14\ln(X_2) + 0,16L_2 + 0,47L_3$$

Pede-se:

a) Qual é o preço de venda previsto para um apartamento com área privativa de 100 m², que tem cinco anos de uso e está em área de valorização média?

b) Qual é o preço de venda previsto para um apartamento com área privativa de 50 m², que tem dez anos de uso e está em área de valorização baixa?

c) Interprete o coeficiente 0,47 de L_3.

EXERCÍCIOS COMPLEMENTARES

14. Sejam X = *nota na prova do vestibular de Matemática* e Y = *nota final na disciplina de Cálculo*. Essas variáveis foram observadas em 20 estudantes, ao final do primeiro período letivo de um curso de Engenharia. Os dados são apresentados a seguir:

334 Capítulo 11

X	Y	X	Y	X	Y	X	Y	X	Y
39	65	43	78	21	52	64	82	65	88
57	92	47	89	28	73	75	98	47	71
34	56	52	75	35	50	30	50	28	52
40	70	70	50	80	90	32	58	67	88

a) Calcule a correlação entre a *nota no vestibular de Matemática* e a *nota na disciplina de Cálculo*. Interprete o resultado.

b) Construa um diagrama de dispersão e verifique se algum estudante *foge* ao comportamento geral dos demais (ponto discrepante).

c) Retire o valor discrepante detectado no item (b) e calcule novamente o coeficiente r. Interprete.

d) Verifique se a correlação encontrada no item (c) é significante no nível de 0,05.

15. No desenvolvimento computacional de um escalonador, foram realizados alguns testes em 16 condições experimentais diferentes. O desempenho do escalonador foi observado a partir da quantidade de trabalho executado, em certo período de tempo, para as seguintes tarefas: em processamento de textos (X_1), em processamento interativo de dados (X_2) e em processamento de dados em batch (X_3). Os coeficientes de correlação calculados sobre as 16 observações foram:

	X_1	X_2	X_3
X_1	1,00	0,18	0,86
X_2	0,18	1,00	0,02
X_3	0,86	0,02	1,00

Que informações podem ser extraídas dessa matriz de correlações? Há evidências de que nas situações em que desempenho é melhor para processamento de texto, ele também tende a ser melhor em processamento interativo de dados? E em processamento de texto e processamento interativo de dados? Responda às duas últimas perguntas com testes no nível de significância de 5 %.

16. Para verificar a viabilidade de incluir os resíduos da queima de carvão mineral na composição do cimento, foram feitos ensaios com cimento contendo de 0 a 9 % de cinza de carvão; e verificando a resistência à compressão (em MPa) após 28 dias. Os resultados foram os seguintes:

Carvão (%):	0	1	2	3	4	5	6	7	8	9
Resistência (MPa):	38,5	40,2	42,1	37,5	41,1	36,9	38,2	36,7	39,5	35,9

Correlação e regressão **335**

a) Estabeleça a equação de regressão.

b) Calcule R^2.

c) Teste se o coeficiente angular pode ser zero. Use $\alpha = 0,05$.

d) Os resultados mostram evidência de que o uso de cinza de carvão mineral na composição do cimento diminui a resistência?

17. Um estudo foi desenvolvido para verificar o quanto o comprimento de um cabo da porta serial de microcomputadores influencia a qualidade da transmissão de dados, medida pelo número de falhas em 100.000 lotes de dados transmitidos (taxa de falha). Os resultados foram:

Comp. do cabo (m)	8	8	9	9	10	10	11	11	12	12	13	13	14	14
Taxa de falha	2,2	2,1	3	2,9	4,1	4,5	6,2	5,9	9,8	8,7	12,5	13,1	19,3	17,4

a) Estabeleça a equação (reta) de regressão.

b) Faça a análise dos resíduos e verifique se o modelo linear é adequado.

c) Use o logaritmo natural na taxa de falhas e veja se o ajuste melhora a partir de um novo gráfico de resíduos.

APÊNDICE:
TABELAS ESTATÍSTICAS

TABELA 1 Distribuição *normal padrão*
Área na cauda superior

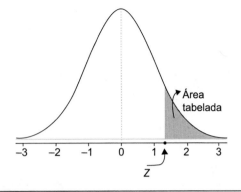

z	Segunda decimal de z									
	0	1	2	3	4	5	6	7	8	9
0,0	0,5000	0,4960	0,4920	0,4880	0,4840	0,4801	0,4761	0,4721	0,4681	0,4641
0,1	0,4602	0,4562	0,4522	0,4483	0,4443	0,4404	0,4364	0,4325	0,4286	0,4247
0,2	0,4207	0,4168	0,4129	0,4090	0,4052	0,4013	0,3974	0,3936	0,3897	0,3859
0,3	0,3821	0,3783	0,3745	0,3707	0,3669	0,3632	0,3594	0,3557	0,3520	0,3483
0,4	0,3446	0,3409	0,3372	0,3336	0,3300	0,3264	0,3228	0,3192	0,3156	0,3121
0,5	0,3085	0,3050	0,3015	0,2981	0,2946	0,2912	0,2877	0,2842	0,2810	0,2776
0,6	0,2743	0,2709	0,2676	0,2643	0,2611	0,2578	0,2546	0,2514	0,2483	0,2451
0,7	0,2420	0,2389	0,2358	0,2327	0,2296	0,2266	0,2236	0,2206	0,2177	0,2148
0,8	0,2119	0,2090	0,2061	0,2033	0,2005	0,1977	0,1949	0,1922	0,1894	0,1867
0,9	0,1841	0,1814	0,1788	0,1762	0,1736	0,1711	0,1685	0,1660	0,1635	0,1611
1,0	0,1587	0,1562	0,1539	0,1515	0,1492	0,1469	0,1446	0,1423	0,1401	0,1379
1,1	0,1357	0,1335	0,1314	0,1292	0,1271	0,1251	0,1230	0,1210	0,1190	0,1170
1,2	0,1151	0,1131	0,1112	0,1093	0,1075	0,1056	0,1038	0,1020	0,1003	0,0985
1,3	0,0968	0,0951	0,0934	0,0918	0,0901	0,0885	0,0869	0,0853	0,0838	0,0823
1,4	0,0808	0,0793	0,0778	0,0764	0,0749	0,0735	0,0722	0,0708	0,0694	0,0681

z	Segunda decimal de z									
	0	1	2	3	4	5	6	7	8	9
1,5	0,0668	0,0655	0,0643	0,0630	0,0618	0,0606	0,0594	0,0582	0,0571	0,0559
1,6	0,0548	0,0537	0,0526	0,0516	0,0505	0,0495	0,0485	0,0475	0,0465	0,0455
1,7	0,0446	0,0436	0,0427	0,0418	0,0409	0,0401	0,0392	0,0384	0,0375	0,0367
1,8	0,0359	0,0352	0,0344	0,0336	0,0329	0,0322	0,0314	0,0307	0,0301	0,0294
1,9	0,0287	0,0281	0,0274	0,0268	0,0262	0,0256	0,0250	0,0244	0,0239	0,0233
2,0	0,0228	0,0222	0,0217	0,0212	0,0207	0,0202	0,0197	0,0192	0,0188	0,0183
2,1	0,0179	0,0174	0,0170	0,0166	0,0162	0,0158	0,0154	0,0150	0,0146	0,0143
2,2	0,0139	0,0136	0,0132	0,0129	0,0125	0,0122	0,0119	0,0116	0,0113	0,0110
2,3	0,0107	0,0104	0,0102	0,0099	0,0096	0,0094	0,0091	0,0089	0,0087	0,0084
2,4	0,0082	0,0080	0,0078	0,0075	0,0073	0,0071	0,0069	0,0068	0,0066	0,0064
2,5	0,0062	0,0060	0,0059	0,0057	0,0055	0,0054	0,0052	0,0051	0,0049	0,0048
2,6	0,0047	0,0045	0,0044	0,0043	0,0041	0,0040	0,0039	0,0038	0,0037	0,0036
2,7	0,0035	0,0034	0,0033	0,0032	0,0031	0,0030	0,0029	0,0028	0,0027	0,0026
2,8	0,0026	0,0025	0,0024	0,0023	0,0023	0,0022	0,0021	0,0021	0,0020	0,0019
2,9	0,0019	0,0018	0,0017	0,0017	0,0016	0,0016	0,0015	0,0015	0,0014	0,0014
3,0	0,0013500									
3,5	0,0002330									
4,0	0,0000317									
4,5	0,0000034									
5,0	0,0000003									

TABELA 2 Distribuição t de Student

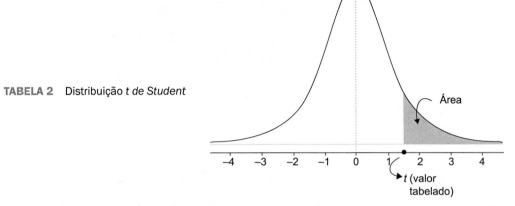

gl	Área na cauda superior								
	0,250	0,100	0,050	0,025	0,010	0,005	0,003	0,001	0,0005
1	1,000	3,078	6,314	12,71	31,82	63,66	127,3	318,3	636,6
2	0,816	1,886	2,920	4,303	6,965	9,925	14,09	22,33	31,60
3	0,765	1,638	2,353	3,182	4,541	5,841	7,453	10,21	12,92
4	0,741	1,533	2,132	2,776	3,747	4,604	5,598	7,173	8,610
5	0,727	1,476	2,015	2,571	3,365	4,032	4,773	5,894	6,869
6	0,718	1,440	1,943	2,447	3,143	3,707	4,317	5,208	5,959
7	0,711	1,415	1,895	2,365	2,998	3,499	4,029	4,785	5,408
8	0,706	1,397	1,860	2,306	2,896	3,355	3,833	4,501	5,041
9	0,703	1,383	1,833	2,262	2,821	3,250	3,690	4,297	4,781
10	0,700	1,372	1,812	2,228	2,764	3,169	3,581	4,144	4,587
11	0,697	1,363	1,796	2,201	2,718	3,106	3,497	4,025	4,437
12	0,695	1,356	1,782	2,179	2,681	3,055	3,428	3,930	4,318
13	0,694	1,350	1,771	2,160	2,650	3,012	3,372	3,852	4,221

gl	Área na cauda superior								
	0,250	0,100	0,050	0,025	0,010	0,005	0,003	0,001	0,0005
14	0,692	1,345	1,761	2,145	2,624	2,977	3,326	3,787	4,140
15	0,691	1,341	1,753	2,131	2,602	2,947	3,286	3,733	4,073
16	0,690	1,337	1,746	2,120	2,583	2,921	3,252	3,686	4,015
17	0,689	1,333	1,740	2,110	2,567	2,898	3,222	3,646	3,965
18	0,688	1,330	1,734	2,101	2,552	2,878	3,197	3,610	3,922
19	0,688	1,328	1,729	2,093	2,539	2,861	3,174	3,579	3,883
20	0,687	1,325	1,725	2,086	2,528	2,845	3,153	3,552	3,850
21	0,686	1,323	1,721	2,080	2,518	2,831	3,135	3,527	3,819
22	0,686	1,321	1,717	2,074	2,508	2,819	3,119	3,505	3,792
23	0,685	1,319	1,714	2,069	2,500	2,807	3,104	3,485	3,768
24	0,685	1,318	1,711	2,064	2,492	2,797	3,091	3,467	3,745
25	0,684	1,316	1,708	2,060	2,485	2,787	3,078	3,450	3,725
26	0,684	1,315	1,706	2,056	2,479	2,779	3,067	3,435	3,707
27	0,684	1,314	1,703	2,052	2,473	2,771	3,057	3,421	3,689
28	0,683	1,313	1,701	2,048	2,467	2,763	3,047	3,408	3,674
29	0,683	1,311	1,699	2,045	2,462	2,756	3,038	3,396	3,660
30	0,683	1,310	1,697	2,042	2,457	2,750	3,030	3,385	3,646
35	0,682	1,306	1,690	2,030	2,438	2,724	2,996	3,340	3,591
40	0,681	1,303	1,684	2,021	2,423	2,704	2,971	3,307	3,551
45	0,680	1,301	1,679	2,014	2,412	2,690	2,952	3,281	3,520
50	0,679	1,299	1,676	2,009	2,403	2,678	2,937	3,261	3,496
z	0,674	1,282	1,645	1,960	2,326	2,576	2,807	3,090	3,291

TABELA 3 Distribuição *qui-quadrado*

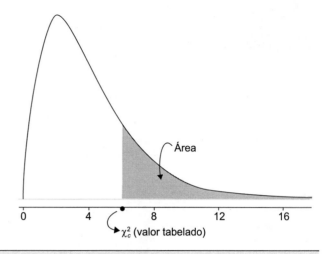

gl	Área na cauda superior							
	0,999	0,9975	0,995	0,990	0,975	0,950	0,900	0,750
1	0,00	0,00	0,00	0,00	0,00	0,00	0,02	0,10
2	0,00	0,01	0,01	0,02	0,05	0,10	0,21	0,58
3	0,02	0,04	0,07	0,11	0,22	0,35	0,58	1,21
4	0,09	0,14	0,21	0,30	0,48	0,71	1,06	1,92
5	0,21	0,31	0,41	0,55	0,83	1,15	1,61	2,67
6	0,38	0,53	0,68	0,87	1,24	1,64	2,20	3,45
7	0,60	0,79	0,99	1,24	1,69	2,17	2,83	4,25
8	0,86	1,10	1,34	1,65	2,18	2,73	3,49	5,07
9	1,15	1,45	1,73	2,09	2,70	3,33	4,17	5,90
10	1,48	1,83	2,16	2,56	3,25	3,94	4,87	6,74
11	1,83	2,23	2,60	3,05	3,82	4,57	5,58	7,58
12	2,21	2,66	3,07	3,57	4,40	5,23	6,30	8,44
13	2,62	3,11	3,57	4,11	5,01	5,89	7,04	9,30

	Área na cauda superior							
gl	**0,999**	**0,9975**	**0,995**	**0,990**	**0,975**	**0,950**	**0,900**	**0,750**
14	3,04	3,58	4,07	4,66	5,63	6,57	7,79	10,17
15	3,48	4,07	4,60	5,23	6,26	7,26	8,55	11,04
16	3,94	4,57	5,14	5,81	6,91	7,96	9,31	11,91
17	4,42	5,09	5,70	6,41	7,56	8,67	10,09	12,79
18	4,90	5,62	6,26	7,01	8,23	9,39	10,86	13,68
19	5,41	6,17	6,84	7,63	8,91	10,12	11,65	14,56
20	5,92	6,72	7,43	8,26	9,59	10,85	12,44	15,45
21	6,45	7,29	8,03	8,90	10,28	11,59	13,24	16,34
22	6,98	7,86	8,64	9,54	10,98	12,34	14,04	17,24
23	7,53	8,45	9,26	10,20	11,69	13,09	14,85	18,14
24	8,08	9,04	9,89	10,86	12,40	13,85	15,66	19,04
25	8,65	9,65	10,52	11,52	13,12	14,61	16,47	19,94
26	9,22	10,26	11,16	12,20	13,84	15,38	17,29	20,84
27	9,80	10,87	11,81	12,88	14,57	16,15	18,11	21,75
28	10,39	11,50	12,46	13,56	15,31	16,93	18,94	22,66
29	10,99	12,13	13,12	14,26	16,05	17,71	19,77	23,57
30	11,59	12,76	13,79	14,95	16,79	18,49	20,60	24,48
35	14,69	16,03	17,19	18,51	20,57	22,47	24,80	29,05
40	17,92	19,42	20,71	22,16	24,43	26,51	29,05	33,66
45	21,25	22,90	24,31	25,90	28,37	30,61	33,35	38,29
50	24,67	26,46	27,99	29,71	32,36	34,76	37,69	42,94
100	61,92	64,86	67,33	70,06	74,22	77,93	82,36	90,13

344 Apêndice: Tabelas estatísticas

TABELA 3 Distribuição *qui-quadrado* (Continuação)

gl	Área na cauda superior							
	0,250	0,100	0,050	0,025	0,010	0,005	0,0025	0,001
1	1,32	2,71	3,84	5,02	6,63	7,88	9,14	10,83
2	2,77	4,61	5,99	7,38	9,21	10,60	11,98	13,82
3	4,11	6,25	7,81	9,35	11,34	12,84	14,32	16,27
4	5,39	7,78	9,49	11,14	13,28	14,86	16,42	18,47
5	6,63	9,24	11,07	12,83	15,09	16,75	18,39	20,51
6	7,84	10,64	12,59	14,45	16,81	18,55	20,25	22,46
7	9,04	12,02	14,07	16,01	18,48	20,28	22,04	24,32
8	10,22	13,36	15,51	17,53	20,09	21,95	23,77	26,12
9	11,39	14,68	16,92	19,02	21,67	23,59	25,46	27,88
10	12,55	15,99	18,31	20,48	23,21	25,19	27,11	29,59
11	13,70	17,28	19,68	21,92	24,73	26,76	28,73	31,26
12	14,85	18,55	21,03	23,34	26,22	28,30	30,32	32,91
13	15,98	19,81	22,36	24,74	27,69	29,82	31,88	34,53
14	17,12	21,06	23,68	26,12	29,14	31,32	33,43	36,12
15	18,25	22,31	25,00	27,49	30,58	32,80	34,95	37,70
16	19,37	23,54	26,30	28,85	32,00	34,27	36,46	39,25
17	20,49	24,77	27,59	30,19	33,41	35,72	37,95	40,79
18	21,60	25,99	28,87	31,53	34,81	37,16	39,42	42,31
19	22,72	27,20	30,14	32,85	36,19	38,58	40,88	43,82
20	23,83	28,41	31,41	34,17	37,57	40,00	42,34	45,31
21	24,93	29,62	32,67	35,48	38,93	41,40	43,77	46,80
22	26,04	30,81	33,92	36,78	40,29	42,80	45,20	48,27
23	27,14	32,01	35,17	38,08	41,64	44,18	46,62	49,73
24	28,24	33,20	36,42	39,36	42,98	45,56	48,03	51,18
25	29,34	34,38	37,65	40,65	44,31	46,93	49,44	52,62
26	30,43	35,56	38,89	41,92	45,64	48,29	50,83	54,05
27	31,53	36,74	40,11	43,19	46,96	49,65	52,22	55,48
28	32,62	37,92	41,34	44,46	48,28	50,99	53,59	56,89
29	33,71	39,09	42,56	45,72	49,59	52,34	54,97	58,30
30	34,80	40,26	43,77	46,98	50,89	53,67	56,33	59,70
35	40,22	46,06	49,80	53,20	57,34	60,27	63,08	66,62
40	45,62	51,81	55,76	59,34	63,69	66,77	69,70	73,40
45	50,98	57,51	61,66	65,41	69,96	73,17	76,22	80,08
50	56,33	63,17	67,50	71,42	76,15	79,49	82,66	86,66
100	109,1	118,5	124,3	129,6	135,8	140,2	144,3	149,4

Apêndice: Tabelas Estatísticas **345**

TABELA 4 Distribuição *F de Fisher-Snedecor*
Área na cauda superior = 0,05

gl no denom.	Graus de liberdade no numerador									
	1	**2**	**3**	**4**	**5**	**6**	**7**	**8**	**9**	**10**
1	161	200	216	225	230	234	237	239	241	242
2	18,5	19	19,2	19,3	19,3	19,3	19,4	19,4	19,4	19,4
3	10,1	9,55	9,28	9,12	9,01	8,94	8,89	8,85	8,81	8,79
4	7,71	6,94	6,59	6,39	6,26	6,16	6,09	6,04	6,00	5,96
5	6,61	5,79	5,41	5,19	5,05	4,95	4,88	4,82	4,77	4,74
6	5,99	5,14	4,76	4,53	4,39	4,28	4,21	4,15	4,10	4,06
7	5,59	4,74	4,35	4,12	3,97	3,87	3,79	3,73	3,68	3,64
8	5,32	4,46	4,07	3,84	3,69	3,58	3,50	3,44	3,39	3,35
9	5,12	4,26	3,86	3,63	3,48	3,37	3,29	3,23	3,18	3,14
10	4,96	4,10	3,71	3,48	3,33	3,22	3,14	3,07	3,02	2,98
11	4,84	3,98	3,59	3,36	3,20	3,09	3,01	2,95	2,90	2,85
12	4,75	3,89	3,49	3,26	3,11	3,00	2,91	2,85	2,80	2,75
13	4,67	3,81	3,41	3,18	3,03	2,92	2,83	2,77	2,71	2,67
14	4,60	3,74	3,34	3,11	2,96	2,85	2,76	2,70	2,65	2,60
15	4,54	3,68	3,29	3,06	2,90	2,79	2,71	2,64	2,59	2,54
16	4,49	3,63	3,24	3,01	2,85	2,74	2,66	2,59	2,54	2,49
17	4,45	3,59	3,20	2,96	2,81	2,70	2,61	2,55	2,49	2,45
18	4,41	3,55	3,16	2,93	2,77	2,66	2,58	2,51	2,46	2,41
19	4,38	3,52	3,13	2,90	2,74	2,63	2,54	2,48	2,42	2,38
20	4,35	3,49	3,10	2,87	2,71	2,60	2,51	2,45	2,39	2,35
21	4,32	3,47	3,07	2,84	2,68	2,57	2,49	2,42	2,37	2,32
22	4,30	3,44	3,05	2,82	2,66	2,55	2,46	2,40	2,34	2,30
23	4,28	3,42	3,03	2,80	2,64	2,53	2,44	2,37	2,32	2,27

346 Apêndice: Tabelas estatísticas

gl no denom.	Graus de liberdade no numerador									
	1	2	3	4	5	6	7	8	9	10
24	4,26	3,40	3,01	2,78	2,62	2,51	2,42	2,36	2,30	2,25
25	4,24	3,39	2,99	2,76	2,60	2,49	2,40	2,34	2,28	2,24
26	4,23	3,37	2,98	2,74	2,59	2,47	2,39	2,32	2,27	2,22
27	4,21	3,35	2,96	2,73	2,57	2,46	2,37	2,31	2,25	2,20
28	4,20	3,34	2,95	2,71	2,56	2,45	2,36	2,29	2,24	2,19
29	4,18	3,33	2,93	2,70	2,55	2,43	2,35	2,28	2,22	2,18
30	4,17	3,32	2,92	2,69	2,53	2,42	2,33	2,27	2,21	2,16
35	4,12	3,27	2,87	2,64	2,49	2,37	2,29	2,22	2,16	2,11
40	4,08	3,23	2,84	2,61	2,45	2,34	2,25	2,18	2,12	2,08
45	4,06	3,20	2,81	2,58	2,42	2,31	2,22	2,15	2,10	2,05
50	4,03	3,18	2,79	2,56	2,40	2,29	2,20	2,13	2,07	2,03
100	3,94	3,09	2,70	2,46	2,31	2,19	2,10	2,03	1,97	1,93

TABELA 4 Distribuição *F de Fisher-Snedecor* (Continuação)
Área na cauda superior = 0,025

gl no denom.	Graus de liberdade no numerador									
	1	2	3	4	5	6	7	8	9	10
1	648	799	864	900	922	937	948	957	963	969
2	38,5	39,0	39,2	39,3	39,3	39,3	39,4	39,4	39,4	39,4
3	17,4	16,0	15,4	15,1	14,9	14,7	14,6	14,5	14,5	14,4
4	12,2	10,7	9,98	9,60	9,36	9,20	9,07	8,98	8,90	8,84
5	10,0	8,43	7,76	7,39	7,15	6,98	6,85	6,76	6,68	6,62
6	8,81	7,26	6,60	6,23	5,99	5,82	5,70	5,60	5,52	5,46
7	8,07	6,54	5,89	5,52	5,29	5,12	4,99	4,90	4,82	4,76
8	7,57	6,06	5,42	5,05	4,82	4,65	4,53	4,43	4,36	4,30
9	7,21	5,71	5,08	4,72	4,48	4,32	4,20	4,10	4,03	3,96

gl no denom.	Graus de liberdade no numerador									
	1	2	3	4	5	6	7	8	9	10
10	6,94	5,46	4,83	4,47	4,24	4,07	3,95	3,85	3,78	3,72
11	6,72	5,26	4,63	4,28	4,04	3,88	3,76	3,66	3,59	3,53
12	6,55	5,10	4,47	4,12	3,89	3,73	3,61	3,51	3,44	3,37
13	6,41	4,97	4,35	4,00	3,77	3,60	3,48	3,39	3,31	3,25
14	6,30	4,86	4,24	3,89	3,66	3,50	3,38	3,29	3,21	3,15
15	6,20	4,77	4,15	3,80	3,58	3,41	3,29	3,20	3,12	3,06
16	6,12	4,69	4,08	3,73	3,50	3,34	3,22	3,12	3,05	2,99
17	6,04	4,62	4,01	3,66	3,44	3,28	3,16	3,06	2,98	2,92
18	5,98	4,56	3,95	3,61	3,38	3,22	3,10	3,01	2,93	2,87
19	5,92	4,51	3,90	3,56	3,33	3,17	3,05	2,96	2,88	2,82
20	5,87	4,46	3,86	3,51	3,29	3,13	3,01	2,91	2,84	2,77
21	5,83	4,42	3,82	3,48	3,25	3,09	2,97	2,87	2,80	2,73
22	5,79	4,38	3,78	3,44	3,22	3,05	2,93	2,84	2,76	2,70
23	5,75	4,35	3,75	3,41	3,18	3,02	2,90	2,81	2,73	2,67
24	5,72	4,32	3,72	3,38	3,15	2,99	2,87	2,78	2,70	2,64
25	5,69	4,29	3,69	3,35	3,13	2,97	2,85	2,75	2,68	2,61
26	5,66	4,27	3,67	3,33	3,10	2,94	2,82	2,73	2,65	2,59
27	5,63	4,24	3,65	3,31	3,08	2,92	2,80	2,71	2,63	2,57
28	5,61	4,22	3,63	3,29	3,06	2,90	2,78	2,69	2,61	2,55
29	5,59	4,20	3,61	3,27	3,04	2,88	2,76	2,67	2,59	2,53
30	5,57	4,18	3,59	3,25	3,03	2,87	2,75	2,65	2,57	2,51
35	5,48	4,11	3,52	3,18	2,96	2,80	2,68	2,58	2,50	2,44
40	5,42	4,05	3,46	3,13	2,90	2,74	2,62	2,53	2,45	2,39
45	5,38	4,01	3,42	3,09	2,86	2,70	2,58	2,49	2,41	2,35
50	5,34	3,97	3,39	3,05	2,83	2,67	2,55	2,46	2,38	2,32
100	5,18	3,83	3,25	2,92	2,70	2,54	2,42	2,32	2,24	2,18

348 Apêndice: Tabelas estatísticas

TABELA 5 Valores críticos (d_c) para os testes de Kolmogorov-Smirnov e Lilliefors

Kolmogorov-Smirnov: parâmetros fornecidos			Lilliefors: parâmetros estimados		
n	$\alpha = 0,05$	$\alpha = 0,01$	n	$\alpha = 0,05$	$\alpha = 0,01$
1	0,975	0,995	4	0,381	0,417
2	0,842	0,929	5	0,337	0,405
3	0,708	0,829	6	0,319	0,364
4	0,624	0,734	7	0,3	0,348
5	0,563	0,669	8	0,285	0,331
6	0,519	0,617	9	0,271	0,311
7	0,483	0,576	10	0,258	0,294
8	0,454	0,542	11	0,249	0,284
9	0,43	0,513	12	0,242	0,275
10	0,409	0,49	13	0,234	0,268
11	0,391	0,468	14	0,227	0,261
12	0,375	0,449	15	0,22	0,257
13	0,361	0,432	16	0,213	0,25
14	0,349	0,418	17	0,206	0,245
15	0,338	0,404	18	0,2	0,239
16	0,327	0,392	19	0,179	0,235
17	0,318	0,381	20	0,19	0,231
18	0,309	0,371	25	0,173	0,2
19	0,301	0,361	30	0,161	0,187
20	0,294	0,352			
25	0,264	0,317			
30	0,242	0,29			
35	0,224	0,269			
40	0,21	0,252			
45	0,198	0,238			
50	0,188	0,227			
$n > 50$	$\cong 1,36/\sqrt{n}$	$\cong 1,63/\sqrt{n}$	$n > 30$	$\cong 0,886/\sqrt{n}$	$\cong 1,031/\sqrt{n}$

Apêndice: Tabelas Estatísticas 349

TABELA 6 Escores limites para a estatística S_+ do teste de sinais por postos (Wilcoxon)

				$P(S_+ \leq s_c) \cong$					
n	0,005	0,01	0,025	0,05	0,1	0,2	0,3	0,4	0,5
4	0	0	0	0	1	3	3	4	5
5	0	0	0	1	3	4	5	6	7,5
6	0	0	1	3	4	6	8	9	10,5
7	0	1	3	4	6	9	11	12	14
8	1	2	4	6	9	12	14	16	18
9	2	4	6	9	11	15	18	20	22,5
10	4	6	9	11	15	19	22	25	27,5
11	6	8	11	14	18	23	27	30	33
12	8	10	14	18	22	28	32	36	39
13	10	13	18	22	27	33	38	42	45,5
14	13	16	22	26	32	39	44	48	52,5
15	16	20	26	31	37	45	51	55	60
16	20	24	30	36	43	51	58	63	68
17	24	28	35	42	49	58	65	71	76,5
18	28	33	41	48	56	66	73	80	85,5
19	33	38	47	54	63	74	82	89	95
20	38	44	53	61	70	82	91	98	105

				$P(S_+ \leq s_c) \cong$				
n	0,6	0,7	0,8	0,9	0,95	0,975	0,99	0,995
4	6	7	7	9	10	10	10	10
5	9	10	11	12	14	15	15	15
6	12	13	15	17	18	20	21	21
7	16	17	19	22	24	25	27	28
8	20	22	24	27	30	32	34	35
9	25	27	30	34	36	39	41	43
10	30	33	36	40	44	46	49	51
11	36	39	43	48	52	55	58	60
12	42	46	50	56	60	64	68	70
13	49	53	58	64	69	73	78	81
14	57	61	66	73	79	83	89	92
15	65	69	75	83	89	94	100	104
16	73	78	85	93	100	106	112	116
17	82	88	95	104	111	118	125	129
18	91	98	105	115	123	130	138	143
19	101	108	116	127	136	143	152	157
20	112	119	128	140	149	157	166	172

350 Apêndice: Tabelas estatísticas

TABELA 7 Valores críticos para o teste de Mann-Whitney: valor máximo de U que permite rejeitar H_0

Teste unilateral $\alpha = 0,05$

n_1	n_2															
	5	6	7	8	9	10	11	12	13	14	15	16	17	18	19	20
5	4	5	6	8	9	11	12	13	15	16	18	19	20	22	23	25
6	5	7	8	10	12	14	16	17	19	21	23	25	26	28	30	32
7	6	8	11	13	15	17	19	21	24	26	28	30	33	35	37	39
8	8	10	13	15	18	20	23	26	28	31	33	36	39	41	44	47
9	9	12	15	18	21	24	27	30	33	36	39	42	45	48	51	54
10	11	14	17	20	24	27	31	34	37	41	44	48	51	55	58	62
11	12	16	19	23	27	31	34	38	42	46	50	54	57	61	65	69
12	13	17	21	26	30	34	38	42	47	51	55	60	64	68	72	77
13	15	19	24	28	33	37	42	47	51	56	61	65	70	75	80	84
14	16	21	26	31	36	41	46	51	56	61	66	71	77	82	87	92
15	18	23	28	33	39	44	50	55	61	66	72	77	83	88	94	100
16	19	25	30	36	42	48	54	60	65	71	77	83	89	95	101	107
17	20	26	33	39	45	51	57	64	70	77	83	89	96	102	109	115
18	22	28	35	41	48	55	61	68	75	82	88	95	102	109	116	123
19	23	30	37	44	51	58	65	72	80	87	94	101	109	116	123	130
20	25	32	39	47	54	62	69	77	84	92	100	107	115	123	130	138

Teste bilateral $\alpha = 0,05$

n_1	n_2															
	5	6	7	8	9	10	11	12	13	14	15	16	17	18	19	20
	5	6	7	8	9	10	11	12	13	14	15	16	17	18	19	20
5	2	3	5	6	7	8	9	11	12	13	14	15	17	18	19	20
6	3	5	6	8	10	11	13	14	16	17	19	21	22	24	25	27
7	5	6	8	10	12	14	16	18	20	22	24	26	28	30	32	34
8	6	8	10	13	15	17	19	22	24	26	29	31	34	36	38	41
9	7	10	12	15	17	20	23	26	28	31	34	37	39	42	45	48
10	8	11	14	17	20	23	26	29	33	36	39	42	45	48	52	55
11	9	13	16	19	23	26	30	33	37	40	44	47	51	55	58	62

Apêndice: Tabelas Estatísticas 351

Teste bilateral $\alpha = 0,05$

n_1	n_2														
	5	6	7	8	9	10	11	12	13	14	15	16	17	18	19	20
12	11	14	18	22	26	29	33	37	41	45	49	53	57	61	65	69
13	12	16	20	24	28	33	37	41	45	50	54	59	63	67	72	76
14	13	17	22	26	31	36	40	45	50	55	59	64	69	74	78	83
15	14	19	24	29	34	39	44	49	54	59	64	70	75	80	85	90
16	15	21	26	31	37	42	47	53	59	64	70	75	81	86	92	98
17	17	22	28	34	39	45	51	57	63	69	75	81	87	93	99	105
18	18	24	30	36	42	48	55	61	67	74	80	86	93	99	106	112
19	19	25	32	38	45	52	58	65	72	78	85	92	99	106	113	119
20	20	27	34	41	48	55	62	69	76	83	90	98	105	112	119	127

Teste unilateral $\alpha = 0,01$

n_1	n_2														
	5	6	7	8	9	10	11	12	13	14	15	16	17	18	19	20
5	1	2	3	4	5	6	7	8	9	10	11	12	13	14	15	16
6	2	3	4	6	7	8	9	11	12	13	15	16	18	19	20	22
7	3	4	6	7	9	11	12	14	16	17	19	21	23	24	26	28
8	4	6	7	9	11	13	15	17	20	22	24	26	28	30	32	34
9	5	7	9	11	14	16	18	21	23	26	28	31	33	36	38	40
10	6	8	11	13	16	19	22	24	27	30	33	36	38	41	44	47
11	7	9	12	15	18	22	25	28	31	34	37	41	44	47	50	53
12	8	11	14	17	21	24	28	31	35	38	42	46	49	53	56	60
13	9	12	16	20	23	27	31	35	39	43	47	51	55	59	63	67
14	10	13	17	22	26	30	34	38	43	47	51	56	60	65	69	73
15	11	15	19	24	28	33	37	42	47	51	56	61	66	70	75	80
16	12	16	21	26	31	36	41	46	51	56	61	66	71	76	82	87
17	13	18	23	28	33	38	44	49	55	60	66	71	77	82	88	93
18	14	19	24	30	36	41	47	53	59	65	70	76	82	88	94	100
19	15	20	26	32	38	44	50	56	63	69	75	82	88	94	101	107
20	16	22	28	34	40	47	53	60	67	73	80	87	93	100	107	104

352 Apêndice: Tabelas estatísticas

	Teste bilateral $\alpha = 0,01$															
n_1	n_2															
	5	6	7	8	9	10	11	12	13	14	15	16	17	18	19	20
	5	6	7	8	9	10	11	12	13	14	15	16	17	18	19	20
5	0	1	1	2	3	4	5	6	7	7	8	9	10	11	12	13
6	1	2	3	4	5	6	7	9	10	11	12	13	15	16	17	18
7	1	3	4	6	7	9	10	12	13	15	16	18	19	21	22	24
8	2	4	6	7	9	11	13	15	17	18	20	22	24	26	28	30
9	3	5	7	9	11	13	16	18	20	22	24	27	29	31	33	36
10	4	6	9	11	13	16	18	21	24	26	29	31	34	37	39	42
11	5	7	10	13	16	18	21	24	27	30	33	36	39	42	45	48
12	6	9	12	15	18	21	24	27	31	34	37	41	44	47	51	54
13	7	10	13	17	20	24	27	31	34	38	42	45	49	53	57	60
14	7	11	15	18	22	26	30	34	38	42	46	50	54	58	63	67
15	8	12	16	20	24	29	33	37	42	46	51	55	60	64	69	73
16	9	13	18	22	27	31	36	41	45	50	55	60	65	70	74	79
17	10	15	19	24	29	34	39	44	49	54	60	65	70	75	81	86
18	11	16	21	26	31	37	42	47	53	58	64	70	75	81	87	92
19	12	17	22	28	33	39	45	51	57	63	69	74	81	87	93	99
20	13	18	24	30	36	42	48	54	60	67	73	79	86	92	99	105

RESPOSTAS DE EXERCÍCIOS

CAPÍTULO 2

1) {José da Silva, Joaquim, Carlito, Cláudio, Cardoso, Ermílio}

2) Para manter a proporcionalidade, deve-se selecionar seis homens e duas mulheres. Renumerando por linha os homens de 1 a 24; e as mulheres de 1 a 8; a amostra final é (para as mulheres usamos números de um dígito):

{Paulo Cezar, José de Souza, Cláudio, Carlito, Ercílio, Mauro, Joaquina, Maria José}

3) Não, basta extrair 100 números da tabela, com quatro algarismos, pertencentes ao conjunto {1650, 1651, ...,8840}, sem repetição.

5) Considere que tenhamos numerado os voluntários de 1 a 8, conforme a ordem apresentada. Dos números aleatórios dados, tomamos os quatro primeiros de 1 a 8 não repetidos: 7, 1, 3 e 6. Então, temos os dois grupos de indivíduos divididos aleatoriamente:

Grupo 1: {7.Joaquina, 1.Paulo Cezar, 3.Cláudio, 6.Mauro}

Grupo 2: {2.José de Souza, 4.Carlito, 5.Ercílio, 8.Maria José}

CAPÍTULO 3

3) b)

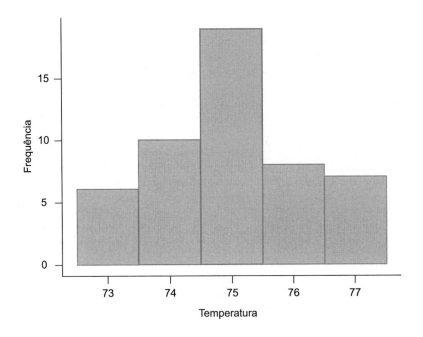

5)

Situação das peças	Turnos			Total
	Matutino	Vespertino	Noturno	
Aprovadas	65 %	66 %	66 %	66 %
Retrabalho	28 %	27 %	28 %	28 %
Rejeitadas	7 %	7 %	6 %	7 %
Total	100 %	100 %	100 %	100 %

6) Os pontos estão mais em torno de uma reta descendente, ou seja, há leve tendência de que estudantes com poucas faltas têm notas altas, enquanto aqueles com muitas faltas têm notas baixas. Podemos dizer que nesses 60 estudantes se observa uma *correlação negativa moderada* entre número de faltas e nota final.

7) a) 7,6 b) 2,37

8) 0,944 e 1,095

9) Todos os valores são iguais.

10) Em média, as notas de LC e MT são praticamente iguais, mas em MT as notas são mais dispersas, apresentam assimetria positiva (muitos candidatos com notas relativamente baixas e poucos com notas bastante altas) e curtose levemente negativa (distribuição um pouco mais achatada com relação à chamada distribuição normal). Em LP, a distribuição é levemente assimétrica negativa (um pouco menos de

Respostas de exercícios **355**

candidatos com notas relativamente baixas com relação ao número de candidatos com notas altas).

11) $m_d = 6$; $q_1 = 5,25$; $q_3 = 6,75$

12) a) 72,9 e 77,5; b) 74,8; c) 74,275 e 75,925; d) 1,65

e) Como a diferença $q_3 - m_d$ é um pouco maior que a diferença $m_d - q_1$, assim como a diferença $máx - q_3$ com relação à diferença $q_1 - mín$, então há evidência de que a distribuição dos valores tem pequena assimetria positiva, ou seja, cauda mais longa do lado direito.

13) Em geral, a boca 2 faz os ensacamentos com peso menor que as bocas 1 e 3, como pode ser observado pela mediana e quartis. Além disso, essa boca apresenta menor variabilidade, uma característica importante na avaliação da qualidade. A boca 1 apresentou um caso discrepante, que pode ser investigado na linha de produção.

15)

Leite	Média	Desvio-padrão	Quartil inferior	Mediana	Quartil superior
Tipo 1	2,99	0,05	3,00	3,00	3,00
Tipo 2	2,35	0,20	2,20	2,30	2,40

As leituras mostram que o leite tipo 2 tende a ser mais homogêneo, como pode ser visto na comparação das médias e quartis. Por outro lado, há maior homogeneidade nas leituras do leite tipo 1.

18) a) Quantitativa contínua

c)

	CE = 1	CE = 4	CE = 8
Média	5,54	9,92	4,14
Desvio-padrão	0,50	0,73	0,21

Pelas médias, observa-se que, na condição 4, tem-se maior absorção de água; as condições 1 e 8 têm níveis de absorção de água parecidos, com pequena vantagem para CE = 8, considerando que quanto menor a absorção de água, melhor. A condição 8 também apresenta menor variabilidade e, portanto, parece ser a melhor CE dentre essas três.

d) Coeficiente de variação, porque essas variáveis são medidas em unidades diferentes.

19) a) $m_d = 0,040$; $q_1 = -0,275$; $q_3 = 0,340$

b)

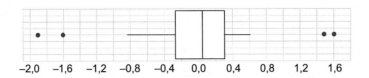

c) 0,629

CAPÍTULO 4

1) a) Ω = {cara, coroa}; b) Ω = {0,1, 2, ..., 100}; c) Ω = {0, 1, 2, ...};
    d) Ω = {v, tal que $v \geq 0$};
    e) Ω = {t, tal que $-\infty \leq t \leq +\infty$}. Em termos práticos, podem-se desconsiderar resultados absurdos, como Ω = {t, tal que $-10 \leq t \leq 45$}.

2) a) A = {t, tal que $5 < t \leq 10$}; B = {t, tal que $t > 10$}; C = {t, tal que $t > 8$};
    D = {t, tal que $t > 5$}; $E = \phi$; F = {t, tal que $8 < t \leq 10$};
    G = {t, tal que $t \leq 5$ ou $t > 10$}

3) Evento em (a) corresponde às operações de conjuntos (1) e (3), que no Diagrama de Venn corresponde à imagem (I). Segunda relação: Evento (b) corresponde às operações de conjuntos (2) e (4), mas não corresponde a diagramas de Venn apresentados.

4) a) 3/4; b) 22/52

5) a) 1/64; b) 3/32; c) 57/64; d) 7/64

6) a) 1/36 b) 1/6

7) a) 2/5, 15/50, 7/50, 1/10, 3/50 b) 3/5

8) a) 1/e b) 1 − 5/(2e)

9) 2,5 %

10) a) 0,14; b) 0,86; c) 0,09; d) 0,13; e) 0,098415

12) a) 30/73; b) 42/73; c) 8/73; d) 8/20; e) 8/30

13) a) 0,55769; b) 0,29987

14) 1/1024

15) 0,85. Processo em paralelo.

16) a) 1/7; b) 12/21; c) 6/21

17) 15/21

18) a) 0,02875 b) 0,5565

19) a) 0,73; b) 0,115; c) 0,375; d) 0,24468; e) 0,30667

20) Não. Observe as probabilidades dos itens (b) e (c) do Exercício 19. Ou verifique que a probabilidade da união desses eventos não fatora nas probabilidades individuais.

21) a) 0,010778; b) 0,30914

22) a) 0,72 b) 0,98

Respostas de exercícios **357**

23) 0,9639

24) a) 0,54   b) 0,04   c) 0,42

25) 1/ 50.063.860

26) 1/ 7.151.980

27) a)

HH	HM	MH	MM
36/105	27/105	27/105	15/105

b) 51/105   c) 36/51

28) a) 0,2095   b) 0,1364

29) a)

P	A
3/7	4/7

b)

PP	PA	AP	AA
9/49	12/49	12/49	16/49

c)

PP	PA	AP	AA
29/161	40/161	40/161	52/161

d) 0,01157   e) 0,2593

30) a) 0,37;   b) 0,16216

31) a) 9/25   b) 17/60   c) 4/17

32) a) 0,7   b) 0,94   c) 0,8333   d) 0,875

33) 0,9996

34) 0,5102

CAPÍTULO 5

1)

a)

x	0	1
$p(x)$	½	½

b)

x	0	1	2
$p(x)$	¼	½	¼

c)

x	0	1	2
$p(x)$	0,36	0,48	0,16

d)

x	0	1	2	3
p(x)	0,216	0,432	0,288	0,064

e)

x	2	3	4	5	6	7	8	9	10	11	12
p(x)	1/36	2/36	3/36	4/36	5/36	6/36	5/36	4/36	3/36	2/36	1/36

3) $F(x) = \begin{cases} 0 & \text{para } x < 0 \\ 0,216 & \text{para } 0 \leq x < 1 \\ 0,648 & \text{para } 1 \leq x < 2 \\ 0,936 & \text{para } 2 \leq x < 3 \\ 1 & \text{para } x \geq 3 \end{cases}$

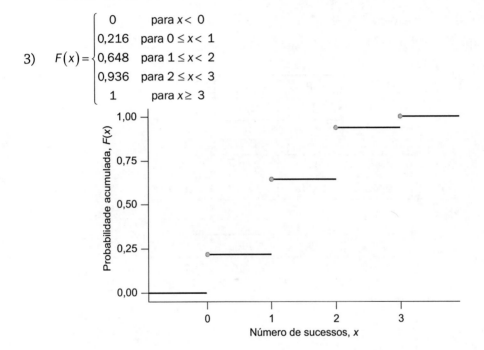

4) $p(x) = \begin{cases} 1/4 & \text{para } x = 0 \\ 1/2 & \text{para } x = 1 \\ 1/4 & \text{para } x = 2 \end{cases}$

5) a) 4 e 9,6   b) 5 e 9,6   c) 8 e 38,4
6) 1.000 g e 10,7703 g
7) a) 0,6415   b) 0,1887   c) 0,0754
8) a) 1 e 19   b) 0,95
9) a) $4,3 \times 10^{-8}$ b) 0,3596   c) 0,1872   d) 0,6077
10) a) 0,0282   b) 0,2668   c) 0,8497

11)

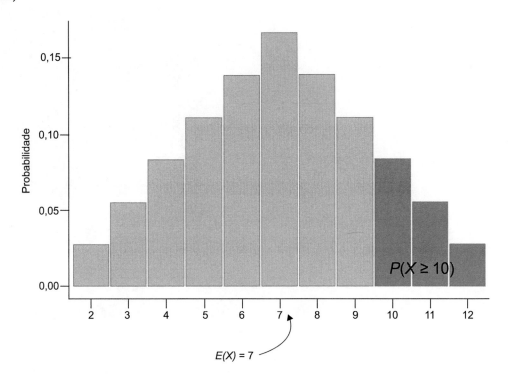

12) 0,0640
13) 0,5 e 0,3879
14) a) 0,4848   b) 0,4800. Porque $N \gg n$.
15) a) 0,0843   b) 0,2052
16) 0,0527
17) b) 0,6415   c) 0,1886   d) 1 erro
18) Proposta 1, porque o valor esperado da venda na proposta A é 53,42 u.m.; enquanto na B é 19,85 u.m.
19) a) 0,737   b) 0,337
20) a) 0,9990   b) 0,9989
21) 0,0137
22) 0,6321
23) a) 0,6723   b) 0,7183
24) a) 0,7408   b) 0,0369   c) 0,6135
25) Alternativa 2 (μ = 111,80 reais)
26) a) 0,0498
    b) Proposta: lucro esperado R$ 57,47; por categoria: R$ 76,00 (não)
    c) 1.064,85

27) a) 0,8009   b) 0,8428
28) 150 e 27,39

CAPÍTULO 6

1) a)

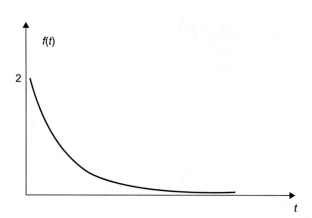

b) e^{-6}

c) $F(t) = \begin{cases} 1 - e^{-2t}, & \text{para } t \geq 0 \\ 0, & \text{para } t < 0 \end{cases}$

d)

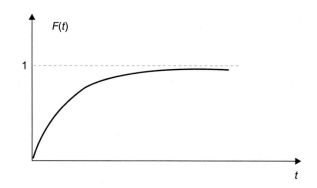

e) e^{-6}, $1 - e^{-4}$, $e^{-6} - e^{-4}$

f) ½

g) ¼

2) $f(x) = \begin{cases} 1/4, & \text{para } 20 \leq x \leq 24 \\ 0, & \text{para } x \notin [20, 24] \end{cases}$ a) ¼   b) 22   c) 4/3

Respostas de exercícios **361**

3) $f(x) = \begin{cases} \dfrac{x}{4} - 5, & \text{para } 20 \le x < 22 \\ 6 - \dfrac{x}{4}, & \text{para } 22 \le x < 24 \\ 0, & \text{para } x \notin [20, 24] \end{cases}$ a) $\frac{1}{8}$ b) 22 c) $\frac{2}{3}$

4) $f(x) = \begin{cases} e^{-x}, & \text{para } x \ge 0 \\ 0, & \text{para } x < 0 \end{cases}$

5) a) 1 b) $\frac{1}{2}$ c) $\frac{59}{72}$ d) 1 e) $\frac{1}{6}$

6) a) 0,3679 b) 0,4135 c) 0,3679

8) a) 0,0495 b) 0,9505 c) 0,6826 d) 0,955 e) 0,9974
   f) 0 g) 1,65 h) 2,58

9) a) 0,6915 b) 0,7333

10) a) 0,0314 b) 0,9372

11) a) 0,0605
    b) 0,1303 (Feito pelo Excel; pela Tabela 1, resultará em valor ligeiramente diferente em função da aproximação de z.)

12) a) 0,8962 b) 0,0617

13) 0,1151

14) 0,4724

15) 0,6321

16) 2.877 horas

18) a) 0,0071
    b) 1,1075 (Usando aproximação normal com correção de continuidade.)

19) a) 0,8472 b) 0,3859

20) a) 0,0781 b) $\cong 0$

21) 0,0225

22) 27,63 segundos

23) a) 0,8858 b) 0,153 mm

24) a) 0,1562 b) 0,6405 c) 0,1541 d) 5.504 kg/cm²

25) M2, pois E(M1) = R$ 83,64 e E(M2) = R$ 163,30

26) 0,8825

27) 0,1020

28) 14,11 s

29) 2.231,44 h

362 Respostas de exercícios

CAPÍTULO 7

1) a) $\mu = E(X) = 3,95$; $\sigma^2 = V(X) = 0,0125$

   b)

$\bar{x}$	3,80	3,85	3,90	3,95	4,00	4,05	4,10
$p(\bar{x})$	1/16	2/16	3/16	4/16	3/16	2/16	1/16

   c) $E(\bar{X}) = 3,95$; $V(\bar{X}) = 0,00625$

2) a) Igual ao anterior.

   b)

$\bar{x}$	3,85	3,90	3,95	4,00	4,05
$p(\bar{x})$	1/6	1/6	2/6	1/6	1/6

   c) $E(\bar{X}) = 3,95$; $V(\bar{X}) = 0,004167$

3) 0,02275

4) a) 1/2 e 1/12   b) 0,06   c) 1/2 e 1/1.200
   d) Aproximadamente normal   e) 0,7016

5) 0,0722 (usando a correção de continuidade)

6) 0,0694 (usando a correção de continuidade)

7) 55 % ± 6,9 %

8) 0,0300 ± 0,0136

9) 0,250 ± 0,024. Com 90 % de confiança, o intervalo 0,250 ± 0,024 contém a probabilidade de o cliente ir para a página da empresa após receber a mensagem com a oferta. Ou, ainda: se a pesquisa fosse aplicada da mesma forma aos 2.000 clientes da empresa (população), a porcentagem que iria para a página da empresa seria um valor no intervalo 25 % ± 2,4 %, com 90 % de confiança.

10) a) 527,43 ± 10,61
    b) Sim, neste caso especial a média da população é conhecida e igual a $\mu = 523,22$, que está no IC(μ, 95 %) = 527,43 ± 10,61 = [516,82; 538,04]. Contudo, ao extrair uma amostra aleatória simples, há um risco de $1 - \gamma = 5$ % de o IC(μ, 95 %) construído com base nessa amostra não conter o parâmetro.

11) a) 98,0 mm ± 1,8 mm. Com nível de confiança de 99 %, o intervalo [96,2; 99,8], em mm, contém o diâmetro médio, μ, no processo do furo.
    b) Sim, todos os valores do IC estão abaixo de 100 mm, portanto, com nível de confiança de 99 %, podemos dizer que o diâmetro médio dos furos é inferior a 100 mm.

12) 28

13) 20

Respostas de exercícios **363**

14) 24
15) a) 865   b) 1.494
16) a) 0,4   b) 0,0009
17) a) 0,875   b) 0,9101
18) a) 0,3834   b) 0,7287
19) a) 0,5   b) 0,3173   c) 0,0456   d) 0,95   e) 0,03
20) $35,9 \pm 11,2$
21) a) $14,00 \pm 0,98$ b) 184
22) a) 173
b) $5,20 \pm 0,26$
c) Não, pois o intervalo onde deve estar a verdadeira média abrange também valores menores ou iguais a cinco.
d) $40,0\% \pm 7,0\%$
23) 77
24) 176
25) 2.500
26) a) 15,443 e 2,074   b) $15,44 \pm 1,20$ c) 157
27) a) $0,95 \pm 0,021$ b) 12.298

CAPÍTULO 8

1) a) 0,0062   b) 0,3874   c) 0,0062
2) a) Rejeita H_0 b) Aceita H_0 c) Rejeita H_0
3) É possível. Por exemplo, se no teste para verificar se uma moeda é honesta ocorrer $Y = 2$ caras em $n = 12$ lançamentos, temos *valor-p* = 0,0384, que rejeita no nível de 5 %, mas aceita no nível de 1 %. O inverso nunca acontece.
4) a) Decide-se por H_1, pois o valor *valor-p* é menor do que o nível de significância adotado. Dada a evidência da amostra, o risco de ele estar tomando a decisão errada é de 0,0001.
b) Decide-se por H_0, pois o valor *valor-p* é maior do que o nível de significância adotado. Quando se aceita H_0, o valor *valor-p* não oferece nenhuma informação sobre o risco de se estar tomando a decisão errada.
c) Quanto menor o valor *valor-p*, maior a evidência para a rejeição de H_0 (e consequente aceitação de H_1).
5) Rejeita H_0 em favor de $H_1 \Leftrightarrow$ ocorrer 0, 1, 2, 3, 11, 12, 13 ou 14 caras.
6) Rejeita H_0 em favor de $H_1 \Leftrightarrow$ ocorrer 0, 1, 13 ou 14 caras.
7) Uma possibilidade:

364 Respostas de exercícios

$$Z = \frac{Y - np}{\sqrt{np(1-p)}} = \frac{Y - 50}{5}$$

Rejeita H_0 em favor de $H_1 \Leftrightarrow z \geq |1,96|$

8) Rejeita H_0 em favor de $H_1 \Leftrightarrow$ ocorrer 7 ou 8 identificações corretas.

9) a) H_0: em média, a produtividade com treinamento é igual à produtividade sem treinamento. H_1: em média, a produtividade com treinamento é maior do que a produtividade sem treinamento. (teste unilateral à direita)
b) H_0: em média, a velocidade é igual ao valor anunciado. H_1: em média, a velocidade é menor do que o valor anunciado. (teste unilateral à esquerda)
c) H_0: as produtividades médias são iguais para os dois métodos de treinamento. H_1: as produtividades médias são diferentes para os dois métodos de treinamento. (teste bilateral)

10) a) 0,0031   b) 0,1937   c) 0,6127

11) Rejeita H_0 se ocorrer 0 ou 1 coroa. Caso contrário, aceita H_0.

12) Hipóteses: H_0: $p = 0,5$ e H_1: $p > 0,5$ (p = probabilidade de a criança acertar uma questão). Decisão: rejeita H_0, isto é, há evidência de que a criança tem conhecimento sobre o assunto (*valor-p* = 0,0031).

13) a) H_0: $p = 0,25$ e H_1: $p > 0,25$;   b) $\mu = 3$ c) *valor-p* = 0,1576
d) Aceita H_0. Não há evidência de que o sistema adquire conhecimento sobre o assunto.

14) a) Sim. $z = 1,838$ (*valor-p* = 0,033)
b) Não. Neste caso, *valor-p* $> \alpha = 0,05$

15) Decisão: rejeita H_0, isto é, há evidência de que o sistema "inteligente" adquiriu algum conhecimento sobre o assunto (*valor-p* = 0,0071, uso da aproximação normal).

16) Não, pois $z = 1,11 \Rightarrow$ *valor-p* = 0,267 $\Rightarrow$ aceita H_0.

17) Não, pois um teste unilateral aceita H_0: $p = 0,95$ ($z = -1,03$, *valor-p* = 0,15)
Nota: nas respostas seguintes, o *valor-p* foi obtido de forma aproximada pelas tabelas do Apêndice. Se você estiver usando um computador ou aplicativo apropriado de celular, poderá ter o *valor-p* exato ou mais aproximado.

18) Sim ($z = -3,13$; *valor-p* < 0,00135)

19) Sim ($t = 5,59$; *valor-p* < 0,0005)

20) Sim ($q^2 = 12,89$; *valor-p* < 0,01)

21) Não ($q^2 = 21,3$; *valor-p* > 0,20)

22) $n = 53$

23) $n = 18$ (mais 10 unidades)

24) a) Aceita H_0: a moeda é honesta (*valor-p* = 0,2892, obtido pela distribuição binomial).

Respostas de exercícios **365**

b) Rejeita H_0, isto é, decide-se que a moeda é viciada (*valor-p* $\cong$ 0,0000068, usando a aproximação normal).

25) a) Rejeita H_0 em favor de H_1 $\Leftrightarrow$ ocorrer seis ou mais acertos; conforme a binomial com $n = 10$ e $p = 0,25$.

b) Rejeita H_0 em favor de H_1 $\Leftrightarrow$ ocorrer 30 ou mais acertos; conforme a binomial com $n = 90$ e $p = 0,25$. Mas esta solução precisa do computador. Outra possibilidade é usar a distribuição normal padrão. Sendo y' o número de acertos com correção de continuidade, calcula:

$$z = \frac{y' - np}{\sqrt{np(1-p)}}$$

Rejeita H_0 em favor de H_1 $\Leftrightarrow$ $z > 1,645$.

Passando $z_c = 1,645$ para a distribuição normal que representa o número de acertos:

$$x_c = np + 1,645 \times \sqrt{np(1-p)}$$

a regra coincide com a feita pela binomial.

26) a) 71,063 e 7,487;   b) H_0: $\mu = 70$ e H_1: $\mu > 70$
c) Não ($t = 0,568$; *valor-p* > 0,25)
d) Aceitar H_0 quando falsa.   e) 0,472

27) a) 498,938 e 4,074   b) Não ($t = -1,043$; 0,10 < *valor-p* < 0,25)
c) Sim ($q^2 = 24,89$; 0,05 < *valor-p* < 0,10)

28) a) Não ($z = -0,968$; *valor-p* $\cong$ 0,166)   b) Não, $n = 309$ c) 0,751

29) a) Não ($z = -1,938$; *valor-p* = 0,0263)   b) $\cong$ 0,27   c) 759

30) a) 20;   b) Não ($t = -0,596$; *valor-p* > 0,25)   c) Sim ($q^2 = 42,75$; *valor-p* < 0,0025)

CAPÍTULO 9

1) Não. Usando teste t unilateral para amostras independentes: $t = 1,51$ (0,05 < *valor-p* < 0,10).

2) Sim. Usando teste t unilateral para dados pareados: $t = 3,10$ (0,01 < *valor-p* < 0,025).

3) Não, $t = -0,36$, *valor-p* > 0,25 (teste bilateral).

4) Há diferença significante ($t = 2,94$; *valor-p* < 0,01).

5) a) 17;   b) 13;   c) 10;   d) 8

6) Sim, pois $f = 4,00 > f_c = 2,18$

7) a) Rejeita a hipótese de igualdade entre os circuitos ($f = 11,27 > f_c = 3,89$).
b) $10,80 \pm 4,01$; $22,20 \pm 4,01$ e $12,40 \pm 4,01$
c) Pelo resultado do item (a), verificou-se que os valores esperados de resistência à compressão não são iguais para os três tipos de cimento, considerando as condições

específicas desse experimento. Os resultados do item (b) sugerem que o cimento tipo 2 é melhor que os outros em termos de resistência à compressão, mas não há evidência de qual cimento tem resistência menor, já que os intervalos de confiança dos cimentos tipo 1 e 3 apresentam região de sobreposição.

8) Sim, há diferença ($f = 28,40 > f_c = 4,76$, fazendo com que o teste rejeite H_0 de que os valores esperados dos quatro tratamentos são iguais).

9) a)

Fonte da variação	SQ	gl	QM	f
Memória cache	7.776.300	1	7.776.300	2.287
Memória principal	4.106.700	1	4.106.700	1.208
Interação	607.500	1	607.500	179
Erro	27.200	8	3.400	
Total	12.517.700			

b) Todos os três efeitos são significantes no nível de 5 %, porque $f_c = 5,32$ e todos os f calculados são maiores que f_c.

c) Não, porque a interação tem efeito significante.

d) 1.610, 1.170 e 450.

10) a)

Fonte de variação	SQ	gl	QM	f	f_c
Processador	1.028,1	2	514,05	60,77	3,89
Tipo de carga	18,4	3	6,13	0,73	3,49
Interação	285,9	6	47,65	5,63	3,00
Erro	101,5	12	8,46		
Total	1.934,0	23			

O processador e a interação são significantes no nível de 5 %, porque $f > f_c$ nesses casos.

b) Usando a fórmula $IC(\mu_i, \gamma) = \bar{y}_{i.} \pm t_\gamma \sqrt{\dfrac{QM_{erro}}{n}}$ para obtenção dos intervalos de confiança, tem-se a margem de erro dos ICs: $2,179 \times 2,056 = 4,48$. Fazendo o gráfico das médias:

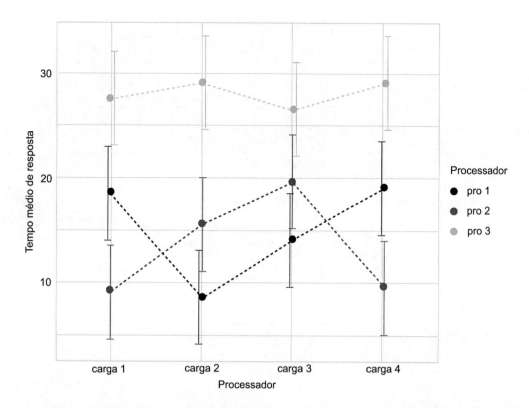

c) O Processador pro 3 apresenta média amostral maior que as médias amostrais dos outros processadores em todas as cargas de trabalho. Se for considerado o intervalo de confiança de 95 %, apenas na carga 3 houve sobreposição dos ICs.

11) Sim. Teste t bilateral para amostras independentes: $t = -4,40$ (*valor-p* < 0,001).
12) Sim ($t = 5,175$; $0,002 <$ *valor-p* $< 0,005$).
13) Não ($f = 3,08 < f_c = 7,15$, então aceita a hipótese nula de igualdade entre as variâncias).
14) a) Sim ($t = 6,30$; *valor-p* < 0,0005);
    b) Não ($f = 1,40$; $f_c = 4,43$);
    c) Sim ($t = 25,5$; *valor-p* < 0,0005)
15)

Fonte de variação	SQ	gl	QM	f	f_c
Parâmetro	281,4	2	140,7	10,72	3,40
Erro	314,9	24	13,12		
Total	281,4	2	140,7	10,72	

Sim ($f = 10,72 > f_c = 3,40$).

368 Respostas de exercícios

16)

Fonte de variação	SQ	gl	QM	f	f_c
Parâmetro	281,392	2	140,7	8,47	3,55
Ruído	12,942	2	6,471	0,39	3,55
Interação	2,884	4	0,721	0,04	2,98
Erro	299,042	18	16,613		
Total	596,26	26			

Somente o fator *parâmetro* é significante no nível de 5 %.

17)

Fator	Efeito	f
A	0,34	0,019
B	−1,94	0,613
C	4,58	3,419
D	−1,23	0,245

Como $f_c = 4,49$, então nenhum efeito é significante no nível de significância de 5 %.

CAPÍTULO 10

1) $q^2 = 1,612 < \chi_c^2 = 9,21 \Rightarrow$ Teste aceita H_0 no nível de significância de 0,01. Pedido do laboratório A não é corroborado pelos dados.

2) $d = 0,205 < d_c = 0,352$; Teste aceita H_0: há aderência da distribuição especificada no nível de significância de 1%.

3) $d = 0,261 > d_c = 0,200$. Teste rejeita H_0, então não há aderência da distribuição normal. Não é recomendável utilizar os gráficos de controle de médias de Shewhart para monitorar o processo.

4) $q^2 = 11,18 > \chi_c^2 = 5,99 \Rightarrow$ Rejeita H_0. Há evidência de que os percentuais não são todos iguais no nível de significância de 5 %.

5) $q^2 = 0,504 < \chi_c^2 = 13,28 \Rightarrow$ Aceita H_0. Não há evidência de associação entre o resultado da classificação das peças e turno de trabalho no nível de significância de 1 %.

6) $q^2 = 62,89 > \chi_c^2 = 21,03 \Rightarrow$ Rejeita H_0. A suspeita tem fundamento, há evidência suficiente para sugerir que os percentuais das diferentes categorias não são iguais para todos os clientes no nível de significância de 5 %.

Respostas de exercícios **369**

7) a) $n = 10$ e $n_+ = 8$. Pela binomial, *valor-p* = 0,0547 > 0,05 $\Rightarrow$ Aceita H_0. Não há evidência suficiente de que os tempos com o novo terminal sejam menores do que aqueles obtidos com o atual no nível de significância de 5 %.

b) $s_+ = 11,6 > s_c = 11 \Rightarrow$ Rejeita H_0. O novo terminal possibilitou tempos de atendimento menores, há evidência suficiente de que os tempos são menores.

c) Porque o teste dos sinais por postos é mais sensível (tem maior poder de detectar a falsidade de H_0 quando ela é realmente falsa), pois leva em conta o sinal e a ordem da magnitude das diferenças entre os grupos, enquanto o teste dos sinais usa apenas o sinal.

8) a) $z = 1,94 \Rightarrow$ *valor-p* = 0,026 < 0,05 $\Rightarrow$ Rejeita H_0. Há evidência de que o novo cabeamento, na mediana, resulta em taxa de transmissão maior no nível de significância de 5 %.

b) $s_+ = 106 \Rightarrow$ *valor-p* = 0,0016 < 0,05 $\Rightarrow$ Rejeita H_0.

9) $u = 6 < u_c = 11 \Rightarrow$ Rejeita H_0. Há evidência para considerar o concreto Y mais resistente à compressão do que o concreto X.

10) $u = 342$; $z = -0,31$; *valor-p* = 0,75. Então, o teste aceita H_0. Não há evidência suficiente para considerar que as médias das durações dos pneus vendidos pelos dois fabricantes sejam diferentes.

11) $q^2 = 25,89 > \chi_c^2 = 7,81 \Rightarrow$ Rejeita H_0. A suspeita dos engenheiros tem fundamento.

12) Você: $d = 0,494 > d_c = 0,294 \Rightarrow$ Aceita H_0. Seu sócio: $d = 0,137 < d_c = 0,294 \Rightarrow$ Rejeita H_0. O sócio está certo.

13) a) $d = 1,00 > d_c = 0,21 \Rightarrow$ Rejeita H_0. Há evidência suficiente para considerar que a dimensão não segue uma distribuição normal com média 15 e desvio-padrão 0,4.

b) $d = 0,09 < d_c = 0,14 \Rightarrow$ Aceita H_0. Não há evidência para rejeitar uma distribuição normal.

14) $q^2 = 5,867 > \chi_c^2 = 5,991 \Rightarrow$ Aceita H_0. No nível de significância de 5 %, não há evidência de que haja associação entre os percentuais de defeitos e as fábricas onde as peças foram produzidas.

15) $q^2 = 164,32 > \chi_c^2 = 13,28 \Rightarrow$ Rejeita H_0. No nível de significância de 1 %, há evidência de que a concentração difere, dependendo da filial que produz o produto de limpeza.

16) a) $z = -0,80 \Rightarrow$ *valor-p* = 0,4237 > 0,05 $\Rightarrow$ Aceita H_0. Não há evidência de que os dois métodos produzam resultados diferentes no nível de significância de 5 %.

b) $z = -0,874 \Rightarrow$ *valor-p* = 0,3819 > 0,05 $\Rightarrow$ Aceita H_0. Não há evidência suficiente de que os dois métodos produzam resultados diferentes no nível de significância de 5 %.

c) Os métodos são diferentes e o resultado da estatística z foi diferente, mas a decisão foi a mesma.

17) $s_+ = 23,5 < s_c = 14 \Rightarrow$ Aceita H_0. Não há evidência de que o número de defeituosos diminuiu no nível de significância de 2,5 %.

18) $u = 83 > u_c = 54 \Rightarrow$ Aceita H_0. Não há evidência suficiente de que haja diferença entre os índices de estudantes do sexo masculino e do sexo feminino.

19) $u = 62,5 < u_c = 37 \Rightarrow$ Aceita H_0. Não há evidência suficiente de que as arquiteturas causem diferenças nos tempos de processamento.

20) $u = 220,5$; $z = 1,1619$; *valor-p* $= 0,1226 \Rightarrow$ Aceita H_0. Não há evidência suficiente de que os tempos de rompimento do novo modelo de elo fusível sejam menores.

21) $u = 124$; $z = -3,6574$; *valor-p* $= 0,0001 \Rightarrow$ Rejeita H_0. Há evidência suficiente para considerar que a espécie 1 degrada a lignina mais rápido do que a espécie 2.

CAPÍTULO 11

1) $r = 0$. Esse resultado era esperado porque as observações satisfazem uma função de primeiro grau com inclinação negativa: $y = 20 - 2x$.

2) $r = 0,635$ (Não, $t = 1,425$ e $t_c = \pm 3,182$). Portanto, não há evidência de que a correlação seja diferente de zero no nível de significância de 5 %.

3) Todas as correlações são significantes ao nível de significância de 5 %, pois $t(x_1, x_2) = 4,83$; $t(x_1, x_3) = -7,74$ e $t(x_2, x_3) = -6,51$. Com $gl = 16$, $t_c = \pm 2,120$. Ou seja, em todos os casos $|t| > 2,120$.

6) a) X = Temperatura média diária; Y = Volume de vendas diária
   b) 49,1 kg   c) 1,8 kg   d) 20 %.

7) a) $b_0 = 36,6$ e $b_1 = 3,83$
   b) Dois pontos para traçar a reta: $x = 1 ==> \hat{y} = 40,43$
   $x = 6 ==> \hat{y} = 59,57$

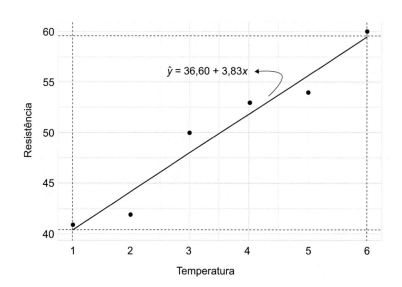

c)

Predito:	40,43	44,26	48,09	51,91	55,74	59,57
Resíduo:	0,57	-2,26	1,91	1,09	-1,74	0,43

d) $R^2 = 0,95$ e) $s_e = 1,836$

8) a) Como $f = 76,1 > f_c = 12,22$, o teste rejeita H_0, ou seja, a regressão da temperatura na resistência é significante no nível de 0,05. Alternativamente, poderia usar o *teste t*: $t = 8,72 > t_c = 2,776$.
b) $IC(\mu_{2,0}, 90\%) = [42,13; 46,38]$

9) a) Variável dependente: consumo; variável independente: peso
b) Consumo = 22,25 − 0,62 (peso)
d) 95,4 %
e) $\hat{\mu}_{20} = 9,8$ km/l
f) Não. O peso dos carros da amostra variou de 1.200 a 2.600 kg. Como o modelo teve bom ajuste nesta faixa de peso, não podemos extrapolar para valores de peso muito maiores ou muito menores.
g) $IC(\hat{y}(15), 95\%) = [10,59; 15,28]$

10) O teste aceita $H_0: \beta_1 = 0$ ($t = 1,86 < t_c = 2,101$)

11) 30,73 unidades monetárias.

12)

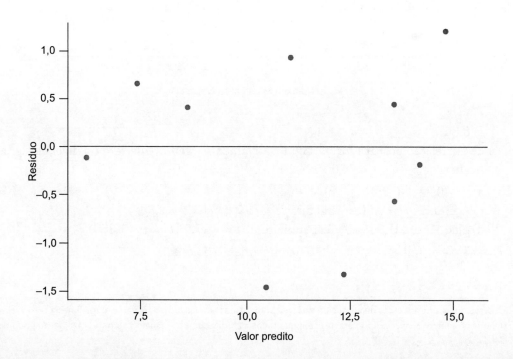

13) a) 32.365   b) 10.970
   c) Se o apartamento está em área de *valorização alta* ($L_3 = 1$), é de se esperar um acréscimo de 0,47 unidade no logaritmo natural do valor de venda, com relação a um apartamento de mesma idade em área de *valorização baixa*. Aplicando a função exponencial em ambos os lados da equação, verifica-se que a diferença de quando $L_3 = 1$ e $L_3 = 0$ é de exp(0,47) = 1,60; ou seja, em área de *valorização alta* o valor é 60 % maior do que em área de *valorização baixa*.[1]

14) a) 0,69
   b)

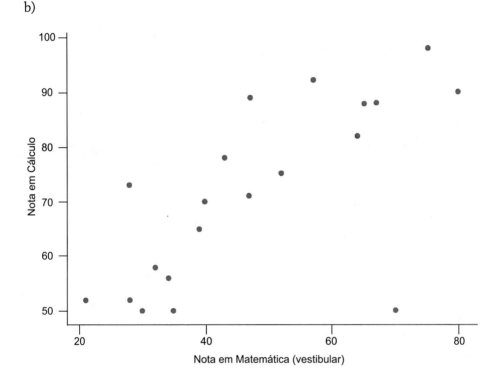

   c) 0,86
   d) Correlação positiva forte e significativamente diferente de zero no nível de significância de 5 % ($|t| = 7,10 > t_c = 2,110$).

16) a) $\hat{y} = 40,23 - (0,35)x$ b) $R^2 = 0,27$
   c) Aceita $H_0: \beta_1 = 0$ (Teste bilateral: $t = -1,72$; $|t| < t_c = 2,306$).
   d) Não. Aceita $H_0: \beta_1 = 0$ (Teste unilateral: $t = -1,72$; $|t| < t_c = 1,860$).

17) a) Taxa de falha = $-20,80 + 2,62$(comprimento do cabo)

---

[1] Observe que a interpretação de efeitos de variáveis indicadoras associadas a uma variável qualitativa com várias categorias é sempre com relação à categoria em que todas as indicadoras são iguais a zero (no caso, a categoria de *valorização baixa*, $L_2 = 0$ e $L_3 = 0$).

b)

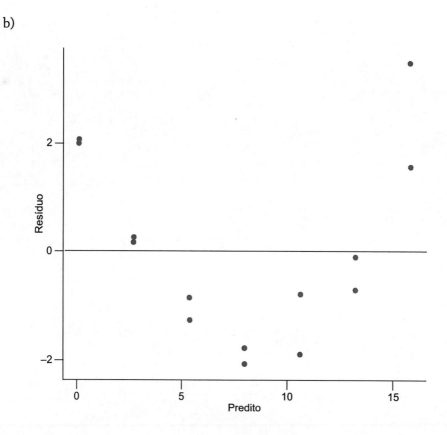

O gráfico sugere relação não linear, já que os resíduos não parecem variar aleatoriamente em torno da reta Resíduo = 0. Também sugere que a variância aumenta para valores preditos maiores.

BIBLIOGRAFIA

ANDERSON D.R.; SWEENEY, D.J.; WILLIAMS, T.A. et al. *Estatística aplicada à administração e economia*. São Paulo: Cengage Learning, 2019.

BARBETTA, P.A. *Estatística aplicada às ciências sociais*. 9. ed. Florianópolis: Editora da UFSC, 2019.

BOX, G.E.P.; HUNTER, W.G.; HUNTER, J.S. *Statistics for experimenters*. 2. ed. USA: Wiley-Interscience, 2005.

BUSSAB, W.O.; MORETTIN, P.A. *Estatística básica*. 10. ed. São Paulo: Saraiva, 2023.

CATEN, C.S.; RIBEIRO, J.L.D.; FOGLIATTO, F.S. Implantação do controle integrado de processos – Etapas de implantação e estudo de caso. *Revista Produto e Produção*, v. 4, n.1, 2000.

COCHRAN, W.G. *Sampling techniques*. 3. ed. New York: Wiley, 1977.

CONOVER, W.J. *Practical nonparametric statistics*. 2. ed. New York: Wiley, 1980.

DEVORE, J.L. *Probabilidade e estatística para engenharia e ciências*. 3. ed. São Paulo: Cengage, 2018.

FISHER, R.A. *The design of experiments*. 6. ed. London: MacMillan, 1951.

JAIN, R. *The art of computer systems performance analysis*: techniques for experimental design, measurement, simulation, and modeling. New York: Wiley, 1991.

MAGALHÃES, A.N.; LIMA, A.C.P. *Noções de probabilidade e estatística*. 7. ed. São Paulo: IME-USP, 2007.

MATTOS, V.L.D.; KONRATH, A.C.; AZAMBUJA, A.M.V. *Introdução à estatística*: aplicações em ciências exatas. Rio de Janeiro: LTC, 2017.

MENDENHALL, N. *Probabilidade e estatística*. Rio de Janeiro: Campos, 1985. v. 1 e 2.

MONTGOMERY, D.C. *Design and analysis of experiments*. 9. ed. New York: Wiley, 2019.

MONTGOMERY, D.C.; RUNGER, G.C. *Estatística aplicada e probabilidade para engenheiros*. 7. ed., Rio de Janeiro: LTC, 2021.

MORETTIN, P.A.; SINGER, J.M. Estatística e Ciência de Dados. Rio de Janeiro: LTC, 2022.

PIZZOLATO, M. *Método de otimização experimental da qualidade e durabilidade de produtos*: um estudo de caso em produto fabricado por injeção de plástico. Dissertação (Programa de Pós-Graduação em Engenharia de Produção), Universidade Federal do Rio Grande do Sul, 2002.

SEARA Jr., R.; SEARA, I. Trabalho da disciplina *Projetos e Análise de Experimentos* do Programa de Pós-Graduação em Computação, UFSC, 2003.

SILVA, L.S.C.V. *Aplicação do controle estatístico de processos na indústria de laticínios Lactoplasa*: um estudo de caso. Dissertação (Programa de Pós-Graduação em Engenharia de Produção), Universidade Federal de Santa Catarina, 1999.

SILVA, P.L.N.; BIANCHINI, Z.M.; DIAS, A.J.R. *Amostragem*: teoria e prática usando R. Rio de Janeiro [s.n.], 2021. Disponível em: https://amostragemcomr.github.io/livro/. Acesso em: 16 nov. 2023.

SONDA, F.A.; RIBEIRO, J.L.D.; ECHEVESTE, M.A. *A aplicação do QFD no desenvolvimento de software*: um estudo de caso. Prod, vol.10, n.1, p.51-75, 2000.

SPRENT, P. *Applied nonparametric statistical methods*. Bristol: Chapman and Hall, 1989.

STIGLER, S.M. *The history of statistics*: the measurement of uncertainty before 1900. Cambridge: Harward University Press, 1986.

ZANCAN, E.C. *Metodologia para avaliação em massa de imóveis para efeito de cobrança de tributos municipais-caso dos apartamentos da cidade de Criciuma, SC*. Dissertação (Programa de Pós-Graduação em Engenharia de Produção), Universidade Federal de Santa Catarina, 1995.

ÍNDICE ALFABÉTICO

A

Aleatorização, 17
Amostra(s), 9, 151
  - aleatória, 14, 42, 152
    - - simples, 14, 152
  - em blocos, 219
  - grande, 279, 283
  - independentes, 219, 225
  - pareadas, 222
  - pequena, 278, 281
Amostragem
  - acidental ou a esmo, 13
  - aleatória simples, 9, 10, 151, 152
  - de conglomerados, 13
    - - em dois estágios, 13
    - - em um estágio, 13
  - estratificada, 12
  - - proporcional, 12
  - outras formas de, 13
  - sistemática, 11
Amplitude total, 47
Análise
  - de associação, 272
  - de resíduos e transformações, 325
  - de variância do modelo, 315
  - dos resíduos, 241, 325
  - estatística, 1, 2
  - exploratória de dados, 23
ANOVA em projetos 2^k, 255
Aproximação
  - da binomial pela Poisson, 114
  - normal à binomial, 140
  - normal a Poisson, 144
Assimetria, 37, 52
Associação entre duas variáveis, 39
Avaliação da variância por uma amostragem
    piloto, 178
Axiomas e propriedades, 74

B

Blocos, 16

C

Cálculo da variância, 50
Características de uma distribuição de
    frequências, 36
Caso especial da proporção, 178

378 Índice alfabético

Coeficiente
- de assimetria, 52
- de correlação, 301
 - - linear de Pearson, 299
 - - populacional, 304
- de curtose, 52
- de variação, 51
Comparação
- de várias médias, 236
- entre média e mediana, 55
- entre tratamentos, 219
Conglomerado, 13
Contagem, 29
Correção de continuidade, 143
Correlação, 42, 297
- negativa, 297
- positiva, 42, 297
Curtose, 37, 52

D
Dado(s), 1, 2
- nível de confiança, 169
- pareados, 220
- variáveis, 24
Densidade de frequência, 32
Desvio interquartílico, 58
Desvio-padrão, 47, 49, 171, 172
- da população, σ, conhecido, 171
- da população, σ, desconhecido, 172
Diagrama
- de dispersão, 42, 298
- de Pareto, 27
- de pontos, 35
- em caixas, 57
Dispersão, 37
Distribuição(ões)
- amostral(is), 151, 154, 158-160
 - - da média, 158, 159
 - - da proporção, 154, 160
- binomial, 104, 105
- da população, 152
- de frequências para variáveis
 - - qualitativas, 25
 - - quantitativas, 29
- de Poisson, 111

- de probabilidades, 95
 - - especificada, 267
- de referência, 229
- do teste, 188
- exponencial, 129
- F de Fisher-Snedecor, 345
- hipergeométrica, 109
- normal, 133
 - - padrão, 338
- qui-quadrado, 342
- t de Student, 172, 229, 320, 321, 340
- uniforme, 129

E
Efeito principal e de interação em
 projetos 2^k, 253
Engenharia, 3
Ensaio de Bernoulli, 104, 178
Erro
- amostral, 164
- experimental, 17
Espaço amostral, 67
- contínuo, 68
- discreto, 68
Estatística, 1, 2, 151, 153, 154, 163
- do teste, 188, 227, 273
- na Engenharia, 3
- na Informática, 3
Estimação
- das médias, 242
- de parâmetros, 151, 163
Estimativa, 163, 164
- pontual, 164
Estudo
- experimental, 2
- observacional, 1
Eventos, 4, 67, 69, 82
- aleatórios, 4
- independentes, 82
- mutuamente exclusivos, 69
Experimento, 1
Expressão da distribuição binomial, 107
Extremos, 55

F
Fatores intervenientes, 17

Índice alfabético **379**

Função
- de distribuição acumulada, 97, 124, 267
- de probabilidade, 96
- densidade de probabilidade, 121

G
Gráfico
- de barras, 27
- de frequências acumuladas, 34
- de pizza, 27
- de probabilidade normal, 145
- de setores, 27
Graus de liberdade, 48, 239

H
Hipótese(s), 185
- alternativa, 186
- de trabalho, 186
- nula, 186, 192
Histograma, 32

I
Ideia de Pearson para medir correlação, 299
Independência, 78
Inferência(s)
- estatísticas, 1
- sobre o intercepto, 322
- sobre o modelo de regressão, 319
- sobre o parâmetro de inclinação
  da reta, 320
Informática, 3
Instrumento de coleta de dados, 9
Intervalo de confiança
- para média, 169
- para o valor esperado da resposta, 323
- para proporção, 164
- para uma predição, 323

M
Média, 46, 186
- aritmética, 46
Mediana, 54
Medida(s)
- baseadas na ordenação dos dados, 54
- de dispersão, 47, 48

- descritivas clássicas, 44
Mensuração, 29
Método dos mínimos quadrados, 310
Modelo(s), 4
- determinísticos, 4
- empíricos, 4
- probabilístico, 4

N
Nível(is)
- de significância do teste, 191
- dos fatores, 16
Normal como limite de outras
  distribuições, 140
Número(s)
- de classes, 33
- pseudoaleatórios, 10

P
Parâmetro(s), 151, 152
- populacionais, 186
Pesquisas, 2
- experimentais, 8
- observacionais (ou de
  levantamento), 3, 8
Planejamento
- de experimentos, 15
- de uma pesquisa, 7
Poder de um teste e tamanho
  da amostra, 209
População, 8, 151, 152
- infinita, 152
Posição central, 37
Probabilidade, 65
- condicional, 78
- definição clássica de, 71
- definição experimental de, 72
- definições de, 70
- total, 85
Projeto(s)
- 2^{k-p}, 256
- com muitos fatores, 19
- de experimento(s), 17
  - - completamente aleatorizado, 219
  - - em blocos aleatorizados, 220

380 Índice alfabético

- em blocos completos, 244
- fatoriais, 18, 20, 247, 252
  - - 2^k, 20, 252
  - - fracionados 2^{k-p}, 20

Q
Quadrados médios, 239
Quartis, 55

R
Regra do produto, 80
Regressão, 297, 308
  - linear simples, 308
Replicações, 17
Representações gráficas, 26
Resíduos, 251
Resistência esperada, 186

S
Soma de quadrados
  - do erro, 238
  - dos tratamentos, 238

T
Tabela(s)
  - da distribuição normal padrão, 136
  - de contingência, 39, 272
  - de frequências, 31
Tamanho
  - de amostras, 232
  - mínimo de uma amostra aleatória simples, 177
Tempo médio, 186
Teorema
  - central do limite, 159
  - de Bayes, 85, 86
Teste(s)
  - de aderência, 265
  - de hipóteses, 185
  - de independência qui-quadrado, 272, 273
  - de Kolmogorov-Smirnov, 267
  - de Lilliefors, 269
  - de Mann-Whitney, 284
  - de significância, 185, 319
  - de uma média, 202
  - de uma proporção, 197
  - de uma variância, 207
  - de Wilcoxon, 281, 284
  - de Wilcoxon-Mann-Whitney, 284
  - dos sinais, 277
    - - por postos, 281
  - estatístico, 187
  - F para duas variâncias, 234
  - não paramétricos, 263
  - para duas populações, 277
  - para média com variância
    - - conhecida, 212
    - - desconhecida, 214
  - para uma proporção, 214
  - qui-quadrado de aderência, 265
  - t para duas amostras, 222
  - unilaterais e bilaterais, 195
Tratamentos, 16

U
Unidades experimentais, 16

V
Valor(es)
  - esperado, 98, 102, 126
  - preditos, 251
Valor-p, 190, 191
Variabilidade, 2
Variância, 47, 98, 99, 102, 126
  - conhecida, 202
  - desconhecida, 202, 204
  - do erro, 317
Variável(eis), 9
  - aleatória(s), 93, 94, 106, 119
    - - binomial, 106
    - - contínuas, 94, 119
    - - discretas, 93, 94
  - contínuas, 30
  - dependente, 15
  - discretas, 29
  - independente(s), 15
    - - não quantitativa, 314
  - qualitativas, 39
  - quantitativas, 42